JN198469

植物医科学叢書 No. 9

診断ハンドブック

緑地・花壇の病害虫

編著

堀江 博道 / 竹内 浩二 / 近岡 一郎 / 橋本 光司

法政大学 植物医科学センター
一般財団法人 農林産業研究所

大誠社

はじめに

先に刊行した「花木・緑化観賞樹木の病害虫診断図鑑」（植物医科学叢書 No. 6；2020 年）では、緑地の樹木や街路樹、花木・庭木など、多種の木本植物に発生する主な病害虫について、また、「花壇・緑地草本植物の病害虫診断図鑑」（同 No. 7；2023 年）では、緑地に設けられる花壇の草花、地被類、ハーブ類、菜園・食育学修圃の野菜・イネなど、草本植物に発生する主な病害虫について、それぞれ多くの場合は複数枚の画像で、診断ポイントをわかりやすく解説し、その対処方法についても要点を例示しました。両図鑑の発行と同時に、緑化・造園関係者、樹木医、植物愛好家、研究者・技術者の皆様からは、編著者・出版社の予想をはるかに超える、温かい評価をいただき、厚く感謝申し上げます。

一方で、両図鑑いずれも「病害編」「害虫編」の分冊で、合わせて 800 ページをはるかに超えるボリュームであることから、持ち運びにはやや不便で、事務所や実験室に定置せざるを得ず、現場に携帯できる小型本の出版を多くの方々から要望されました。

そこで、今回、両図鑑を基本にしつつも、精選・簡素・軽量にして、読み応えもある、診断ハンドブック「緑地・花壇の病害虫」を編集することとなりました。病害編では、植物や病害の項目数は両図鑑のようには多くありませんが、診断・伝染環のポイントを押さえることにより、他の植物や病害にも広く応用できるように編集しました。害虫編では、両図鑑で記述した植物種ごとの害虫項目を変更し、害虫種ごとの直接項目で構成して、図鑑と対比することにより、診断力を向上できるように工夫しました。ぜひ、このハンドブックを必携いただき、現地に発生している病害虫と比較検討して、まずは当該植物の生育障害を回避すべく、診断と応急手当に活用していただきたいと願っています。

刊行に際し、編集にご協力いただいた皆様、貴重な写真をご提供いただいた皆様、ご助力いただいた、法政大学植物医科学センターの各位に厚く御礼申し上げます。

本書は植物医科学叢書 No. 9 として、一般財団法人農林産業研究所の出版助成をいただいて刊行されました。同財団理事長島田和夫氏に深甚の感謝を申し上げます。株式会社誠晃印刷代表取締役社長島田和幸氏、株式会社大誠社取締役柏木浩樹氏には、印刷・出版に際して温かいご助言とご便宜をいただき、大誠社森田浩之氏には、今回も丁寧な編集を対応いただきました。関係の皆様に心より御礼申し上げます。

2024 年 10 月

堀江博道・竹内浩二・近岡一郎・橋本光司

凡　例

～本書の構成と活用のしかた～

前記のように、本書は「植物医科学叢書シリーズ」のうち、No. 6（花木・緑化観賞樹木等を対象)、およびNo. 7（花壇・緑地草本植物等を対象）を合わせた、総合的な診断用ハンドブックとして刊行するものです。この本とルーペを携行すれば、上記植物の植栽現場において主要な大方の病害虫は判別できるように配慮しましたが、紙面の制約があって、掲載病害虫の種類や、生態・対処の内容を相当に絞り込むこととなりま

周知のように、病害虫問題の解決は「診断」と「防除」に拠るところが大きく、診断の正否が防除効果を決定的に支配するという現実があります。その観点から、本書では診断に重きを置いて編集しました。そして、未知の病害虫に遭遇したり、防除法が分からないときなど、説明の足らざる点は叢書No.6・7、あるいは本書の病害編Ⅳまたは害虫編Ⅲに掲載されている、診断および生態·対処法に関する解説記事を参考にしていただければ、系統的な類型化によって病害虫名·

1　全体の構成

本書は「**病害編**；以下にタイトルとして記したⅠ・Ⅱ・Ⅲ・Ⅳの４項目の章」および「**害虫編**；以下にタイトルとして記したⅠ・Ⅱ・Ⅲの３項目の章」からなり、両編はそれぞれが独立した構成になっています。現地等で当該植物に生じている生育障害や、景観不全の原因が「病原体」（一部、生理障害を含む）か「害虫」かを見極めた上で、検索していただくことになります。なお、「線虫」や「フシダニ」など、一部の障害（主に病名が冠せられているもの）については、病害編にも掲載しました。また、両編の末尾には、それぞれ３種類もしくは４種類の「索引」を設けました。各項目の具体的な内容は以下のとおりです。

2　病害編『緑地植物・草花の病害診断』

〈Ⅰ 緑地植物・草花の共通病害〉

病害の中には、植物の種類が異なっても、病名が同一のものや、病原体が１種あるいは近縁属等に所属するものがあります。これらを「共通の病害」としてくくりました。病原体は学名あるいは和名、および病因（Ⅰ～Ⅲ共通；色分けした網掛け）を記してあります。被害植物の項には、植物和名のみを列記しましたが、各病害の詳細が参照できるように、主に植物医科学叢書No. 6およびNo. 7（以下、「図鑑」）に項目があるものを選び、とくに本書に項目として掲載されている植物には網掛けを施してあります。写真は特徴的なものを選択

したため、次項（Ⅱ、Ⅲ）に掲載したものも含みます。また、写真提供者は〔 〕で示しました。「症状」の解説は簡略に記述しました。その他、該当病害における伝染環（第一次伝染源の所在・伝染方法）や、発病環境条件などの生態、ならびに対処法等に関して、特記すべき事項は「メモ」としてまとめました（写真提供者・メモの表記は以下も同様です）。

〈Ⅱ 花木・庭木・緑化樹の主な病害〉

庭園・緑地等に植栽、もしくは街路樹に利用される樹種など、主な木本植物を科の五十音順に項目として挙げ、それぞれの主な病害について、写真をもとに解説しました。写真は項目ごとに原則２枚、あるいは症状や標徴の構図の異なる３～４枚を掲載し、診断・判別を容易にしました。現地での診断に特化するため、顕微鏡写真は不掲載とし、病原体も学名、あるいは和名のみとし、その形態等の詳細記述は省きました。掲載植物・病害に登録農薬があるときには、その旨を「メモ」に示しましたが、使用基準が作物群登録の場合は「樹木類」と略記し、その対象作物（植物）名は、「対象病害虫の範囲及び使用方法に係る適用農作物等の名称について」（農水省）に準拠しました（次項も同様）。

〈Ⅲ 草花・地被植物の主な病害〉

露地花壇の草花・球根類、および地被植物（グラウンドカバープランツ）として利用されている草本植物（フッキソウ・ヘデラなど一部の木本植物を含む；ツツジ類など低木の地被植物はⅡに掲載）や、主に緑地の花壇、または日本庭園で植栽される草花を中心として掲載し、主要なハーブ類も含めました。並び順や解説内容については、Ⅱに準じました。ただし農薬の作物群登録「花き類・観葉植物」では「花き類」と略記してあります。

〈Ⅳ 病害診断および対処の実践〉

「図鑑」の「病害診断および対処方法」の記事から、現地での診断・対処に特化して選抜・転記しました（詳細を知りたい場合は「図鑑」を参照してください）。本文中における語句の網掛けは、記述した「タイトル名」「専門用語」「強調したい用語」などで初出のものを中心に処理してあります。なお、写真は診断に役立つと思われる画像を、主にⅡおよびⅢから、あるいは新たに「図鑑」などから厳選して掲載しました。

〈索　引〉

「植物別の病名」「病名別の宿主植物」および「植物名」の３索引にまとめました。科ごとの植物名と、その植物に係る病名の検索に関しては「目次」を参照してください。

3　害虫編『緑地植物・草花の害虫診断』

〈Ⅰ 緑化樹・草花・地被植物の主な害虫〉

庭や緑地・花壇の緑化樹や草花に発生する主要な害虫とその被害について、写真と解説を掲載しました。配列は害虫の分類上の「目」「科」などのグループ別とし、最初にグループの特徴、次に主な種類について、その形態、生態および被害を記述しました。寄主植物は植物和名のみを列記しましたが、参照できるように、主に植物医科学叢書 No. 6 および No. 7（以下、「図鑑」）に項目があるものを選びました。写真は害虫の外観や被害が特徴的なものを選択したため、次項（Ⅲ）に掲載したものも含みます。そして、写真提供者は〔 〕で示しました（以下も同様）。また、「特徴・症状」の解説を簡略に記述し、それに加えて、該当害虫における生態・対処等で、特記すべき事項をまとめてあります。

〈Ⅱ 緑地・花壇の土着天敵類〉

庭や緑地、花壇、菜園などにおいてよく見られる、主要な土着の天敵について、写真と解説を掲載しました。害虫などの寄生者や捕食者となる天敵は、自然界に豊富に存在していますので、生態系・生物多様性維持の観点からも、それを有効活用しない手はありません。害虫だけでなく、天敵についても日常的に観察を行って、これら天敵の保全・活用にも心掛ける必要があると考えています。

〈Ⅲ 害虫診断および対処の実践〉

「図鑑」の「害虫診断および対処方法」の記事から、現地での診断・対処に特化して選抜・転記しました（詳細を知りたい場合は「図鑑」を参照してください）。本書に項目として掲載されている害虫には淡桃色の網掛けを、また、「専門用語」「強調したい用語」などで初出のものには青色の網掛けを施してあります。なお、紙面の都合により、写真は診断に役立つものをとくに厳選の上、掲載しました。

〈索 引〉

「植物別の害虫名」「害虫名」「天敵名」および「寄主植物名」の 4 索引を設けました。目や科別（グループ別）に記載した害虫を検索する場合は「目次」を参照してください。

診断ハンドブック 「緑地・花壇の病害虫」

〜 目　次 〜

はじめに　(02)
凡例 〜本書の構成と活用のしかた〜　(03)

【病害編】緑地植物・草花の病害診断

編著者・編集協力者・写真提供者一覧 / 主な引用・参考文献　002

Ⅰ　緑地植物・草花の共通病害

うどんこ病　004
疫　病　005
菌核病　006
くもの巣病・葉腐病　007
こうやく病　008
根頭がんしゅ病　009
サーコスポラ病　010
さび病・赤星病　011
白絹病　012
白藻病　013
白紋羽病　014
炭疽病　015
根こぶ線虫病　016
灰色かび病　017
半身萎凋病　018
紫紋羽病　019
モザイク病　020
腐朽病害 = こふきたけ病 / べっこうたけ病 / ならたけ病 / ならたけもどき病　021

Ⅱ　花木・庭木・緑化樹の主な病害

アオイ科 = シナノキ類 さび病 / そうか病　024
アカネ科 = クチナシ褐色円星病　024
アジサイ科 = アジサイそうか病 / 炭疽病 / モザイク病 / 葉化病 / 輪斑病 / 輪紋病　025
イチョウ科 = イチョウすす斑病 / ペスタロチア病　027
イネ科 = ササ・タケ類 赤衣病 / さび病　027
ウコギ科 = ヤツデそうか病 / 炭疽病　028
エゴノキ科 = エゴノキ褐斑病 / さび病　029
オシロイバナ科 = ブーゲンビレア円星病　029
オトギリソウ科 = ヒペリカムさび病　030
カキノキ科 = カキノキ角斑落葉病 / 円星落葉病　030
カバノキ科 = シデ類 すす紋病 / 葉枯病　031
　シラカンバ灰斑病　031
ガリア科 = アオキうどんこ病 / 白星病 / 炭疽病 / 斑点病 / 星形すす病 / 輪紋病　032
キョウチクトウ科 = キョウチクトウ雲紋病 / 炭疽病　034
キリ科 = キリてんぐ巣病 / 胴枯病 / とうそう病　034

クスノキ科 = クスノキ炭疽病 / ビロード病 *035*

タブノキさび病 / 白粉病 *036*

グミ科 = グミ類 さび病 / 炭疽病 / 円星病 *037*

クワ科 = クワ赤渋病 / 裏うどんこ病 / 汚葉病 *038*

コウヤマキ科 = コウヤマキ黄葉病 *039*

ゴマノハグサ科 = ブッドレア褐斑病 *039*

サカキ（モッコク）科 = ヒサカキ褐紋病 *039*

サクラソウ科 = マンリョウ半円病 *040*

ジンチョウゲ科 = ジンチョウゲ黒点病 / モザイク病 *040*

スイカズラ科 = アベリアうどんこ病 / くもの巣病 / 斑点病 *041*

ウグイスカグラ黄褐斑病 *042*

タニウツギ・ハコネウツギ灰斑病 *042*

スズカケノキ科 = スズカケノキ類 うどんこ病 *042*

ツツジ科 = アセビ褐斑病 *043*

アメリカイワナンテン褐斑病 / 紫斑病 *043*

イチゴノキ褐斑病 *044*

カルミア褐斑病 *044*

セイヨウシャクナゲ炭疽病 / 葉斑病 *044*

ツツジ類 褐斑病 / 黒紋病 / さび病 / 花腐菌核病 / ペスタロチア病 / もち病 *045*

ツバキ科 = サザンカ・ツバキ炭疽病 / 輪紋葉枯病 *047*

サザンカもち病 *048*

ツバキ菌核病 / もち病 *048*

ナツツバキ紅斑病 / 葉枯病 *049*

ニシキギ科 = マサキうどんこ病 / 褐斑病 / 炭疽病 *049*

ニレ科 = ケヤキ褐斑病 / 白星病 / とうそう病 / “木材腐朽病” *050*

ノウゼンカズラ科 = ノウゼンカズラ “斑点症” *052*

バラ科 = ウメうどんこ病 / かいよう病 / 環紋葉枯病 / 黒星病 / 縮葉病 / 白さび病 / 灰星病 / 変葉病 / 輪紋病 / “木材腐朽病” *052*

カナメモチ・ナシ亜科樹木 ごま色斑点病 *056*

カリン赤星病 / 白かび斑点病 *057*

コゴメウツギ褐斑病 *057*

コトネアスター褐斑病 *058*

サクラ類 せん孔褐斑病 / てんぐ巣病 / 灰星病 / 幼果菌核病 *058*

シモツケ類 うどんこ病 *059*

シモツケ類・コデマリ炭疽病 *060*

シャリンバイさび病 / 紫斑病 *060*

シロヤマブキ円斑病 *061*

〔バラ科〕 テマリシモツケ類 褐斑病 *061*
バラ類 うどんこ病 / 黒星病 / 斑点病 / モザイク病 *061*
ヒメリンゴ・ハナカイドウ赤星病 *063*
ピラカンサ褐斑病 *063*
ボケ赤星病 / 褐斑病 / 斑点病 *064*
ユキヤナギうどんこ病 / 褐点病 / すすかび病 *065*
ヒノキ科 = ローソンヒノキ樹脂胴枯病 *066*
ブドウ科 = ツタ褐色円斑病 / 褐斑病 / さび病 *066*
ブナ科 = カシ類 白斑病 / 葉ぶくれ病 / ビロード病 / 紫かび病 *067*
カシ・ナラ類 毛さび病 *068*
ナラ類 すす葉枯病 / 円斑病 / 紫かび病 *069*
ナラ類・シイ類・マテバシイ萎凋病（“ナラ枯れ”） *070*
スダジイ炭疽病 /“木材腐朽病" *071*
ボタン科 = ボタンすすかび病 *071*
ホルトノキ科 = ホルトノキ萎黄病 *072*
マツ科 = マツ類 褐斑葉枯病 / こぶ病 / 材線虫病 / すす葉枯病 / 赤斑葉枯病 / 葉さび病 / 葉ふるい病 *072*
マメ科 = エンジュさび病 *074*
キングサリ褐斑病 *075*
ハナズオウ角斑病 *075*
フジこぶ病 / さび病 *075*
マンサク科 = トキワマンサク “斑点症” *076*
トサミズキ斑点病 *076*
マンサク葉枯病 *077*
ミカン科 = サンショウさび病 *077*
ミズキ科 = サンシュユうどんこ病 *077*
ハナミズキうどんこ病 /とうそう病 / 輪紋葉枯病 *078*
ミズキ類 斑点病 *079*
ミソハギ科 = ザクロ褐斑病 / 斑点病 *079*
サルスベリうどんこ病 / 褐斑病 *080*
ムクロジ科 = トウカエデ首垂細菌病 *080*
カエデ類 黒紋病・小黒紋病 / 胴枯病 / ビロード病 *081*
ハナノキ褐色円斑病 *082*
メギ科 = ナンテン紅斑病 / モザイク病 *082*
ヒイラギナンテン炭疽病 *083*
ホソバヒイラギナンテンうどんこ病 *083*
モクセイ科 = キンモクセイ先葉枯病 *083*
トネリコ褐斑病 *084*

ネズミモチ斑紋病　*084*
ヒトツバタゴ斑点病　*084*
ライラックうどんこ病 / 褐斑病　*085*
レンギョウ褐斑病　*085*
モクレン科 = コブシうどんこ病 / 斑点病　*086*
ユリノキうどんこ病　*086*
モチノキ科 = アオハダ黒紋病　*087*
ウメモドキ斑点病　*087*
モチノキ黒紋病　*087*
ヤシ科 = シュロ炭疽病　*088*
フェニックス類 褐紋病 / 炭疽病 / 黒つぼ病　*088*
ヤナギ科 = ポプラ葉さび病 / マルゾニナ落葉病　*089*
ヤナギ類 黒紋病 / 葉さび病　*090*
ヤマモモ科 = ヤマモモこぶ病　*090*
ユズリハ科 = ユズリハ裏すす病 / 褐斑病 / 炭疽病　*091*
レンプクソウ（ガマズミ）科 = ニワトコ斑点病　*092*
ヤブデマリ褐斑病　*092*
ロウバイ科 = ロウバイ炭疽病　*092*

Ⅲ　草花・地被植物の主な病害

アオイ科 = タチアオイさび病 / 斑点病　*094*
ポピーマロー白絹病　*094*
アカネ科 = ペンタス葉腐病　*095*
アブラナ科 = アリッサムべと病　*095*
ストック萎凋病 / 菌核病 / 黒斑病 / 炭疽病　*095*
ハボタン黒腐病　*097*
ムラサキハナナ黒斑病　*097*
アヤメ科 = ジャーマンアイリス黒斑病　*097*
シャガさび斑病 / 白絹病 / 葉枯線虫病　*098*
グラジオラス首腐病 / モザイク病　*099*
ハナショウブ モザイク病 / 紋枯病　*099*
フリージア球根腐敗病 / 首腐病 / モザイク病　*100*
イソマツ科 = リモニウムうどんこ病 / 褐斑病 / 褐紋病　*101*
イヌサフラン科 = トウチクラン炭疽病 / 灰色かび病　*102*
イネ科 = シバ カーブラリア葉枯病 / 疑似葉腐病（“象の足跡”）/ さび病 / 葉腐病（“ラージパッチ”）/
フェアリーリング病 / ほこりかび病　*103*

イワタバコ科 = セントポーリア疫病 / 褐斑病　*109*
イワデンタ科 = イヌワラビ葉枯線虫病　*109*
ウコギ科 = ヘデラ炭疽病 / 斑点細菌病　*110*
オオバコ科 = オタカンサス立枯病　*110*
キンギョソウうどんこ病 / 葉腐病 / さび病 / 灰色かび病　*111*
ペンステモン灰色かび病 / 葉腐病　*112*
リナリアうどんこ病　*113*
オミナエシ科 = オミナエシ褐斑病 / 半身萎凋病　*113*
オモダカ科 = オモダカ類 さび斑病　*114*
カタバミ科 = オキザリスさび病　*114*
カンナ科 = カンナ茎腐病 / 芽腐細菌病 / モザイク病　*114*
キキョウ科 = カンパニュラ褐斑病 / さび病 / 灰色かび病　*115*
キキョウ茎腐病 / 半身萎凋病　*116*
キク科 = アスター萎凋病 / さび病　*117*
ガザニア葉腐病　*118*
カモミールうどんこ病　*118*
キク褐さび病 / 褐斑病 / 黒さび病 / 紋々病　*119*
キンセンカうどんこ病　*120*
コスモスうどんこ病 / そうか病 / 炭疽病 / 葉枯病　*120*
シオンうどんこ病 / 黒斑病　*121*
ジニア黒斑病 / 斑点細菌病 / モザイク病　*122*
シャスターデージー半身萎凋病　*123*
ソリダスターさび病　*123*
ダリアうどんこ病 / 炭疽病 / モザイク病　*124*
ツワブキうどんこ病 / 褐色円星病　*125*
ナツシロギクさび病　*125*
ヒマワリうどんこ病 / 褐斑病 / 菌核病 / べと病　*126*
フジバカマ白絹病 / 根こぶ線虫病　*127*
マリーゴールド青枯病 / 灰色かび病　*128*
メランポジウムうどんこ病 / 白絹病　*128*
リアトリス菌核病 / 半身萎凋病　*129*
キジカクシ科 = アマドコロ褐色斑点病　*130*
オモト炭疽病　*130*
キチジョウソウ炭疽病　*130*
ギボウシ類 白絹病 / 炭疽病 / 灰色かび病　*131*
ジャノヒゲ白絹病 / 炭疽病　*132*
ドイツスズラン白絹病 / 赤斑細菌病　*132*

ノシラン炭疽病　*133*

ハラン炭疽病　*133*

ヤブラン炭疽病　*134*

キョウチクトウ科 = ツルニチニチソウ立枯病　*134*

ニチニチソウ疫病 / くもの巣かび病 / 白絹病 / 灰色かび病 / 葉腐病 / モザイク病　*134*

ヒメツルニチニチソウ黒枯病　*136*

キンポウゲ科 = クレマチス“さび病”（赤星病）　*137*

シュウメイギクうどんこ病 / 白絹病 / 葉枯線虫病　*137*

チドリソウ白絹病　*138*

デルフィニウムうどんこ病　*138*

ニリンソウ黒穂病　*139*

ヘレボルス黒死病 / 白絹病 / 炭疽病 / 根黒斑病　*139*

ラナンキュラスうどんこ病 / 葉化病　*140*

サクラソウ科 = プリムラ灰色かび病　*141*

ヤブコウジ褐斑病　*141*

シソ科 = アジュガうどんこ病 / 株枯病 / 白絹病　*142*

オレガノ葉腐病　*143*

サルビアうどんこ病 / 灰色かび病 / 葉腐病　*143*

セージうどんこ病 / 疫病　*144*

バジル萎凋病 / 褐斑病 / 炭疽病 / べと病　*145*

ミント類 うどんこ病 / さび病 / 炭疽病　*146*

モナルダうどんこ病　*147*

ラベンダー灰色かび病　*147*

ショウガ科 = クルクマさび斑病　*148*

ススキノキ科 = キキョウラン炭疽病 / 灰色かび病 / 紋枯病　*148*

ニューサイラン炭疽病　*149*

ヘメロカリスさび病　*149*

スミレ科 = スミレ類 黒かび病 / 黒点病 / 黒斑病 / そうか病 / 根腐病 / モザイク病　*150*

ツゲ科 = フッキソウ褐斑病 / 紅粒茎枯病 / 白絹病　*152*

ツリフネソウ科 = インパチエンス アルタナリア斑点病 / 炭疽病 / べと病　*153*

ナス科 = ペチュニア褐斑病 / 灰色かび病 / モザイク病　*154*

ナデシコ科 = ナデシコ類 黒点病 / さび病 / 斑点病　*155*

ハナシノブ科 = シバザクラ株腐病 / 白絹病　*156*

ヒガンバナ科 = アマリリス赤斑病 / 炭疽病 / モザイク病　*156*

アリウムさび病 / 白絹病 / 葉腐病　*157*

ヒユ科 = ケイトウ茎腐病 / 黒斑病 / 立枯病　*158*

コキア立枯病　*159*

ヒルガオ科 = アサガオ灰色かび病 / “褪緑症状”　*160*

フウロソウ科 = ゼラニウム褐斑病 / 灰色かび病 / 葉枯病　*160*

ボタン科 = シャクヤクうどんこ病 / 褐斑病 / 根黒斑病 / 斑葉病　*161*

マメ科 = スイートピー炭疽病 / 灰色かび病　*163*

ユリ科 = カタクリさび病　*163*

チューリップかいよう病 / 褐色斑点病 / 葉腐病 / モザイク病　*164*

ホトトギス炭疽病 / 葉枯線虫病 / モザイク病　*165*

ユリ類 疫病 / 白絹病 / 葉枯病 / モザイク病　*166*

ラン科 = エビネ炭疽病 / 根黒斑病　*167*

シランさび病 / 炭疽病　*168*

Ⅳ　病害診断および対処の実践

〔生育障害の要因および病原体の種類〕

01　生育障害の要因　*170*

02　病原体の種類　*170*

〔病徴の類型および標徴〕

03　症状（病徴）　*172*

04　標　徴　*177*

〔微生物病および生理障害の診断ポイント〕

05　植物の部位別の異常確認（現地での診断）　*183*

06　微生物病の診断ポイント　*184*

07　生理障害（生理病）の診断　*188*

〔発病の要素および伝染環〕

08　発病要素および発病要因　*190*

09　伝染環および伝染方法　*190*

10　宿主への侵入方法　*193*

11　宿主範囲　*194*

〔病害の対処およびその実践〕

12　緑地・花壇における病害防除の考え方　*194*

13　「総合的な病害管理」に向けて　*195*

索　引（病害編）

〔1〕植物別の病名索引　*198*

〔2〕病名別の宿主植物索引　*205*

〔3〕植物名の索引　*209*

【害虫編】緑地植物・草花の害虫診断

編著者・編集協力者・写真提供者一覧 / 主な引用・参考文献　*214*

Ⅰ　緑化樹・草花・地被植物の主な害虫

バッタ類 = サトクダマキモドキ / オンブバッタ　*216*

アザミウマ類 = チャノキイロアザミウマ / クロトンアザミウマ / ヒラズハナアザミウマ / ミカンキイロアザミウマ / クロゲハナアザミウマ / ネギアザミウマ / クリバネアザミウマ / アカオビアザミウマ / トラフアザミウマ　*217*

ダニ類 = チャノホコリダニ / チャノヒメハダニ / ナミハダニ / カンザワハダニ　*221*

アブラムシ類 = ワタアブラムシ / モモアカアブラムシ / ユキヤナギアブラムシ / イバラヒゲナガアブラムシ / ニワトコヒゲナガアブラムシ / キョウチクトウアブラムシ / ハゼアブラムシ / ナシミドリオオアブラムシ / キスゲフクレアブラムシ / ダイコンアブラムシ　*223*

カイガラムシ類 = イセリアカイガラムシ / ミカンコナカイガラムシ / ツツジコナカイガラムシ / ミカンワタカイガラムシ / ルビーロウムシ / ツノロウムシ　*226*

コナジラミ類 = オンシツコナジラミ / タバココナジラミ / ツツジコナジラミ / チャトゲコナジラミ / サカキコナジラミ　*228*

グンバイムシ類 = ツツジグンバイ / ナシグンバイ / プラタナスグンバイ / アワダチソウグンバイ　*230*

カメムシ類 = チャバネアオカメムシ / ホオズキカメムシ　*232*

ハムシ類 = アオバネサルハムシ / サンゴジュハムシ / クロウリハムシ / ブタクサハムシ　*233*

カミキリムシ類 = キクスイカミキリ / ルリカミキリ / ゴマダラカミキリ / クビアカツヤカミキリ　*235*

コガネムシ類 = マメコガネ / アオドウガネ　*237*

チョウ・ガ類 = モンシロチョウ / ツマグロヒョウモン / オオミノガ / チャノコカクモンハマキ / シロオビノメイガ / チャドクガ / オオタバコガ / ハスモンヨトウ / ヨトウガ／カブラヤガ　*238*

ハモグリバエ類 = ナモグリバエ / マメハモグリバエ　*243*

ハバチ類 = チュウレンジハバチ類 / ルリチュウレンジ / アジサイハバチ / カブラハバチ類　*244*

Ⅱ　緑地・花壇の土着天敵類

テントウムシ類 = ナナホシテントウ / ナミテントウ / ダンダラテントウ / ヒメカメノコテントウ / クロヘリヒメテントウ / コクロヒメテントウ　*248*

ヒラタアブ類 = クロヒラタアブ / ホソヒラタアブ / フタホシヒラタアブ / フタスジヒラタアブ　*249*

クサカゲロウ類 = ヨツボシクサカゲロウ / ヤマトクサカゲロウ / カオマダラクサカゲロウ　*250*

タマバエ類 = ショクガタマバエ / ハダニタマバエ　*251*

アブラバチ類 = ギフアブラバチ / ダイコンアブラバチ　*251*

カブリダニ類 = ミヤコカブリダニ / ケナガカブリダニ　*252*

アザミウマ類 = ハダニアザミウマ / アカメガシワクダアザミウマ / アリガタシマアザミウマ　*252*
ダニヒメテントウ類 = ハダニクロヒメテントウ / キアシクロヒメテントウ　*252*
ヒメハナカメムシ類 = タイリクヒメハナカメムシ / ナミヒメハナカメムシ /
　コヒメハナカメムシ　*253*
アザミウマ類（再掲） = アカメガシワクダアザミウマ / アリガタシマアザミウマ　*253*
カメムシ類 = シロヘリクチブトカメムシ / シマサシガメ　*254*
アシナガバチ類・トックリバチ類 = キアシナガバチ / セグロアシナガバチ / ミカドトックリバチ　*254*
コマユバチ類 = ギンケハラボソコマユバチ / コナガサムライコマユバチ /
　アオムシサムライコマユバチ　*255*
クモ類 = ジョロウグモ / ウロコアシナガグモ / ササグモ / ワカバグモ / ハナグモ / ネコハエトリ / アリグモ /
　ウヅキコモリグモ　*256*

Ⅲ　害虫診断および対処の実践

〔主な害虫の種類とその分類〕

01　害虫の定義と種類　*258*
02　主要害虫の分類　*259*

〔害虫の生態的特性〕

03　生活環と休眠・変態　*268*
04　食性と生活様式　*268*
05　害虫の発生変動の要因　*269*

〔害虫の加害様式および被害〕

06　加害様式の類型　*270*
07　緑地植物・花壇草花における害虫診断の実際　*273*

〔害虫の対処方法〕

08　害虫対策の具体的な方法　*273*
09　防除の必要性を低減する方策　*276*

索　引（害虫編）

〔1〕植物別の害虫名索引　*278*
〔2〕植物名の索引　*286*
〔3〕害虫名の索引　*289*
〔4〕天敵和名の索引　*291*

病害編

緑地植物・草花の病害診断

【病害編】

編著者・編集協力者・写真提供者 / 引用・参考図書

（敬称略：所属は 2024 年 9 月現在）

■ 編 著

堀江博道〔法政大学植物医科学センター副センター長；元法政大学生命科学部教授・元東京都病害虫専門技術員・元東京都農業試験場環境部長〕

橋本光司〔元埼玉県病害虫専門技術員〕

■ 編集協力（五十音順）

阿部 恭久〔元日本大学生物資源科学部教授〕

小野　剛〔東京都農林総合研究センター主任研究員〕

折原 紀子〔神奈川県農業技術センター病害虫防除部技幹〕

柿嶌　眞〔筑波大学名誉教授〕

鍵和田 聡〔法政大学生命科学部専任講師〕

金子　繁〔元森林総合研究所森林微生物研究領域長〕

佐藤 幸生〔元富山県立大学工学部教授〕

周藤 靖雄〔元島根県林業技術センター所長〕

竹内　純〔東京都農林総合研究センター江戸川分場長〕

近岡 一郎〔元神奈川県病害虫専門技術員〕

中山 喜一〔元栃木県病害虫専門技術員〕

星　秀男〔東京都農林総合研究センター研究企画室長〕

■ 写真提供（五十音順）

青野信男・阿部恭久（〔阿部〕）・阿部善三郎（〔阿部（善）〕）・牛山欽司・小野 剛・折原紀子・鍵和田聡・鍵渡徳次・柿嶌 眞・河辺祐嗣・小林享夫・坂本 彩・佐藤幸生・佐野真知子・周藤靖雄・高野喜八郎・竹内 純（〔竹内〕）・竹内浩二（〔竹内（浩）〕）・田中明美・近岡一郎・星 秀男・堀江博道・矢羽田達朗・吉澤祐太朗；

鍵和田研（法政大学生命科学部応用植物科学科鍵和田研究室学生・院生）

総 診（同植物医科学専修堀江研究室学生・院生）

■ 主な引用・参考図書（発行年順）

岸　國平〔編〕（1998）日本植物病害大事典．全国農村教育協会．

堀江博道他〔編〕（2001）花と緑の病害図鑑．全国農村教育協会．

堀江博道他〔編〕（2020）花木・観賞緑化樹木の病害虫診断図鑑 第Ⅰ巻 病害編．大誠社．

堀江博道他〔編〕（2023）花壇・緑地草本植物の病害虫診断図鑑 第Ⅰ巻 病害編．大誠社．

I

緑地植物・草花の共通病害

◆①トウカエデ＝白色菌叢が被う　②カナメモチ＝新葉が巻く　③サルスベリ＝花蕾の発病　④ムベ＝患部は紅変する　⑤エノキ＝閉子嚢殻の大きさの違い（下側・上左側の小黒粒点はうどんこ病、上右側の大型黒粒（乳白色～淡褐色のものは未熟）は裏うどんこ病）　⑥カエデ類＝*Sawadaea* 属菌の閉子嚢殻（付属糸が王冠状）　〔①-④堀江　⑤星　⑥総診〕

うどんこ病（*Erysiphe* spp., *Phyllactinia* spp., *Podosphaera* spp., *Sawadaea* spp. など）　子嚢菌類

〈症 状〉 ウドンコキン目（うどんこ病菌）による病気の総称。通常は葉・茎枝・花冠が、白色粉状の菌体（菌糸・分生子柄・分生子）に被われることから「うどんこ病」と命名されている。植物によっては発生部位や菌叢の色調を区別して「表うどんこ病・裏うどんこ病」「紫かび病」という。症状は植物と病原菌の種類間ごとに特徴があるが、一般には葉に不整円形の菌叢が生じ、徐々に拡大融合して、葉身全体を被う。罹病した葉や茎枝はしばしば波打ち、よじれ等の奇形を生じ、種によっては激しい落葉、開花不良、罹病部の着色などを起こす。植物と病原菌の組み合わせで、秋季あるいは春・夏季に、菌叢に小黒粒点（閉子嚢殻）を散生または群生する。

〈被害植物〉 アオキ・アベリア・ウメ・エノキ（裏うどんこ病）・カエデ類（表うどんこ病・裏うどんこ病）・カシ類（裏うどんこ病・紫かび病）・カナメモチ・コブシ（裏うどんこ病）・サルスベリ・サンシュユ・シモツケ類・スズカケノキ類・ツツジ類・ナラ類（紫かび病）・ハナミズキ・バラ類・ホソバヒイラギナンテン・マサキ・ムベ・モクレン・ユキヤナギ・ユリノキ・ライラックなど；アジュガ・コスモス・ジニア・シャクヤク・ダリア・バーベナ・フロックス・ホオズキ・モナルダなど（カッコ内は「うどんこ病」以外の病名；網掛けはII・IIIの各論に掲載）

〈メ モ〉 枝や罹病残渣に付着した閉子嚢殻（子嚢胞子）や、越冬芽内の菌糸が、第一次伝染源の役割を果たすと考えられるが、実験的に証明された種類は多くない。分生子は空気伝染する。連続降雨、夏季における長期の乾燥・高温は、病勢を抑制する。農薬登録（個別・「樹木類」「花き類」）がある。

◆ユリ類（①褐変が急速に進展する　②患部に薄い菌叢が拡がる）　◆キンギョソウ（萎れ・株枯れを起こす）

◆ニチニチソウ（④株全体が水浸状にしな垂れる　⑤水浸斑が急速に拡大する）　◆オーニソガラム（同左）

〔①②④‐⑥堀江　③星〕

疫病（えき）（*Phytophthora* spp.）

卵菌類

〈症 状〉 疫病菌（*Phytophthora*）に起因する病気の総称。複数の病原菌が関与し、植物と病原菌の種類で発生時期や症状が異なる。概括すると、地上部では、はじめ地際の茎葉に水浸状の不整斑を生じ、急速に拡がって、患部から上方が萎凋・枯死し、葉腐れ・茎腐れを起こす症例が多い。花器や果実が水浸状に侵されることもある。また、地下部が侵されると根が褐変腐敗し、地上部は萎凋して株枯れを起こす。患部にしばしば白色の薄い菌叢が伸延する。

〈被害植物〉 カナメモチ・シャクナゲ類（根腐病）・ジンチョウゲ・ドラセナ・バラ類・ピラカンサ・ブーゲンビレア・ヘデラなど；オーニソガラム・ガーベラ（疫病・根腐病）・カランコエ・キンギョソウ・キンセンカ・スミレ類・セージ・セントポーリア・ニチニチソウ・ユリ類など（網掛けは各論に掲載）

〈メ モ〉 病原菌の種類によって発病時期（適温）が異なり、春先、５～６月頃、または梅雨期などに発生する。土壌中で罹病植物の残渣とともに、厚壁胞子・卵胞子が長期間生存する。蔓延期には、患部に形成された遊走子嚢から遊走子が放出され、これが水媒伝染する。排水不良地（土壌の過湿）や、多灌水・多雨等の条件で発病しやすい。植物によっては品種や系統により抵抗性がある。常発地では排水対策を行う。農薬登録（「花き類」）がある。

◆ヒマワリの症状＝①患部から上方が萎れる　②白い菌叢と水浸状の病斑が拡がる　③菌核の形成　④地際部の病斑と菌叢

◆⑤キンセンカの症状　⑥キンギョソウの症状
⑦茎表面の菌叢と菌核　⑧茎内の菌核　⑨子嚢盤

〔①-③小野　④牛山　⑤-⑧堀江　⑨坂本〕

菌核病（*Sclerotinia sclerotiorum*）

子嚢菌類

〈症 状〉 茎の地際付近、枝の分岐部、葉柄・葉・新芽、花器、果実などが、はじめ水浸状となり、すぐに白色綿状の菌叢が豊富に生じ、患部は軟化腐敗して、隣接する葉や茎に伸展する。茎に発生すると患部から上部はしな垂れて、褐色～黄変し、やがて乾燥枯死する。茎枝は患部から倒伏・折損する。患部表面の白色菌叢中・病茎の髄部に、黒色（内部は白色～淡桃色）で、楕円形～不定形、長径 3 - 10 mm の菌核が、単独または連続して形成される。

〈被害植物〉 ジンチョウゲ・レンギョウ（枝枯菌核病）など；ガーベラ・キク・キンギョソウ・キンセンカ・ジニア・シャクヤク・シュッコンアスター・ストック・ダリア・チューリップ・ナデシコ・ニチニチソウ・バーベナ・ビデンス・ヒマワリ・フリージア・プリムラ・ヘリクリサム・ペンステモン・マーガレット・ムシトリナデシコ・ヤグルマギク・リアトリスなど（網掛けは各論に掲載）

〈メ モ〉 多犯性。菌核は土壌中において長期間生存できるが、10 ～ 20℃、散光下で菌核上に子嚢盤を生じ、その上面に形成された子嚢から子嚢胞子を飛散し、伝播する。または菌核から直接菌糸が生じて感染する。いずれの場合も老化した花弁、枯死葉や有機物上で増殖し、のち健全組織に侵入する。さらに、患部の菌糸が隣接株へ伸延して、第二次伝染することもある。施設では 11 ～ 3 月に 15 ～ 20℃で多湿が連続すると、急激に発病・蔓延する。露地では春季・秋季に同様の条件下で発病する。発病時には菌核の形成前、または菌核が土壌に落下しないうちに、患部ごと丁寧に除去処分する。常発圃場では土壌消毒する。農薬登録（「花き類」）がある。

◆症状＝茎葉が水浸状に褐変・腐敗し、集団枯損する（①モントレイイトスギ　②アベリア　③ペンタス　④コトネアスター）
菌体＝⑤白色の菌糸塊（サルビア）　⑥くもの巣状の菌糸（ホオズキ）　〔①星　②竹内　③-⑥堀江〕

くもの巣病・葉腐病（*Rhizoctonia solani*；*Thanatephorus cucumeris*）　担子菌類

〈症 状〉播種床・挿し床・苗圃・緑地帯での植栽等に、地際部から地上部にかけて発生する。緑色の茎枝・葉・花器が軟化し、褐変腐敗する。激しい場合は木化した茎枝も侵され、枝枯れや集団での株枯れを起こして目立つ。患部とその周辺には褐色～淡褐色、くもの巣状の菌糸が蔓延する。病葉は菌糸により枝に長い間巻き付いて残る。また、植物表面を汚白色～淡褐色の菌糸塊・マット状物が張り付き、その表面に、粉状物（有性世代）が形成される症例がある。「くもの巣病」は主に木本植物で、また、草花では「葉腐病」と名付けられることが多い。

〈被害植物〉アベリア・イトスギ類・コトネアスター・ヒペリカム（セイヨウキンシバイ）など：アリウム・インパチエンス・ガザニア・サルビア・シバ・チューリップ・ニチニチソウ・ペンステモン・ペンタス・ホオズキ・マツバギク・ムシトリナデシコ・レオノチスなど（網掛けは各論に掲載）

〈メ モ〉露地植栽では、梅雨期・秋雨期のように降雨が連続し、かつ比較的高温条件で発生する。多犯性。土壌伝染（菌糸塊・菌核）し、菌糸または担子胞子で伝播する。軟弱・過繁茂の株や、植栽の内部の通光・通風が不良な、湿気がこもる条件で蔓延が速い。播種床・挿し木床の用土は消毒する。「くもの巣病」には、農薬登録（「樹木類」）がある。なお本病原菌 *R. solani* には、くもの巣・葉腐れ症状を起こす菌群の他にも多様な菌群が含まれており、それぞれ症状の特徴から、以下のような病名が付けられている。株腐病（シバザクラ；本書掲載分のみ；以下同）、茎腐病（カンナ・キキョウ・キンギョソウ・ケイトウ）、立枯病（オタカンサス・コキア・ツルニチニチソウ）、紋枯病（キキョウラン・ハナショウブ）。他に苗立枯病などが発生する。

◆①-③サクラ類褐色こうやく病（①②病枝および患部上の菌糸膜　③膜を剥がすとカイガラムシ類が見える）
④サクラ類黒色こうやく病　⑤フヨウ灰色こうやく病　〔①-③金子　④周藤　⑤小林〕

こうやく病（*Septobasidium* spp.）

担子菌類

〈症 状〉幹や枝の表面を灰白色・淡褐色・黒色などの色調を呈し、楕円形～長円形（厚さ 1 mm ほどで長さ 10 cm 以上に及ぶ）のビロード状物（菌糸膜）が膏薬（こうやく）を貼り付けたように被う。とくに落葉樹では冬季に目立ち、景観を損なう。病枝はときに衰弱枯死したり、枝折れする。病原菌によって病名と菌糸膜の色調、共生関係のカイガラムシ種が異なる。主なものは、①灰色こうやく病（*S. bogoriense*）：灰白色～灰褐色、②褐色こうやく病（*S. tanakae*）：褐色～暗褐色で、縁辺部は白色～灰白色（①②ともクワコナカイガラムシと共生）、③サクラ類 黒色こうやく病（*S.nigrum*）：黒色（サクラアカカイガラムシと共生）。6 月頃、菌糸膜の表面に子実層が形成されて灰白色化する。菌糸膜ははじめ平滑、古くなると亀裂が入り、もろくなって脱落する。

〈被害植物〉灰色こうやく病＝ウメ・サクラ類・シイ類・タブノキ・ミズキ類など；褐色こうやく病＝ウメ・エゴノキ・キンモクセイ・グミ類・ケヤキ・クスノキ・サクラ類・シイ類・タブノキ・ツバキ・ナラ類など；黒色こうやく病＝サクラ類のみ

〈メ モ〉カイガラムシの分泌物・排泄物を栄養源として繁殖しつつ、菌糸膜を形成する。同幼虫に菌糸が寄生することもあるが、ふつうは正常に吸汁活動を行い、菌糸膜によって外敵からも保護される。胞子（担子胞子）は空気伝染するが、同虫によっても運ばれ、その摂食痕から侵入・感染する。

◆根・地際部に表面がごつごつした瘤を形成する（①サクラ類　②ボケ　③カナメモチ　④バラ類　⑤クレマチス　⑥キク）
〔①周藤　②堀江　③牛山　④近岡　⑤阿部（善）　⑥折原〕

根頭(こんとう)がんしゅ病（*Rhizobium rhizogenes*）

細菌

〈症 状〉主に樹木苗木、および草花の茎・幹の地際部や根部に、肥大した瘤状物が発生し、ときには地上部の茎枝にも同様の肥大物を生じる。はじめ患部が淡黄色〜淡褐色、瘤状に肥大・肥厚し、のち褐変しつつ、表面が粗くなって亀裂を生じる。根冠や太根の側面患部は半球形となる。接ぎ木苗では接合部から発病しやすい。細い根に瘤が形成されると、その先には細根が発生しにくくなる。加えて、形成層までが侵されるために、地上部の生育は徐々に衰退し、生気がなくなり、生育阻害や株枯れに至る。

〈被害植物〉 アオギリ・ウメ・カエデ類・カナメモチ・カリン・カルミア・キョウチクトウ・サクラ類・サルスベリ・シャクナゲ類・バラ類・ボケ・ユキヤナギ・レンギョウなど；カーネーション・キク類・クレマチス・シャクヤク・マーガレットなど

〈メ モ〉多犯性で、系統分化が知られる。植物残渣とともに土壌中で長く生存する。移植時の断根痕や昆虫の食害痕等から傷口感染する。根こぶ線虫病の瘤は表面がやや平滑で、多数の瘤が数珠状に連続するので、本病と区別できる。健全苗を植える。発病圃場は土壌消毒する。鉢は地面に直接置かない。管理・接ぎ木作業の際は、刃物・手指を消毒する。

◆①-③アメリカイワナンテン紫斑病　④⑤エゴノキ褐斑病

◆⑥⑦セイヨウシャクナゲ葉斑病　⑧⑨レンギョウ褐斑病
◆菌体＝②③⑦分生子の集塊　⑤⑨病斑上の小粒点状物は子座と分生子の集塊

〔①②④-⑥⑧⑨堀江　③⑦総診〕

サーコスポラ病（*Cercospora* spp., *Pseudocercospora* spp., *Passalora* spp. など）

子嚢菌類

〈症 状〉 従来分類の *Cercospora* 属（現在は同属の他 *Pseudocercospora*、*Passalora* などに再分類されている）を中心とした菌群による病気の総称。落葉樹では秋雨の頃に発生が目立つようになり、樹種によっては著しい早期落葉を起こしたり、観賞性が減じることも多い。通常は葉に不整角斑を生じ、病斑の表側か裏側、あるいは両面に小粒点状の子座と分生子を形成して、すすかび状～ビロード状となる。病名は症状や標徴により、「褐斑病・すすかび病」等と名付けられている。なお、スギ赤枯病では幼枝・幼茎が罹患し、成長後に幹の割れや枝の枯損を起こす例（同一病原で、溝腐病と称する）もある。草本にも発生するが、被害を起こす種類は限られる。

〈被害植物〉 アジサイ（輪斑病）・アメリカイワナンテン（紫斑病）・イチゴノキ（褐斑病）・ウグイスカグラ（黄褐斑病）・エゴノキ（褐斑病）・カキノキ（角斑落葉病）・カルミア（褐斑病）・キョウチクトウ（雲紋病）・キングサリ（褐斑病）・コゴメウツギ（褐斑病）・ザクロ（斑点病）・コトネアスター（褐斑病）・サクラ類（せん孔褐斑病）・シャリンバイ（紫斑病）・スギ（赤枯病・溝腐病）・セイヨウシャクナゲ（葉斑病）・セイヨウサンザシ（すすかび病）・タニウツギ（灰斑病）・トサミズキ（斑点病）・ナンテン（紅斑病）・ニワトコ（斑点病）・ハナズオウ（角斑病）・バラ類（斑点病）・ヒトツバタゴ（斑点病）・ピラカンサ（褐斑病）・ボケ（斑点病）・マサキ（褐斑病）・ミズキ類（斑点病）・ヤブデマリ（褐斑病）・ライラック（褐斑病）・レンギョウ（褐斑病）など；ガーベラ（紫斑病）・リモニウム（褐斑病）など（網掛けは各論に掲載）

〈メ モ〉 落葉樹では病落葉上（子座）で越冬後、春季に分生子を新生し、雨風によって伝播する。常緑樹では葉替わり時期（6月頃）に、旧葉の病斑上に分生子が豊富に形成され、当年葉に感染・発病して落葉する。「樹木類」の斑点症（シュードサーコスポラ菌）として一括した登録農薬がある。

◆ *G. koreense* = ナシ赤星病（①症状　②精子器　③④銹胞子堆）　ビャクシン類さび病（⑤冬胞子堆　⑥同・膨潤した状態）

◆⑦チャンチン　⑧ミヤギノハギ　⑨⑩ソリダスター　⑪キンギョソウ　〔①④⑤⑦-⑪堀江　②総診　③矢羽田　⑥星〕

さび病・赤星病（*Cronartium* spp., *Gymnosporangium* spp., *Puccinia* spp., *Uromyces* spp. など）担子菌類

〈症 状〉サビキン目（さび病菌）による病気を「さび病」という。症状・標徴は植物種と菌種により変異に富み、その特徴から、「赤星病・こぶ病・葉さび病・毛さび病・変葉病・白さび病・褐さび病・黒さび病・赤さび病」などと命名されている。春先から、主として葉・幼茎に、黄色〜黄橙色の小斑を多数生じ、胞子堆の表皮が破れ、粉状の胞子が表面に現れるものが多いが、ボケ赤星病やナラ類毛さび病では短筒状や毛状の突起、ビャクシンさび病ではくさび状（水湿を得てゼリー状）の菌体をもつ。まれに花弁も発病（キク白さび病の症例）。夏胞子・冬胞子・担子胞子・銹胞子など、形態と機能の異なる胞子のうち、複数を生じる種類が多い。生態的には同一または近縁の植物のみで生活する同種寄生性の種類と、分類的にはまったく異なる植物間を行き来して、それぞれに異なる胞子世代を形成する異種寄生性の種類がある。後者の例としては、*Cronartium orientale* はマツ類とカシ類・ナラ類などの間を行き来して、マツ類にこぶ病を、ブナ科樹木に毛さび病を発生させ、また、*Gymnosporangium koreense*（*G. asiaticum*）はボケ・ナシなどに赤星病を、ビャクシン類にさび病を起こすことが知られている。

〈被害植物〉 ウメ（白さび病・変葉病・褐さび病）・エゴノキ・カマツカ（赤星病）・カリン（赤星病）・サワラ・サンショウ・シャリンバイ・タブノキ・チャンチン・ツツジ類・ナラ類（毛さび病）・ハギ類・ハナカイドウ（赤星病）・ハマナス・バラ類・ヒペリカム・ビャクシン類・フジ・ボケ（赤星病）・ポプラ（葉さび病）・マツ類（こぶ病・葉さび病）・ヤナギ類（葉さび病）など；アスター・アリウム・オキザリス・カタクリ・カンパニュラ・キク（褐さび病・黒さび病・白さび病）・キンギョソウ・クレマチス・シラン・ソリダスター・ナツシロギク・ナデシコ類・ヘメロカリス・ミント類など（カッコ内は「さび病」以外の病名；網掛けは各論に掲載）

〈メ モ〉病原菌は生きた植物体で増殖するが、冬胞子等の耐久生存器官は、枯死した植物体上でも越冬できる。銹胞子・夏胞子は風媒伝染、担子胞子は雨媒伝染する。異種寄生種に起因する病害では、近隣の中間宿主の除去が有効な対策となる。

◆①⑤患部と周辺に白色・絹糸状の菌糸束が伸延する　②③菌核を多数形成する（白色菌核は未熟）
④－⑥被害茎枝は褐変枯死し、集団枯損する（①②メランポジウム　③アリウム　④フジバカマ　⑤⑥セダム）　〔堀江〕

白絹病（*Sclerotium rolfsii* = *Agroathelia rolfsii*）

担子菌類

〈症 状〉梅雨後期から、草花の茎・根の地際部や球根・幼木の根冠部等が暗色・水浸状に侵され、腐敗する。茎葉は萎凋し、やがて倒伏・枯死に至る。患部の表面および病株の周辺土壌には、白色で光沢のある菌糸束が豊富に拡がり、菌叢上に、はじめ白色のち明褐色で、ナタネ種子状の菌核が多数形成される。しばしば集団で枯れ、景観を著しく損ねる。

〈被害植物〉サルココッカ・ジンチョウゲ・フッキソウなど：アジュガ・アリウム・ギボウシ類・シバザクラ・ジャノヒゲ・セダム・ドイツスズラン・ニチニチソウ・フジバカマ・ヘレボルス・メランポジウム・ユリ類など（網掛けは各論に掲載）

〈メ モ〉きわめて多犯性。菌核が比較的浅い土壌中で５～６年間生存して、好適な宿主が植栽されると根や地際部から感染・発病し、菌糸によって次々と近隣株へ拡がる。高温で土壌水分が多いと蔓延しやすい。「樹木類」「花き類」で農薬登録がある。常発地では土壌消毒する。未熟有機物を施用しない。

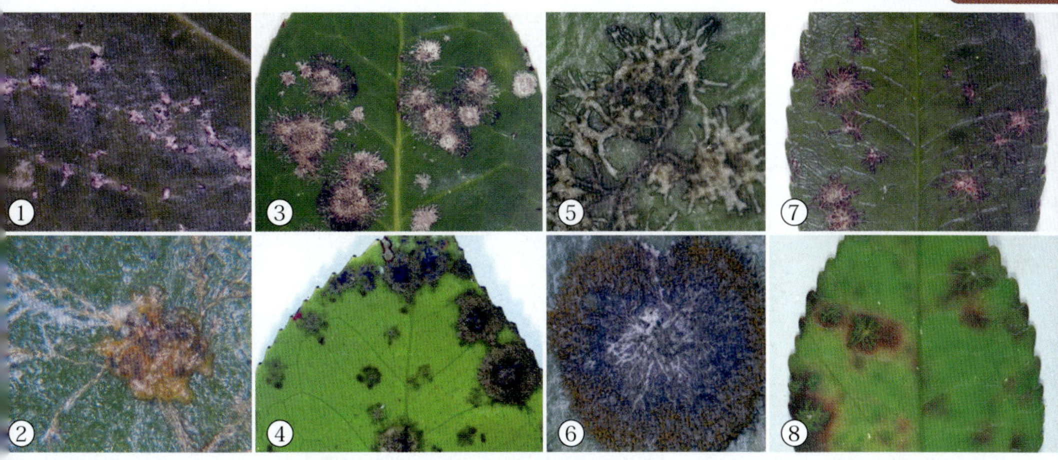

◆①②アオキ（*C. aucubae*；①葉表の藻体　②藻体の拡大）　③－⑥ツバキ（*C. japonicus*；③葉表の藻体　④葉裏の藻体　⑤配偶子嚢　⑥遊走子嚢）　⑦⑧ヒサカキ（*C. japonicus*；葉表の藻体；⑧は周辺の植物組織が着色）

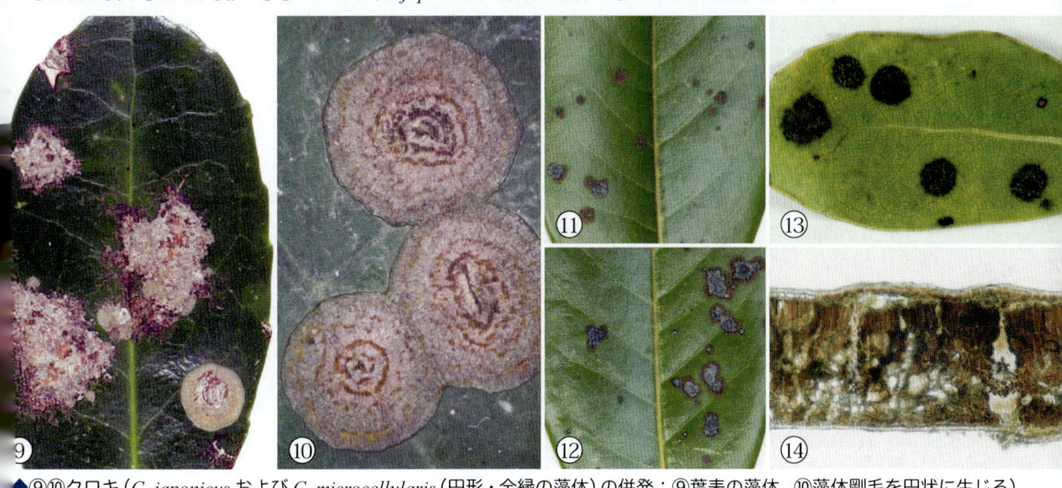

◆⑨⑩クロキ（*C. japonicus* および *C. microcellularis*（円形・全縁の藻体）の併発；⑨葉表の藻体　⑩藻体剛毛を円状に生じる）
⑪⑫タイサンボク（*C. virescens*；⑪葉表の藻体　⑫葉裏の藻体）
⑬⑭ウバメガシ（*C. biolophus*；⑬葉表の藻体　⑭糸状体が細胞間隙を伸長する）　〔周藤〕

白藻病（しろもびょう）（*Cephaleuros* spp.）

緑藻

〈症 状〉 病原菌として、従来、*C. virescens* 1種とされていたが、現在は同種を含めて、5種が記録されている。*C. aucubae*、*C. japonicus*、*C. microcellularis* および *C. virescens* では、藻体は主に葉表の角皮下に、また、遊走子嚢は葉表に生じる。*C. biolophus* では、葉表に生じた藻体は、葉肉組織を貫通して葉裏に至り、遊走子嚢は葉裏に形成される。藻体が伸張する部位と、その付近の組織細胞は褐変する。ツバキ（*C. japonicus*）では8月頃、当年葉の主に表側の角皮下に灰緑色の藻体が生じ、11月頃まで漸次拡大し、さらには越冬後の4月からも再び伸張拡大する。発生が多い場合は景観を損なう。

〈被害植物〉 アオキ・イヌビワ・カシ類・クロキ・サカキ・スダジイ・ソヨゴ・タイサンボク・タブノキ・ツバキ・ヒサカキ・マテバシイなど

〈メ モ〉 主に常緑広葉樹に発生する。病名は、病原藻が終期に至り、白色に変ずることから命名されたが、中には白色化しないで脱落するものや、幼若な藻体でも白色化する場合がある。伝染は配偶子および遊走子が、雨滴とともに飛散して行われる。

◆①⑤葉は萎れて生気が失せる　②⑥⑦根・地際部に白色の菌糸束が絡み付き、密になって菌糸膜が貼り付く
③④樹皮下に菌糸束が形成され、鳥の羽状に拡がる　(①②ハナミズキ　③④ナシ　⑤⑥ジンチョウゲ　⑦シャクヤク)
〔①③-⑥堀江　②⑦牛山〕

白紋羽病（しろもんぱ）(*Rosellinia necatrix* = *Dematophora necatrix*)

子嚢菌類

〈症 状〉 梅雨明けに症状が目立つ。葉が小型で淡くなり、生気が失せ、やがて株全体が萎れ、ついには枯死する。根や幹・茎の地際部の表面に、白色で木綿糸状の菌糸束が絡み付き、白色の菌糸膜が幹・茎を被う症例も多い。そして、幹部の表皮（樹皮）下には、白色の菌糸束が掌状〜鳥の羽状に伸延しているのが見える。また、主根の先端部や細根は腐敗消失するために、病株の根張りが悪くなって、容易に抜けたり、倒伏しやすい。病根の腐敗部では、細菌等が二次的に繁殖して異臭を放つ症例がある。

〈被害植物〉 ウメ・カシ類・カナメモチ・クチナシ・ケヤキ・サクラ類・ジンチョウゲ・チャノキ・ツツジ類・ナラ類・ハナミズキ・バラ類・ビャクシン類・ボケ・ボタン・マサキ・ムクゲなど；インパチエンス類・キク・ケシ類・シャクヤク・シュッコンアスター・シュンラン・スイセンなど

〈メ モ〉 きわめて多犯性で、ほとんどの緑化樹種に発生記録がある。草本では記録が少ないが、木化する多年生植物に発生することがある。罹病植物の残渣や土中の有機物等で長期間生存し、病根等が健全根と接触して菌糸で伝染する。発病跡地は土壌消毒する。健全苗を植える。未熟有機物を施用しない。

◆木本の症状 = ①アオキ　②カエデ類　③ヒイラギナンテン（葉病斑上に小黒粒点（分生子層）を形成する）
④セイロンニッケイ（茎病斑；橙色の分生子粘塊が現れる）

◆草本の症状 = ⑤コスモス（花弁の病斑が特徴）　⑥シクラメン　⑦ニューサイラン（病斑全面に分生子層を形成する）
⑧トルコギキョウ（茎病斑上に橙色の分生子粘塊が押し出され、葉は葉脈に沿って黄変する）　〔①-③⑤-⑧堀江　④総診〕

炭疽病（*Colletotrichum* spp.；*Glomerella* spp.）

子嚢菌類

〈症 状〉 *Colletotrichum* 属菌による病気は、一般的には「炭疽病」と命名される（一部の植物では、他の病名が付けられている）。症状は植物と病原菌の種の違いにより様々であるが、概観すると、葉では円斑～楕円斑、不整斑、輪紋斑等を生じる。日焼けや葉擦れ・昆虫による食害の痕を起点として、発病する症例も多く、しばしば葉枯れに至る。茎や枝でははじめ紡錘斑～楕円斑を生じ、茎枯れ・枝枯れとなる。植物の種類によっては、花弁・果実等にも発生する。病斑上に小黒粒点（分生子層）を形成することが多く、湿潤時、分生子層から桃色・橙色等の特徴的な色調の分生子粘塊が押し出される。なお、樹木類・カンキツ類などでは、病原菌が潜在感染（無病徴）することが確認されている。

〈被害植物〉 アオキ・アジサイ・ウメ・カエデ類・クスノキ・グミ類・コデマリ・サザンカ・シュロ・スダジイ・セイヨウシャクナゲ・セイロンニッケイ・ツバキ・ヒイラギナンテン・ヘデラ・マサキなど；アマリリス・エビネ・オモト・ギボウシ類・コスモス・ジャノヒゲ・シクラメン・トルコギキョウ・ニューサイラン・ハラン・ベゴニア・ヘレボルス・ヤブラン・ユリ類・洋ラン類など

〈メ モ〉 病原菌は茎・葉などの病斑上に、分生子層や組織内の菌糸で越冬後、翌春に分生子を新生して第一次伝染源となる。土中で罹病植物の残渣とともに生存する事例もある。野菜では種子伝染も確認されており、また、栄養繁殖する場合には、罹病親株から伝染する。分生子は粘質物で被われ、雨滴や灌水（水滴）で分生子塊が分散・伝播する。防除ではまず健全種苗を用いる。多犯性の種が多いので、周辺の他種罹病植物にも十分注意する。雨除け栽培は有効。「樹木類」「花き類」で農薬登録がある。

◆木本の被害＝葉の黄褐変、激しい落葉、枝・株枯れを起こす（①②サクラ類　③④コクチナシ；②④は被害根）

◆草花の被害＝⑤茎葉・株枯れとなる（フジバカマ）　⑥⑦花や茎葉の生育不良と葉・株枯れ（ガーベラ；⑦は被害根）

〔①②河辺　③-⑦堀江〕

根こぶ線虫病（サツマイモネコブセンチュウなど）

線 虫

〈症 状〉木本では、葉が萎凋・黄褐変し、落葉により株全体が衰弱・枯死する。根に大小の瘤が連続的に連なり、細かい根は腐敗・消失する。コクチナシでは病勢の進展が速く、激しい落葉・株枯れを起こし、集団植栽した緑地帯では、とくに"坪枯れ"が目立つ。一方、同属のクチナシでは黄葉が長く着生し、慢性的で、葉の症状は微量要素欠乏のように見えることが多い。草花では生育中期以降に現れる症例が過半であり、葉色が悪くなるとともに小型化して、萎凋や葉枯れ・株枯れを起こしやすい。

〈被害植物〉　クチナシ・コクチナシ・ツバキ・バラ類など；ガーベラ・キキョウ・キク・ナデシコ類・フジバカマ・ベゴニア・マツバギクなど

〈メ モ〉サツマイモネコブセンチュウはきわめて多犯性で、花卉類に広く寄生し、キュウリ・トマト等の果菜類に壊滅的な被害を起こす症例がある。果菜類跡地で緑化苗木を育成すると罹患しやすく、また罹患苗木を移動・植栽することにより、汚染が広範囲に拡がる。土壌中や残渣（卵）で長く生存後、幼虫が移動して根から侵入感染する。バラ台木等では品種間差異が大きい。忌避・緑肥植物を栽培し、密度を下げる。被害跡地は土壌消毒を行う。

◆花器の被害＝紅斑・褐斑、あるいは脱色した小斑点や水浸斑を生じる（①バラ類　②カンパニュラ　③プリムラ）

◆茎葉の被害と菌体＝④褐色小斑点（上）と拡大病斑（下）の腐敗（ギボウシ類）　⑤葉茎の軟化腐敗（ニチニチソウ）　⑥患部における灰色の菌叢（マリーゴールド）　⑦分生子柄と分生子の集塊

〔①-⑥堀江　⑦竹内〕

灰色かび病（*Botrytis cinerea*）

子嚢菌類

〈症 状〉木本では挿し床などで、集団的な被害を受ける場合もあるが、成木は新葉や花弁の一部に留まることが多い。草本では広範な植物に発生し、景観や観賞性・商品価値を著しく損ねる。やや老化した花弁や傷んだ葉先、茎の基部、土に接した部分などが水浸状に腐敗し、のち患部に淡灰褐色〜灰色で粉状の菌叢（分生子柄・分生子）を豊富に生じる。花弁が葉に落下・付着した部分から、水浸状に褐変腐敗し、のち病斑部に多量の分生子を形成する。

〈被害植物〉ハナミズキ・バラ類など；カンパニュラ・ギボウシ類・キンギョソウ・サルビア・シンビジウム・スイートピー・スミレ類・ゼラニウム・ニチニチソウ・ペチュニア・プリムラ・マリーゴールド・ラベンダーなど（網掛けは各論に掲載）

〈メ モ〉きわめて多犯性。常在菌。罹病植物のほか有機物でも繁殖・越冬でき、他種の感染植物からも分生子が空気伝染する。20℃程の湿潤条件下で多発する。「花き類」「樹木類」で農薬登録がある。

◆ナスの症状（発生跡地では宿主の草花も多発）　◆ガーベラ＝②萎凋症状　③茎の断面（導管部の褐変）

◆ルリタマアザミ＝④半身が黄化症状を呈する　⑤株枯れ症状
◆ヘリクリサム＝⑥萎凋症状　⑦地際茎の断面（導管部の褐変）　⑧患部組織中に形成された小型菌核（目視は不能）

〔①②⑤堀江　③④⑥-⑧竹内〕

半身萎凋病（はんしんいちょう）（*Verticilium dahliae*）

子嚢菌類

〈症 状〉 草花では、露地で初夏～梅雨期と初秋に発生し、盛夏期には病勢がほとんど進展しない。症状の現れ方は植物によって異なるが、はじめ下葉の葉脈の間・葉緑部が褪色・黄変し、しだいに枝葉が萎凋・褐変する。こうした症状は、葉身の片側や株の半身に現れることがあり、病名の由来になった。やがて株全体の生育が著しく抑制され、萎凋・落葉を起こし、新葉の発生・伸長も抑制されるので、着葉がまばらとなる。茎の地際部から中間部までの導管部、葉柄や根の導管部は主に淡褐色、激しい場合は褐色に変色している。そして、ついには株枯れを起こす。病勢が進んだ患部や、罹病植物の残渣（落葉など）に小型菌核（微小菌核ともいう）が豊富に生じる。樹木・木本植物では宿主は少ないが、概して一部の枝で不発芽・発芽遅延が見られ、展開した葉は萎凋、および黄変・落葉し、のちに小枝ごと枯死する。これら病枝の導管部は褐変している。

〈被害植物〉 シナノキ・バラ類・ヤマモミジなど；アイスランドポピー（萎縮病）・アザミ類・オミナエシ・ガーベラ・キキョウ・キク・キンセンカ・コスモス・シャスターデージー・ストック・ダリア・ヒマワリ・ベニバナ・ヘリクリサム・ホオズキ・マリーゴールド・リアトリス・ルドベキア・ルリタマアザミなど；オクラ・トマト・ナスなど

〈メ モ〉 罹病植物の組織内に形成される小型菌核が土壌中で長期間生存する。宿主となる植物が植えられると、小型菌核が発芽して、根・根冠の損傷部等から侵入・感染する。線虫や土壌害虫が多い場合は根の加害痕から病原菌が侵入しやすく、被害が大きくなる。病原菌は多犯性で、ナス科野菜に発生が多く、それらの圃場跡地に草花を植え付けたり、苗を育成する場合は、とくに注意を要する。

◆①④葉は萎凋・黄変し、落葉する　②茎の地際に赤紫色〜紫褐色の菌糸束が伸延する　③⑤⑥菌糸膜が被う
⑦地面に菌糸膜が伸展する（①ハイビスカス　②クロモジ　③レンギョウ　④⑤ボタン　⑥キョウチクトウ　⑦サツマイモ）
〔①④⑦堀江　②⑤周藤　③小林　⑥鍵渡〕

紫紋羽病（むらさきもんぱ）（*Helicobasidium mompa*）

担子菌類

〈症 状〉 梅雨期頃から、根や茎・幹の地際部の表面に、紫褐色の菌糸束が網目状にまとわり付き、発達すると菌糸膜となり、フェルト状に被う（幹高数十cmに達する）。病根は腐敗・消失する。このため地上部では葉が小型化・黄化し、落葉が起こり、やがて株全体が枯死に至る。しばしば患部の地際部から、病原菌の紫色の菌糸膜が地表面を拡がる。

〈被害植物〉 カエデ類・カナメモチ・キョウチクトウ・クロモジ・サクラ類・ハイビスカス・ハナミズキ・ボタン・マツ類・レンギョウなど；観賞用アスパラガス・サツマイモなど

〈メ モ〉 きわめて多犯性（とくに木本植物）。土壌中の罹病残渣・有機物（菌糸・菌糸塊等）で長期間生存する。病根が隣接株の根や地際茎に接触し、菌糸が侵入する。発病跡地は土壌消毒を行う。健全苗を植える。未熟有機物を施用しない。

◆モザイク病の症状 = ①アジサイ　②アマリリス　③カンナ　④ケイトウ　⑤⑥グラジオラス　⑦ジニア　⑧パンジー
〔①④・⑧堀江　②③星〕

モザイク病（キュウリモザイクウイルス（CMV）など）

ウイルス

〈症 状〉"ウイルス病"の代表的な病名。木本では限定的であるが、草本では広範な種類に発生する。症状は宿主と病原ウイルスの組み合せで異なるが、概括すると、葉に緑色濃淡のモザイク・波打ち・よじれ・壊疽斑・壊疽条斑・細葉・縮葉・小型葉、茎の壊疽・よじれ、花弁の斑入り・着花不良、株の矮化など様々である。宿主・病原の相互関係で、ときに集団感染して、大きな被害をもたらす。

〈被害植物〉 アジサイ・ジンチョウゲ・ナンテン・バラ類など：アマリリス・カンナ・キンギョソウ・グラジオラス・ケイトウ・コスモス・ジニア・スミレ類・ダリア・チューリップ・ナデシコ類・ニチニチソウ・ハナショウブ・フリージア・ペチュニア・ホトトギス・ユリ類など（網掛けは各論に掲載）

〈メ モ〉 菌類病などの症状とは、明確に異なる場合が多いが、最終的な判断は抗血清・遺伝子診断などで、ウイルスを特定する必要がある。伝染源は感染植物（無病徴感染を含む）で、CMVは主にアブラムシ類により非永続的に媒介され、植物種によっては、栄養繁殖による苗伝染・汁液伝染もある。

◆①幹に発生した子実体　②大量の担子胞子を被る子実体　③子実体の断面（チョコレート色）　〔①②阿部　③堀江〕

こふきたけ病（コフキタケ *Ganoderma applanatum*）

担子菌類

〈症 状〉多種の広葉樹と一部の針葉樹で、地際部から高所の幹や枝までに子実体が発生し、心材部と辺材部の両方に白色腐朽を起こす。幹部は空洞化して幹折れが発生しやすい。子実体は多年生、半円形～棚状、扁平、径 5 - 30 cm、厚さ 1 - 10 cm。傘は薄茶色～褐色、環紋を生じ、裏面ははじめ白色で、のちに焦茶色を呈する。そして、2 年生以上の子実体では多層になる。初夏～秋季に、大量に放出された担子胞子が、傘の上面にも積もる。

〈メ モ〉生の子実体の断面は、褐色～チョコレート色に変色する。担子胞子が幹や根の傷痕、あるいは枝枯れ部等に付着・発芽して材内に侵入する。

◆①子実体の原基　②成熟した子実体　③地際部から倒伏したケヤキ街路樹　〔①②阿部　③堀江〕

べっこうたけ病（ベッコウタケ *Perenniporia fraxinea*）

担子菌類

〈症 状〉主に広葉樹の根株において心材部を腐朽させ、しだいに辺材部や幹の上部にも進展する。腐朽型は白色腐朽である。病樹の地際部には、初夏～秋季に子実体が多数形成される。腐朽が進んだ場合には、地際部から倒伏する等の被害をもたらす。子実体は 1 年生、無柄で、初夏に黄色～山吹色・瘤状の原基を形成し、成長しつつ傘を生じる。傘は坐生で半円形～やや丸山形、幅 5 - 20 cm。

〈メ モ〉厚壁胞子が土壌中や、罹病残渣内において長期間生存し、幹の地際部や根に生じた傷痕から侵入する。子実体の発生樹においても、樹冠・樹勢の衰弱は、目視では判然としない事例が多い。

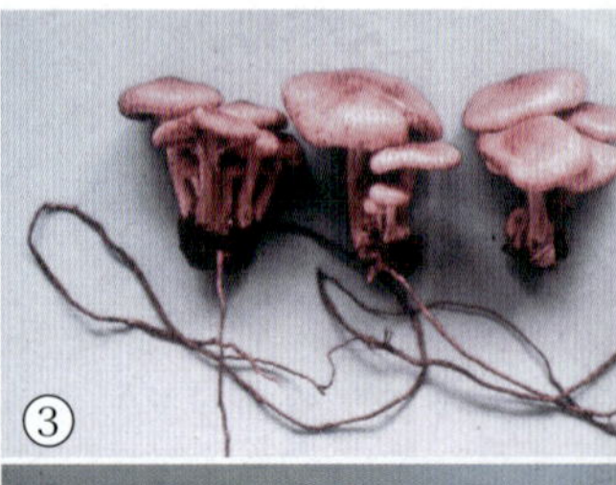
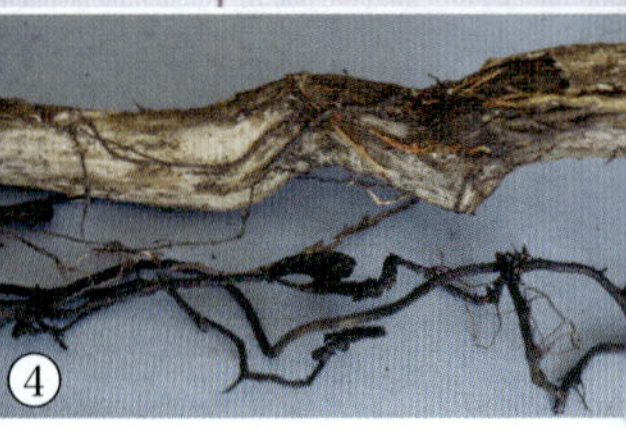

◆①タブノキの株元に叢生した子実体　②子実体の柄にツバをもつ　③柄の基部から根状菌糸束が伸延する　④被害茎と根状菌糸束（③④カンキツ類）
〔①②竹内　③④牛山〕

ならたけ病（ナラタケ *Armillaria mellea*）

担子菌類

〈症 状〉多種の広葉樹と一部の針葉樹に根株心材腐朽（白色腐朽）を起こす。秋季に病株の地際部やその周辺から子実体が発生する。被害樹は樹勢が衰退し、落葉、枝枯れ・株枯れを起こす。緑地では被害樹の周辺の樹木に次々と感染・枯死させ、不整の同心円状に拡がる。子実体は傘（径 15 cm に及ぶ）と柄をもつキノコ形で、柄（長さ 12 cm に及ぶ）にはツバがある。堅牢な根状菌糸束を伸延する。

〈メ モ〉罹病残渣等で長期間生存し、根状菌糸束が地中や地表面を伸延して、隣接株へ伝播する。

◆①サクラ類の病根に発生した子実体　②③子実体の傘はロート状で、柄にツバはない
〔阿部〕

ならたけもどき病（ナラタケモドキ *Desarmillaria tabescens* = *Armillaria tabescens*）

担子菌類

〈症 状〉多種の広葉樹と一部の針葉樹に根株心材腐朽（白色腐朽）を起こす。症状は「ならたけ病」に似て、病樹はしだいに衰弱し、株枯れを起こす。秋季になると、病株の地際部にキノコ形の子実体が発生する。子実体の傘はロート状、径 5 - 8 cm、柄にツバはない（ナラタケとの判別ポイント）。

〈メ モ〉罹病残渣や病根等で長期間生存し、健全根との接触部から感染・発病する。

Ⅱ

花木・庭木・緑化樹の主な病害

◆葉裏に小さな粉状の夏胞子堆を多数生じる 〔堀江〕

シナノキ類 さび病

(*Pucciniastrum tiliae*) 担子菌類

〈症 状〉 7月頃(梅雨後期)から、葉表に黄白色〜淡黄褐色の小斑点を多数生じ、その裏面に、淡黄色の微小な膨らみ(夏胞子堆)を形成する。やがて患部から粉状の夏胞子が溢れ出る。秋季になると、夏胞子堆の周辺の表皮下に、赤褐色の冬胞子堆が形成される。

〈メ モ〉 異種寄生種で、精子・銹胞子世代はアカトドマツ・アオトドマツで経過する。なお、シナノキ(夏胞子・冬胞子世代)のみにおいても生存可能と思われる。夏胞子は空気伝染して、発病を繰り返す。p *011* 参照。

◆新葉に小斑が連続し、よじれや萎縮などの奇形を起こす 〔星〕

シナノキ類 そうか病 子嚢菌類

(*Elsinoë araliae* = *Sphaceloma araliae*)

〈症 状〉 新葉展開時から、葉脈に沿って1-2mm大の淡褐色小斑を連続して生じる。古い病斑は破れて脱落する。また、葉柄や幼枝では、長さ数mm、紡錘形のやや凹んだ病斑となる。加えて、展葉・伸長期の頃に罹病するため、病茎葉がよじれ・萎縮などの奇形を呈する。多発した病葉は早期に落葉する。

〈メ モ〉 セイヨウシナノキ・ボダイジュ類に多発する。罹病残渣(子座等)で越冬し、分生子が雨滴伝染する。多雨の条件下において多発し、被害が大きい。

◆葉に円斑を多数生じ、病斑上に小黒粒点を群生する 〔星, 堀江〕

クチナシ 褐色円星病(かっしょくまるほしびょう)

(*Phyllosticta gardeniicola*) 子嚢菌類

〈症 状〉 梅雨期や秋雨期、葉に淡褐色、径5mm程度で、周囲が明瞭な円斑〜不整円斑を多数生じる。大型病斑は、しばしば輪紋をもつ。病斑は拡大融合し、葉枯れ状となることもある。それら病斑上には、小黒粒点(分生子殻)を多数形成する。そして、病斑周辺から黄変しつつ、徐々に落葉を起こす。

〈メ モ〉 病葉(分生子殻)が着生したまま越冬し、分生子が春季の伝染源となる。分生子は雨滴とともに飛散して、伝染・発病を繰り返す。コクチナシにも発生する。

アジサイ そうか病

（*Elsinoë hydrangeae*）　子嚢菌類

〈症 状〉春季、新葉の展開期頃から、葉に褐色～紫褐色、径 2 mm 程度の小円斑が、雨滴の溜まりやすい葉脈に沿って連続的に形成される。葉柄や幼枝では灰白色、かさぶた状の小病斑が連続する（写真右）。生育に伴って病葉は著しい生育不良やよじれ・奇形等を起こし、幼枝も湾曲しつつ、よじれる。

〈メ モ〉ヤマアジサイ系で被害が大きい。病株は毎年発病する。病枝（子座など）で越冬し、分生子が雨滴の流れに沿い、かつ飛沫伝染する。春先の連続降雨が蔓延を助長する。

◆葉脈に沿って小斑が連続し、生育が阻害され、奇形を呈する　〔小野〕

アジサイ 炭疽病

（*Colletotrichum gloeosporioides*）　子嚢菌類

〈症 状〉梅雨期頃から、葉身に中央部分が径 1 - 3 mm の灰褐色～灰白色でやや凹み、周縁が紫褐色の小円斑を多数生じ、融合すると不整斑になる。花弁（顎片）には淡褐色～褐色、周縁部が赤紫色で、ぼかし状の小円斑を多数形成する（写真右下）。病斑上に、小黒粒点（分生子層）を散生することがある。

〈メ モ〉広く常発するが、系統・品種間で発生に差異がある。罹病残渣（分生子層など）で越冬し、分生子が雨滴等で伝播する。農薬登録（「樹木類」）がある。p *015* 参照。

◆葉に緑どりのある小円斑を多数生じる　〔堀江，右下：金子〕

アジサイ モザイク病　ウイルス

（キュウリモザイクウイルス；CMV）

〈症 状〉春先から新葉全体に、淡緑色～黄緑色の濃淡のモザイク症状を現し、よじれ・縮れ・ひきつれ、あるいは波打ち等の奇形を呈する。重症株では、葉や花が小型化することがある。株全体の衰弱や枯れは少ない。

〈メ モ〉夏季の高温期には症状が不明瞭となる。アブラムシ類によって非永続的に伝搬される。きわめて多犯性で、周辺で植栽されている、多種の罹病植物も伝染源となる。施設ではアブラムシ類の侵入を防ぐ（防虫網の設置・薬剤散布など）。p *020* 参照。

◆新葉にモザイク・よじれ・縮れ・波打ちなどが現れる　〔堀江〕

◆花冠が発色せず、小型・奇形化して突き抜け症状も現れる 〔堀江〕

アジサイ 葉化病（ようかびょう） ファイトプラズマ

（*Candidatus* Phytoplasma japonicum）

〈症 状〉 花冠（萼片）全体またはその一部が当該品種特有の色調に発色せず、淡緑色〜濃緑色・小型で、奇形化やモザイクを伴う。葉化した花冠の中央部から、新たな花芽が生じる（突き抜け症状）ものもある。葉には黄化や紅化、細葉・ひきつれ症状も現れる。

〈メ モ〉 集団植栽されているアジサイ園において蔓延し、壊滅的な被害を及ぼす症例がある。発症は株の1枝に留まるものから、全身に及ぶものまで様々である。病株からの栄養増殖によって伝染する。媒介虫は不詳。

◆葉に明瞭な褐斑〜輪紋斑を生じ、黄変して早期落葉する 〔堀江〕

アジサイ 輪斑病（りんはんびょう）

（*Cercospora hydrangeae*） 子嚢菌類

〈症 状〉 梅雨後期頃から、葉に葉脈で囲まれた、淡褐色〜褐色の不整角斑を生じる。病斑は径 10 mm ほどに拡大して、濃淡の緩やかな輪紋のある不整斑となる。病斑表側にはすす点（子座）を多数生じ、子座はやがてすすかび状物（分生子の集塊）で被われる。病斑周辺から徐々に黄変が進み、発生が多い場合はしばしば早期落葉を起こす。

〈メ モ〉 罹病残渣（子座等）で越冬し、最初の伝染源となる。生育期にも、分生子が雨滴等によって分散・伝播する。p *010* 参照。

◆葉に明瞭な輪紋斑を生じ、病斑周辺は紅色を帯びる 〔堀江，高野〕

アジサイ 輪紋病（りんもんびょう）

（*Phoma exigua*） 子嚢菌類

〈症 状〉 梅雨後期頃から、はじめ葉に赤紫色〜紫黒色の小円斑を生じ、しだいに拡大しつつ、類円形〜不整形、中央部分が灰褐色〜淡褐色で、同心輪紋状の病斑になる。大型病斑では外周が紅色を帯び、径 5 - 6 cm に達するものもある。やがて病斑上には、黒褐色の小粒点（分生子殻）が散生する。

〈メ モ〉 病斑周縁の紅色の着色、および病斑上の小粒点により、他病害と区別できる。罹病残渣（分生子殻等）で越冬し、分生子が雨滴・水滴（灌水）で分散・伝播する。

イチョウ すす斑病

(*Gonatobotryum apiculatum*)　子嚢菌類

〈症 状〉梅雨期頃に発生し始め、葉の周縁から褐色、扇形～くさび形の病斑が進展し、その周辺は黄化する。しばしば隣接する病斑が融合し、葉身の大部分に拡がって、葉枯れ症状を呈する。病斑の表裏全面にはすす状の小点（子座・分生子柄・分生子の集塊）が輪紋状に生じる。また、病斑周辺から黄化し、激しく早期落葉を起こす。

〈メ モ〉生け垣での発生が多い。すす状の菌体が特徴的で目立つ。罹病残渣（子座等）で越冬し、分生子が空気伝染する。

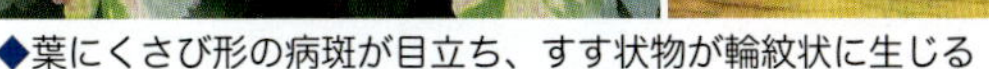

◆葉にくさび形の病斑が目立ち、すす状物が輪紋状に生じる　〔堀江〕

イチョウ ペスタロチア病

(*Pestalotiopsis foedans*)　子嚢菌類

〈症 状〉梅雨期および秋雨期の頃に発生が見られ、葉縁から扇形～くさび形で、淡褐色～褐色の病斑が進展し、その周辺は黄色のぼかし状となる。のち灰褐色となり、病斑の表裏に小黒粒点（分生子層）を散生、または輪紋状に生じる。病葉は黄変が早まるが、顕著な早期落葉は観察されない。

〈メ モ〉罹病残渣（分生子層）で越冬し、分生子は雨の飛沫とともに飛散・伝播する。通常は強風による葉縁の付傷部や、害虫の食害痕から発病することが多い。

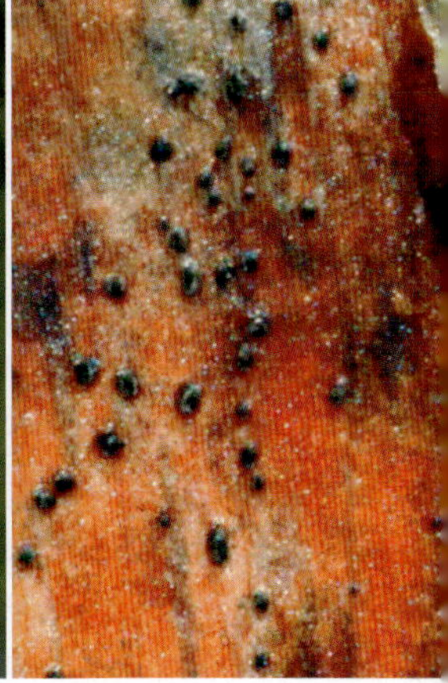

◆葉縁から褐変し、そこに小黒粒点を多数生じる　〔堀江，金子〕

ササ・タケ類 赤衣病

(*Puccinia corticioides*)　担子菌類

〈症 状〉10～11月頃、稈の地際部に白色の線状斑が現れ、のち病斑部が裂開し、黄褐色で盛り上がった菌体（冬胞子堆）が被う。4～5月頃に冬胞子塊は脱落し、黄橙色～黄褐色で、表面が粉状の菌体（夏胞子堆）が厚く生じる。罹病稈は徐々に衰弱・枯死する。

〈メ モ〉異種寄生種のさび病菌で、チャンチンモドキが中間宿主。ササ・タケ類に広く発生し、それらが相互に伝染源となる。菌体は患部で生存し続け、夏胞子が雨風によって伝播し、発病を繰り返す。p *011* 参照。

◆胞子堆が稈の患部を被う（中：冬胞子堆　右：夏胞子堆）　〔堀江〕

◆葉裏の夏胞子堆（橙色）と冬胞子堆（黒色）；右はウツギさび病
〔堀江，総診〕

ササ・タケ類 さび病 担子菌類

（*Puccinia deutziae* = *P. kusanoi* など）

〈症 状〉 葉表に黄色～黄褐色、1‐2 mm の紡錘斑を多数生じ、その裏側に黄橙色～黄褐色で、表面粉状の夏胞子堆が現れる。秋季に夏胞子堆の周囲に、褐色～黒褐色、表面が絨毛状の冬胞子堆を生じる。越冬後に冬胞子が発芽し、冬胞子堆の表面が灰色粉状となる。

〈メ モ〉 多種が記録されているが、ふつうササ類に発生する２種は異種寄生種で、精子・銹胞子世代をウツギ類で経過する。ウツギ類をササ類の近隣に植栽しない。生育期には夏胞子が空気伝染する。p *011* 参照。

◆幼葉・柄にやや凹んだ小円斑が連なり、萎縮や奇形等を起こす〔堀江〕

ヤツデ そうか病

（*Sphaceloma araliae*） 子嚢菌類

〈症 状〉 春季、新出葉の葉身・葉柄・幼枝に黄色～淡褐色、のちに灰白色で、やや盛り上がったかさぶた状、径３‐５ mm の不整円斑を多数生じる。病斑は拡大融合して凹み、やがて葉の古い病斑部は破れて孔が空く。葉や枝の伸長・展開期に発病するため、病葉・病枝は生育に伴って、よじれや縮れを生じ、激しい場合には黄褐変・枯死する。

〈メ モ〉 苗木・幼木での被害が大きい。病枝葉（子座等）で越冬して、分生子が分散・伝播する。春先の連続降雨が蔓延を助長する。

◆葉縁から病斑が拡がり、小黒粒点が全面に生じる 〔星・堀江〕

ヤツデ 炭疽病（たんそびょう）

（*Colletotrichum gloeosporioides*） 子嚢菌類

〈症 状〉 葉に暗褐色～灰褐色の不整斑を多数生じ、葉縁部の場合は扇状～くさび状に拡がる。病斑が拡大融合すると、中央が灰褐色で周囲は暗褐色となり、しばしば破れる。病斑全面に、小黒粒点（分生子層）が多数形成される。下葉や過繁茂の葉に発生が多い。

〈メ モ〉 多犯性。着生病葉・罹病残渣（分生子層等）で越冬する。分生子は雨滴で分散しつつ、雨風によって伝播・蔓延する。周辺の各種罹病植物からの伝染も考えられる。降雨が病勢を著しく助長する。p *015* 参照。

エゴノキ 褐斑病（かっぱん）

（*Pseudocercospora fukuokaensis*） 子嚢菌類

〈症 状〉梅雨期以降に、葉の周縁部から褐色で扇形～くさび形の病斑が進展し、その周辺は黄化する。隣接する病斑が融合し、葉枯れ症状を呈することも多い。病斑の表裏全面にすすかび状物（子座・分生子柄・分生子の集塊）が多数生じる。加えて、病葉は発病まもなく激しく早期落葉を起こす。

〈メ モ〉各所の庭園等で常発し、黄化や落葉が目立つ。罹病残渣（子座等）で越冬し、分生子が雨滴の飛沫により分散・伝播する。農薬登録（「樹木類」）がある。p *010* 参照。

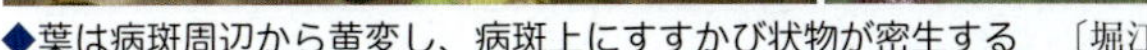

◆葉は病斑周辺から黄変し、病斑上にすすかび状物が密生する 〔堀江〕

エゴノキ さび病

（*Pucciniastrum styracinum*） 担子菌類

〈症 状〉夏季、葉表に周縁が不明瞭な小黄斑を多数生じ、その裏側は小葉脈に囲まれた黄色～黄緑色の角斑となり、やがて黄色の粉状物（夏胞子堆）が多数現れる。秋季には、褐色～暗褐色、染み状の小斑が生じ、主に葉裏の表皮下に冬胞子堆が形成される。病葉は黄化して、激しく早期落葉を起こす。

〈メ モ〉異種寄生種で、精子・さび胞子世代は、アオトドマツを宿主とすることが確認されているが、自然界での生態は不詳。生育期には夏胞子が空気伝染する。p *011* 参照。

◆葉表に小斑を多数生じ、裏側に黄色粉状物を現す 〔堀江，左下：総診〕

ブーゲンビレア 円星病（まるほし）

（*Cercosporidium bougainvilleae*） 子嚢菌類

〈症 状〉梅雨期頃、葉に発生する。はじめ中央部が灰白色～白色で、周囲は細い褐色帯に縁どられた、径 3 - 5 mm 程度の小円斑を多数生じる。そして、病斑の周辺は黄変する。病斑の表裏両面には、黒褐色～暗黒緑色で、すすかび状の小点（子座・分生子の集塊）を密生する。多数の病斑を生じた葉は縁から巻き込み、やがて早期落葉を起こす。

〈メ モ〉伝染経路は不詳であるが、分生子は雨滴や灌水の飛沫とともに伝播する。潜伏期間は約 3 週間である。p *010* 参照。

◆葉表に小斑を多数生じ、すすかび状物が密生する 〔星，堀江〕

◆葉裏に夏胞子堆を密生し、激しい落葉と枝枯れを起こす　〔堀江〕

ヒペリカム さび病

（*Melampsora hypericolum*）　担子菌類

〈症 状〉 5月〜梅雨期に蔓延し、葉表に淡黄緑色・黄色・赤褐色等で、1‐2 mmの小角斑を多数生じ、すぐに葉枯れ状となる。葉裏に淡黄色〜黄白色、粉状の菌体（夏胞子堆）が現れる。そして、秋季になると、夏胞子堆の周辺には、暗褐色〜黒色で、かさぶた状を呈した、冬胞子堆が形成される。

〈メ モ〉 セイヨウキンシバイの落葉・枝枯れ被害が激しく、ビヨウヤナギにも発生。着生病葉（胞子堆等）で越冬後、新生した夏胞子が伝播する。農薬登録がある。p *011* 参照。

◆葉に褐色の小角斑が現れ、灰色の菌塊を生じる　〔堀江，右下：総診〕

カキノキ 角斑落葉病（かくはんらくよう）

（*Cercospora kaki*）　子嚢菌類

〈症 状〉 7月頃から、葉に周縁部が暗褐色〜黒色で、内部は淡褐色〜暗褐色を呈し、葉脈によって明瞭に区切られた、小角斑を多数生じる。秋雨期に蔓延する。病斑上には、灰黒色〜灰色の子座、および分生子の集塊が多数形成される。病葉は病斑部周辺から紅化し始め、やがて早期落葉を起こす。

〈メ モ〉 各所で常発する。多発時には落葉が激しいが、果実への影響は少ない。罹病残渣（子座等）で越冬し、春季に新生した分生子が伝播する。農薬登録がある。p *010* 参照。

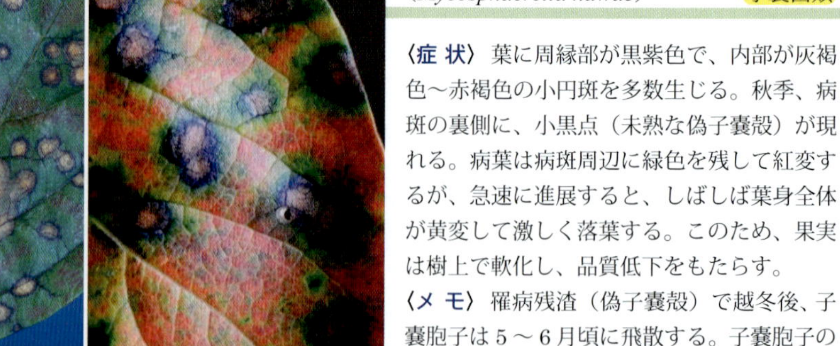

◆葉に不整円斑を生じ、病斑周縁に緑色を残して紅化する　〔堀江〕

カキノキ 円星落葉病（まるほしらくよう）

（*Mycosphaerella nawae*）　子嚢菌類

〈症 状〉 葉に周縁部が黒紫色で、内部が灰褐色〜赤褐色の小円斑を多数生じる。秋季、病斑の裏側に、小黒点（未熟な偽子嚢殻）が現れる。病葉は病斑周辺に緑色を残して紅変するが、急速に進展すると、しばしば葉身全体が黄変して激しく落葉する。このため、果実は樹上で軟化し、品質低下をもたらす。

〈メ モ〉 罹病残渣（偽子嚢殻）で越冬後、子嚢胞子は5〜6月頃に飛散する。子嚢胞子の飛散初期から農薬を散布する（発病後の薬剤散布では効果が認められない）。

シデ類 すす紋病

(*Cylindrosporella carpini*) 子嚢菌類

〈症 状〉秋季、葉に淡灰褐色〜褐色、不整円形、径 5 - 20 mm ほどの病斑を生じ、周縁は灰褐色〜暗褐色。葉先や葉縁から、くさび状〜扇状に進展することも多い。主として葉表の病斑上に、黒色の小かさぶた状物（分生子層）が破線状かつ輪状に、あるいは散在して形成される。しばらくすると、病葉は巻き上がって、早期落葉を起こす。

〈メ モ〉イヌシデ（写真左）に多く、近縁のアカシデ・ハシバミ類にも発生する。伝染環は不詳であるが、分生子は雨風で伝播する。

◆葉の円斑上に小かさぶた状物（分生子層）を輪生する　〔堀江，金子〕

シデ類 葉枯病

(*Monostichella robergei*) 子嚢菌類

〈症 状〉葉に、はじめ褐色、円形〜不整円形の小斑を生じ、のち拡大して、淡灰褐色〜灰褐色で、周囲はやや不鮮明な暗褐色の帯に縁どられ、径 20 mm ほどの大型円斑〜不整斑となる。葉縁から、くさび状に進展することも多い。病斑の表裏両面に、すす点状の小黒粒点（分生子層）を多数形成する。

〈メ モ〉クマシデ（写真）に発生が多く、近縁のセイヨウシデなどにも見られる。罹病残渣（分生子層）で越冬する。層内の分生子は雨滴の飛沫とともに分散・伝播する。

◆葉の病斑上に小黒粒点（分生子層）を群生する　〔堀江，総診〕

シラカンバ 灰斑病

(*Monostichella* sp.) 子嚢菌類

〈症 状〉秋雨の頃、はじめ葉の周縁に灰褐色で、扇形〜波形の病斑を生じ、しだいに拡大して大型不整斑となる。さらには、葉の中央部にも円形〜長円形、径 5 - 10 mm 程度の病斑が形成される。いずれの場合も、病斑の周囲は褐色の帯で縁どられる。病斑上には、すす状の小黒粒点（分生子層）を多数散生するか、あるいは同心円状に生じる。

〈メ モ〉本植物の常発性病害。病落葉で越冬して、第一次伝染源になると思われる。分生子は雨風により伝播・発病する。

◆葉縁に波形の病斑を生じ、葉身の中央にも円斑を形成する　〔堀江〕

◆葉表に黄緑色の斑紋を生じ、裏側に白色菌叢が伸展する 〔堀江〕

アオキ うどんこ病

（*Erysiphe aucubae*） 子嚢菌類

〈症 状〉 6月頃から、葉表に黄緑色〜黄色の不整斑紋を生じ、かつ波打ち・ひきつれを呈する。主にその裏側に、白色粉状の菌叢を生じ、のち葉裏全体に拡がる。発生が多いと遠くからも目立つ。古い菌叢の中央部は、菌寄生菌の発生により灰白色〜淡灰色となる。

〈メ モ〉 着生病葉（菌糸）で越冬し、第一次伝染源となる。有性器官（子嚢胞子等）は確認されていない。分生子が空気伝染する。農薬登録（「樹木類」）がある。p *004* 参照。

◆葉の表裏に多数の小円斑を形成する（左：葉表　右：葉裏） 〔堀江〕

アオキ 白星病

（*Phomatospora aucubae*） 子嚢菌類

〈症 状〉 当年葉では、秋季に目立って発生する。葉に褐色の小斑を多数生じ、のち中央部が灰白色で、周囲は褐色、径3・6 mmの円斑となる。病斑上に、やや盛り上がった、小黒点（子嚢殻）を1〜数個形成する。新旧の病葉が周年着生しているため、病樹は全体に白色斑点が際立ち、遠くからも分かる。

〈メ モ〉 着生病葉・罹病残渣（子嚢殻）で越冬し、子嚢胞子が降雨の後、空気中に放出されて伝播すると思われるが、胞子の放出・感染時期などの詳細は不明である。

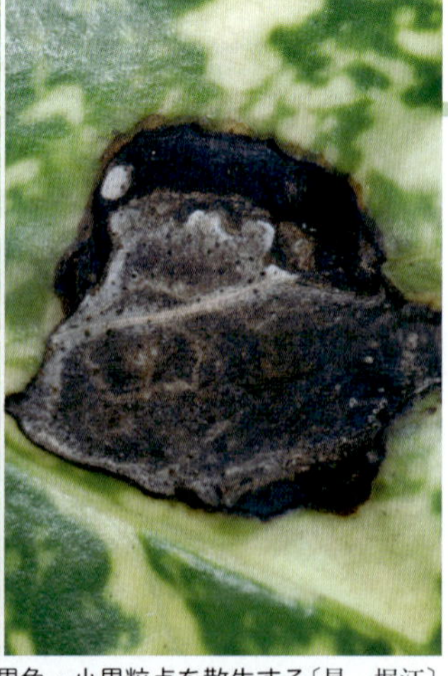

◆葉先や葉縁が枯れ、病斑上に灰黒色・小黒粒点を散生する〔星，堀江〕

アオキ 炭疽病

（*Colletotrichum gloeosporioides*） 子嚢菌類

〈症 状〉 夏〜秋季、葉先および葉縁から暗灰色・暗褐色〜黒褐色の不整斑が進展して葉枯れ状となり、葉中央には不整円斑〜不整斑を生じる。緑枝にも黒褐色の病斑ができる。病斑上に、灰黒色の小粒点（分生子層）が多数形成され、湿潤時には淡桃色の粘塊（分生子の塊）が押し出される。日焼け痕・強風による葉擦れの損傷部から発病しやすい。

〈メ モ〉 多犯性。着生病葉・罹病残渣（分生子層）で越冬し、分生子が雨滴の飛沫により伝染する。潜在感染（無病徴）も起こる。農薬登録（「樹木類」）がある。p *015* 参照。

アオキ 斑点病

(*Cercospora aucubae*)　子嚢菌類

〈症 状〉 7月～秋季、葉にはじめ褐色、のち中央部が灰褐色、周縁が暗褐色に変わり、径3‐5mm程度の不整円斑～不整斑が多数形成される。病斑の表裏面に、すす点（子座）が現れ、やがて暗緑色・すすかび状物（分生子の集塊）に被われる。病斑の周辺から黄変し始め、越冬後の5月頃に一斉落葉する。

〈メ モ〉 着生病葉（子座等）で越冬し、春季に子座上に分生子を新生して、最初の伝染源になると思われる。生育期には分生子が雨滴により分散・伝播する。p *010* 参照。

◆葉に灰褐色～褐色の斑点を多数生じ、周囲は黄変する　〔星〕

アオキ 星形すす病

(*Asterina aucubae*)　子嚢菌類

〈症 状〉 夏季以降、葉の表裏にすす状の菌叢を生じ、これを起点に樹枝様で結晶状、あるいは放射状に、すす状の菌叢が径5mm程度伸張する。やがて菌叢の中央部は厚い膜状となり、円錐状の小隆起（子嚢殻）を1～数個形成する。しばしば多発して、樹全体が黒く汚れたような外観を呈する。

〈メ モ〉 寄生性のすす病菌の一種で、宿主から直接栄養を摂取する。子嚢殻で越冬し、子嚢胞子が放出され伝播すると思われる。

◆すす状の菌叢が星形～円形に伸延する　〔星〕

アオキ 輪紋病

(アオキ輪紋ウイルス；AuRV)　ウイルス

〈症 状〉 5月頃から、新葉にはじめ淡緑色で径2‐3mmの小円斑紋を多数生じ、しだいに同心円状の明瞭な輪紋斑となり、周辺は黄色のぼかしを伴う。激しい場合には、よじれや波打ち症状を起こし、かつ斑入り品種のような様相を呈する。アオキには、ウイルスに起因する病害として他に、葉脈モザイク病（葉脈透化症状）や、ウイルス病（淡い小黄斑および輪紋・褪緑斑）が記録されている。

〈メ モ〉 接ぎ木伝染する。伝染環は不詳。病株は直ちに抜き取り処分する。ウイルス症状を発現している株からは増殖しない。

◆葉に黄緑色の斑紋を生じ、のち明瞭な輪紋症状を現す　〔星〕

◆葉に不整角斑を生じ、すすかび状物を形成する 〔堀江，小林〕

キョウチクトウ 雲紋病

(*Pseudocercospora neriella*) 子嚢菌類

〈症 状〉 梅雨後期〜秋季、葉脈に囲まれた黄色〜暗褐色の不整角斑を生じ、また、葉縁からも、くさび状に進展する。病斑の表裏両面に、灰緑色〜暗灰色のすすかび状物（子座と分生子の集塊）を密生する。やがて病葉は黄化して、徐々に落葉する。

〈メ モ〉 セイヨウキョウチクトウにも発生する。着生病斑（子座等）で越冬し、春季に分生子を新生して、第一次伝染源となる。生育期にも、分生子が雨滴の飛沫で伝播する。湿潤な環境が病勢を早める。p *010* 参照。

◆葉に不整褐斑を生じ、やがて葉身全体が黄変する 〔堀江〕

キョウチクトウ 炭疽病

(*Colletotrichum gloeosporioides*) 子嚢菌類

〈症 状〉 秋季、葉にはじめ褐色で、のち中央部が灰白色・淡褐色〜暗灰色、周縁部が暗褐色の不整斑を生じる。病斑上に小黒粒点（分生子層・子嚢殻）を散生する。高湿度条件下で分生子粘塊が押し出される。病斑周辺から黄変が進み、徐々に落葉する。

〈メ モ〉 多犯性。着生病葉・罹病残渣（分生子層等）が越冬し、第一次伝染源となる。分生子は主に雨滴によって伝播・発病を繰り返す。また、子嚢胞子は風により伝播する。多雨条件下で蔓延が著しい。p *015* 参照。

◆枯死した‘箒状’の梢（右：幹から叢生した小枝） 〔周藤〕

キリ てんぐ巣病 ファイトプラズマ

(*Candidatus* Phytoplasma japonicum)

〈症 状〉 春〜夏季、新梢が叢生して“箒状”になる。葉は小型化し、かつ軟弱で、褪緑色〜淡緑色を呈する。そして、症状を発現した枝は、1〜2年で枯死することが多いが、壮齢木では毎年新たな発症が見られたり、樹幹からの箒状枝の伸長や、株元からの多数の萌芽が生じる現象が起こり、ときには肥大成長が不良になって、枯死するケースもある。

〈メ モ〉 クサギカメムシが媒介するとの報告があるが、確証されていない。病株からの栄養繁殖を行わないようにする。

キリ 胴枯病

（*Diaporthe eres*）　子嚢菌類

〈症 状〉 多雪地域の若木で被害が大きい。2～3月、幹の樹皮上で暗褐色のやや凹んだ楕円斑上に疣状の小突起（分生子殻子座）を多数生じ、湿潤時、小突起から乳白色の分生子粘塊を巻き髭状に押し出す。同子座形成の翌春に、短い角状突起（子嚢殻頸頂部）が現れる。キリの幹枯れを起こす病害は他に、さめ肌胴枯病（*Botryosphaeria dothidea*；写真右）などが発生する。

〈メ モ〉 幹病斑上で越冬し、分生子は雨の飛沫で伝播する（6～7月が飛散のピーク）。

◆胴枯病（左：若木における樹皮の変色と陥没した楕円斑）
さめ肌胴枯病（右：成木における樹皮の亀裂と剥離）　〔小林〕

キリ とうそう病

（*Sphaceloma tsujii*）　子嚢菌類

〈症 状〉 春季、新葉・幼茎等に、小褐斑が葉脈や雨水の流れに沿い、または水分の停滞する部位に多数生じる。病斑ははじめ褐色でやや凹み、周辺は黄色のぼかし状となり、その裏面は褐色、突起状に膨らむ。やがて病斑は径2 mm程度になり、中心部が穿孔し、かつ周縁部はやや盛り上がって、かさぶた状となる。健全・罹病部位の生育の違いから、よじれや奇形を起こす症例が多い。

〈メ モ〉 罹病部位（子座等）で越冬し、分生子は主に雨滴により伝播・蔓延する

◆新葉・葉柄等に小斑点を多数生じ、奇形を起こす　〔堀江〕

クスノキ 炭疽病

（*Colletotrichum gloeosporioides*）　子嚢菌類

〈症 状〉 6月頃から、緑枝に紫褐色のち黒褐色～灰褐色の小斑を多数生じる。やがて患部の樹皮が裂け、その上方の枝葉は萎凋枯死して、やがて落葉する。葉には淡灰褐色で、周囲が暗紫色の不整斑を生じる。病斑上に黒褐色の小粒点（分生子層）を多数形成し、ときに小型の黒点（子嚢殻）が現れる。

〈メ モ〉 多犯性。潜在感染（無病徴）もするが、病枝・着生病葉（分生子層等）で越冬後に、分生子・子嚢胞子が飛散・伝播する。降雨が発病・蔓延を助長する。p *015* 参照。

◆枝に黒褐斑を生じ、樹皮が裂ける；右は葉の病斑と分生子層
〔牛山，右下：総診〕

◆葉裏に紫褐色の絨毛状物が発生する（右は拡大） 〔堀江，牛山〕

クスノキ ビロード病

(*Eriophyes malpighianus*) フシダニ

〈症 状〉 春季から、葉表にはじめ褪緑色、のちに灰褐色を帯び、やや盛り上がった不整円斑を生じる。その裏面は、植物の表皮細胞を構成する細胞壁が、褐色～紫褐色の毛茸のように密に叢生して、ビロード（絨毛）状となる。そして、発症した葉は、よじれや波打ちなどの奇形症状を誘起する。

〈メ モ〉 フシダニ類の寄生による植物障害である。本虫は寄主特異性が比較的高く、カンバ類・クスノキ・クコ・ボダイジュなどに限定して、ビロード病を発症させる。

◆葉表の黄斑上に小褐点を密生し、その裏面に淡黄色の粉塊が多数形成される（右上は葉表；右下は葉裏） 〔堀江，右上下：金子〕

タブノキ さび病

(*Monosporidium machili*) 担子菌類

〈症 状〉 5月頃から、葉・葉柄および幼枝に発生する。葉表のやや凹んだ病斑上には、褐色の小点（精子器）が多数生じ、その裏側に淡黄色の粉塊（冬胞子堆）が形成される（銹胞子堆のように見える）。また、激しく侵された場合には、葉や茎がよじれて、奇形症状を呈するため、苗木や幼木では、成長が遅れるとともに、樹形が悪くなる。

〈メ モ〉 同種寄生性で、精子・冬胞子世代のみを有し、タブノキ類に感染を繰り返す。ヤブニッケイ等にも発生する。p *011* 参照。

◆葉の表裏に白色の粘塊を連続して生じる 〔堀江〕

タブノキ 白粉（はくふん）病

(*Asteroconium saccardoi*) 子嚢菌類

〈症 状〉 初夏から、新葉の表裏や葉柄、若い緑枝に径 0.5 - 1.5 mm 程度で、黄色・水膨れ状の小突起が多数生じる。激しい場合には葉や新梢がよじれる。病斑はこの状態で越冬して、春季には、突起部に表面が粉状の白色粘質物（分生子の集塊）を多数生じる。粘質物は、しばしば葉脈に沿って形成される。やがて病斑部は、褐変～黒変しつつ枯れる。

〈メ モ〉 着生病葉・病枝等で越冬後、患部に生じた分生子が、主に雨滴とともに当年葉の展開時に飛散して感染する。

グミ類 さび病

（*Puccinia neovelutina*）　担子菌類

〈症 状〉 5月頃、葉表に黄色のち黄橙色、径3 - 5 mm程度の円斑を生じる。やがて病斑部の中央に、半球形の蜜状物が群生し、のちに濃褐色の小点（精子器）となる。その裏側には、淡黄色～ベージュ色の、銹胞子堆が形成され、伸長して円筒状物が叢生する。これが成熟すると、周囲の護膜は崩壊し、内部の銹胞子が現れる。写真はマルバアキグミ。

〈メ モ〉 異種寄生種で、冬胞子世代宿主はナキリスゲ。他に6種のさび病菌が知られ、それぞれ中間宿主が異なる。p *011* 参照。

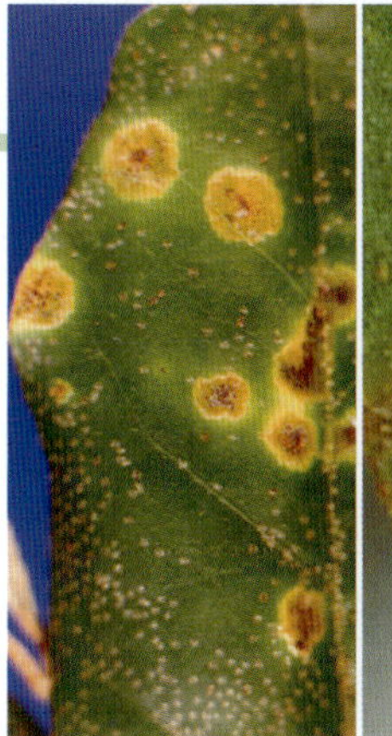
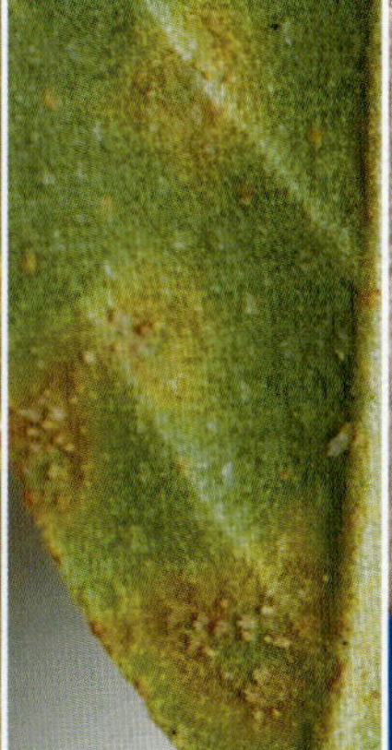

◆葉表の病斑（精子器の群生）と葉裏の銹胞子堆（中：初期症状）〔柿嶌〕

グミ類 炭疽病

（*Colletotrichum siamense*）　子嚢菌類

〈症 状〉 9月以降に多発する。はじめ葉縁の斑入り部分に、淡褐色～褐色、扇形の不整斑を生じ、病斑上に茶褐色～黒色の小粒点（分生子層）を群生する。病斑は斑入り部分を進展するが、やがて病斑部組織が崩壊し、虫食い痕のように欠ける。激しい場合には落葉を起こす。マルバグミとナワシログミの交配品種‘ギルトエッジ’で発生が多い。

〈メ モ〉 多犯性。着生病葉・罹病残渣（分生子層）で越冬後、分生子が雨滴によって分散しつつ、伝播・蔓延する。p *015* 参照。

◆葉縁から病斑が拡がり、小粒点が全面に形成される　〔竹内〕

グミ類 円星病

（*Phaeosphaeria elaeagni*）　子嚢菌類

〈症 状〉 秋季、葉身に、中央部が灰白色～淡灰褐色、周囲を褐色～茶褐色の帯で縁どられた、径3 - 6 mm程度の不整円斑を生じ、病斑の周辺は淡茶褐色のぼかし状を呈する。しばらくすると、病斑上には、褐色～暗褐色の小粒点（子嚢殻の頂部）が輪紋状、あるいは不規則状に多数形成される。なお、斑入り品種では、斑入り部分に病斑形成が多い。

〈メ モ〉 第一次伝染源・伝染方法など、生態の詳細は明らかではないが、子嚢胞子が放出され、風により伝播すると思われる。

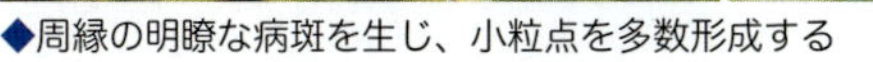

◆周縁の明瞭な病斑を生じ、小粒点を多数形成する　〔竹内〕

◆葉の表裏・幼枝に黄橙色の粉塊（銹胞子堆）を豊富に形成する　〔堀江〕

クワ 赤渋病（あかしぶ）

担子菌類

（*Gymnosporangium mori* = *Aecidium mori*）

〈症 状〉 初夏および秋季の頃、新梢の葉・幼枝や、ときには花器・果実にも発生する。はじめ淡黄色で、しだいに橙黄色の小円斑となり、病斑上には、鮮やかな黄橙色、粉状の銹胞子堆を集合して生じる。堆内の銹胞子が飛散後、葉の古い病斑では暗紫色の潰瘍状を呈し、枝の病斑では黒褐色となってやや凹む。

〈メ モ〉 病斑部で越冬した菌糸が、春季に伸張して銹胞子堆を形成し、第一次伝染源となる。銹胞子は風や雨滴で伝播する。寄生性の異なるレースが存在する。p *011* 参照。

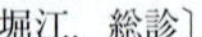

◆葉裏の菌叢（黒褐色の小球状物は閉子嚢殻；右は拡大）　〔堀江，総診〕

クワ 裏うどんこ病（うら）

子嚢菌類

（*Phyllactinia moricola*）

〈症 状〉 9月頃から、葉表に黄色の円斑が現れ、裏側にベージュ色～白色、粉状の菌叢が生じ、やがて葉裏を被う。晩秋には黄色（未熟）のち茶褐色～黒褐色の小球状物（閉子嚢殻）をつくる。殻は大型で、殻周辺の剣状の付属糸やその基部の半球状の膨らみもルーペ観察できる。病葉は黄変・落葉する。

〈メ モ〉 閉子嚢殻は飛び跳ねて、枝に付着した状態で越冬し、春季に殻内の子嚢胞子が放出されて伝播する。生育期には分生子が空気伝染する。農薬登録がある。p *004* 参照。

◆葉裏の全面にすす状の菌叢が拡がる　〔堀江，総診〕

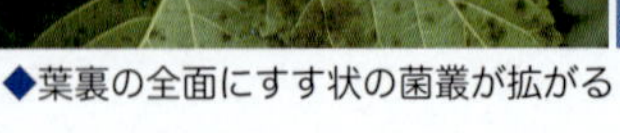

クワ 汚葉病（よごれは）

子嚢菌類

（*Sirosporium mori*）

〈症 状〉 梅雨期頃から発生する。葉裏には黒色・すす状を呈しながら、周縁が不明瞭な小斑を多数生じ、しだいに拡大融合する。高湿度条件が続いた場合には、葉裏全面がすすかび状物（菌糸・分生子柄・分生子）に被われる。なお、葉表にはほとんど発生しない。しばしば他の病害とも混発して、すす病が発生したように見える。

〈メ モ〉 罹病残渣（菌糸等）で越冬し、分生子は空気伝染すると思われるが、伝染環の詳細は不明。降雨の多い年に発生が目立つ。

コウヤマキ 黄葉病（おうようびょう）

（*Pseudocercospora sciadopityos*） 子嚢菌類

〈症 状〉 梅雨期後半から、はじめ葉の先端から中ほどまでが黄変するが、のち褐色に変わる。翌春には病葉全体が褐変して、次々と落葉を起こし、ついには樹冠が透けて見えるようになる。病葉の裏面の縦溝に、灰緑色～暗オリーブ色のすすかび状物（子座と分生子の集塊）が列状に形成される。

〈メ モ〉 着生病葉・罹病残渣（子座等）で越冬し、春季に新生された分生子が、雨滴の飛沫とともに伝播・発病すると思われる。農薬登録（「樹木類」）がある。p *010* 参照。

◆葉が黄・褐変し、葉裏の縦溝にすすかび状物が密生する 〔堀江〕

ブッドレア 褐斑病（かっぱんびょう）

（*Pseudocercospora buddleiae*） 子嚢菌類

〈症 状〉 梅雨期頃から、葉に淡褐色～茶褐色の不整角斑を多数生じる。やがて病斑周辺が黄化し始め、のち葉全体が黄変し、早期落葉を起こす。病斑の主に表側に、褐色～暗褐色の小点（子座）が密生し、灰色～灰緑色のすすかび状物（分生子の集塊）に被われる。

〈メ モ〉 罹病残渣（子座等）で越冬し、春季に再形成された分生子が、第一次伝染源になると思われる。生育期には、分生子が雨滴によって分散・伝播し、蔓延する。多湿環境が病勢を進展させる。p *010* 参照。

◆葉に小角斑を多数生じる（右は分生子の集塊） 〔堀江，総診〕

ヒサカキ 褐紋病（かつもんびょう）

（*Lophiosphaerella euryae*） 子嚢菌類

〈症 状〉 梅雨後期～秋季の頃、葉にはじめ赤褐色の小斑点を生じ、しだいに拡大して、径 5-10 mm 程度の円斑となる。病斑中央部は淡褐色～淡灰褐色で、その周囲は暗紫褐色の太い帯状を呈し、健・病部の境界は明確に区分される。やがて病斑の中央付近に、小黒粒点（偽子嚢殻）が多数形成される。

〈メ モ〉 常発病害で広く分布する。主に着生病葉（偽子嚢殻）で越冬し、春季以降に、子嚢胞子が飛散して、伝播・発病すると考えられるが、伝染環の詳細は不明。

◆周縁の明瞭な病斑を生じ、小黒粒点を多数形成する 〔竹内〕

◆葉縁から扇形の病斑を生じ、小黒粒点を密生する　〔堀江〕

マンリョウ 半円病（はんえんびょう）

(*Phyllosticta ardisiicola*)　子嚢菌類

〈症 状〉秋季、葉の縁部および先端部を起点として、褐色〜茶褐色、扇形で、周囲を暗褐色の細い帯で明瞭に縁どられた、長径 5 - 10 mm 程度の斑点が生じる。扇形の病斑が融合した場合には、波状を呈する。病斑のとくに表側に、小黒粒点（分生子殻）が多数形成される。病葉は長く着生するが、黄変して、のち落葉を起こすこともある。

〈メ モ〉主に着生病葉（分生子殻）で越冬後に、成熟した分生子が粘塊となって殻から押し出され、雨滴の飛沫で分散・伝播する。

◆葉や花蕾等に小黒斑を多数形成し、白色粘塊が押し出される　〔堀江〕

ジンチョウゲ 黒点病（こくてんびょう）

(*Marssonina daphnes*)　子嚢菌類

〈症 状〉春季〜初夏、葉・緑枝・花弁・蕾などに、径 1 - 2 mm 程度で、褐色〜黒色の小斑が多数生じ、その中央付近には、分生子層が形成され、湿潤条件下で、白色の分生子粘塊が押し出される。病葉はすぐに褪緑・黄変して、激しい落葉を繰り返しながら、やがて枝枯れ・株枯れを起こす。

〈メ モ〉主に着生病葉や、幼枝上の病斑（分生子層）で越冬し、春季以降に新生する分生子が、雨滴や灌水の飛沫により分散・伝播して、発病を繰り返す。農薬登録がある。

◆新葉にモザイク・よじれ・黄化・壊疽などが発現する　〔堀江〕

ジンチョウゲ モザイク病

（ソテツえそ萎縮ウイルス；CNSV）　ウイルス

〈症 状〉新枝葉の展開まもなくから、モザイク症状あるいは壊疽斑が生じ、葉の艶や生気が失せつつ、萎凋・よじれ・黄化・奇形などの症状を呈し、ときに落葉を起こす症例がある。盛夏期には症状が不明瞭となるが、樹勢は回復せずに、しばしば株枯れに至る。

〈メ モ〉他に CMV、TMV など。植栽されている株のほとんどが、ウイルスに感染しているといわれる。ウイルス種によって異なるがアブラムシ類や土壌線虫が媒介し、あるいは剪定鋏や汁液で伝染する。p *020* 参照。

アベリア うどんこ病

（*Oidium* sp.）　子嚢菌類

〈症 状〉 5～6月頃、はじめ葉の表裏および幼枝に、薄い菌叢が処々に生じ、のち進展して全体に拡がるが、ときには白色円状の厚い菌叢となる。やがて菌叢は菌寄生菌に侵されつつ灰色を呈し、汚れたように見える。とくに越冬後は、病葉が生気を失せたようにしな垂れる症状から、景観上も問題となる。

〈メ モ〉 着生病葉（菌叢）で越冬後、春季には新たな菌叢が伸展する。そして、生育期には分生子が風によって伝播・蔓延する。農薬登録（「樹木類」）がある。p *004* 参照。

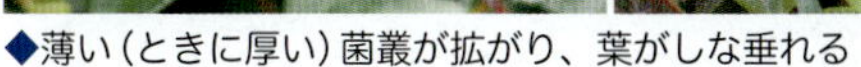

◆薄い（ときに厚い）菌叢が拡がり、葉がしな垂れる　〔堀江〕

アベリア くもの巣（す）病

（*Rhizoctonia solani*）　担子菌類

〈症 状〉 梅雨期、はじめ葉および茎に褐色の不整斑を生じ、すぐに進展・拡大して、患部とそこから上位の茎葉が褐変枯死する。病茎葉はくもの巣状の菌糸によって綴られる。多発時には、白色～淡褐色の菌糸塊が形成される。とくに矮性品種では、過剰な灌水や降雨により、高湿度状態が長く維持されるために激しい被害をもたらすことがある。

〈メ モ〉 多犯性。罹病残渣（菌糸塊等）とともに土中で生存し、第一次伝染源となる。農薬登録（「樹木類」）がある。p *007* 参照。

◆葉が軟化腐敗し、若枝も集団で枯死する　〔竹内〕

アベリア 斑点（はんてん）病

（*Pseudocercospora abeliae*）　子嚢菌類

〈症 状〉 梅雨期頃から、葉に径5 mm程度で淡褐色～褐色の不整角斑を生じる。病斑表側に、暗灰褐色～暗緑褐色の微小点（子座）が多数現れ、のち緑灰色のすすかび状物（分生子の集塊）に被われる。病葉は長く着生して多発すると葉色が悪くなり、ときに、顕著な落葉により、生け垣が透けて見える。

〈メ モ〉 主に着生病葉（子座等）で越冬した後、春季に分生子を形成し、第一次伝染源となる。分生子は雨滴で分散・伝播する。農薬登録（「樹木類」）がある。p *010* 参照。

◆葉に褐色の不整角斑を生じ、すすかび状物に被われる　〔堀江，金子〕

◆葉に褐色不整角斑を生じ、黄変・早期落葉する 〔堀江〕

ウグイスカグラ 黄褐斑病（おうかっぱん）

（*Pseudocercospora lonicericola*） 子嚢菌類

〈症 状〉初夏～秋季、葉にはじめ淡褐色～褐色で、径3‐5 mm程度の小角斑を多数生じる。やがて病斑は拡大融合しつつ、葉枯れを起こす。病斑上には、暗灰褐色～暗緑褐色の微小点（子座）が密生し、そこに暗緑色～暗灰色のすすかび状物（分生子の集塊）が形成される。病葉は黄変・早期落葉を起こす。

〈メ モ〉罹病残渣（子座等）で越冬後、春季に分生子を新生し、第一次伝染源となる。生育期にも、分生子が雨風により伝播する。湿潤条件下で蔓延が早まる。p *010* 参照。

◆葉に褐色～灰褐色の不整角斑を生じ、黄変・早期落葉する 〔堀江〕

タニウツギ・ハコネウツギ 灰斑病（はいはん）

（*Pseudocercospora weigeliae*） 子嚢菌類

〈症 状〉梅雨期頃から、はじめ褐色～茶褐色で、径数mm程度の小角斑を生じ、のち淡褐色・灰褐色～茶褐色、健・病部位の境界が明瞭な、径10 mm程度の不整角斑、あるいは不整円斑となる。しばらくすると、病斑表側には、暗緑色～緑灰色のすすかび状物（分生子の集塊）が群生する。

〈メ モ〉罹病残渣（子座等）で越冬後、春季に分生子を新生し、第一次伝染源となる。生育期にも、分生子が雨風により伝播する。湿潤条件下で蔓延が早まる。p *010* 参照。

◆葉に厚い白色菌叢が被い、奇形化する 〔堀江〕

スズカケノキ類 うどんこ病

（*Oidium* sp.） 子嚢菌類

〈症 状〉6月頃から、新梢の先端付近の葉に白色粉状の厚い菌叢（菌糸・分生子柄・分生子等）が伸展しつつ、葉の縮れ・波打ちを引き起こす。病葉は長く着生するが、しだいに黄変して、落葉時期が1か月程度早まる。多発すると、遠くからも目立つ。

〈メ モ〉プラタナスグンバイの多発生による吸汁被害（葉の白化）とよく併発する。初発期の様相から、病枝の芽（菌糸）などで越冬すると思われる。分生子が空気伝染する。少雨期に多発する傾向がある。p *004* 参照。

アセビ 褐斑病（かっぱんびょう）

（*Phyllosticta* sp.）　子嚢菌類

〈症 状〉梅雨期頃から、葉にはじめ褐色～暗褐色で、円形～不整形の小斑を生じ、やがて径5 - 8 mmほどに拡大するが、葉先や葉縁では扇形～波形を呈する。主に病斑の表側に暗褐色の小粒点（分生子殻）が散生、あるいは同心円状に形成される。病斑周辺から黄変して、徐々に落葉を起こす。

〈メ モ〉主に着生病葉（分生子殻）で越冬して、第一次伝染源になると思われる。越冬後および生育期には、湿潤時に押し出された分生子が雨滴とともに分散・伝播する。

◆葉に褐斑を生じ、病斑上に小粒点を散生する　〔堀江〕

アメリカイワナンテン 褐斑病（かっぱんびょう）

（*Guignardia* sp.）　子嚢菌類

〈症 状〉梅雨期頃から、葉に紫褐色・水浸状の小斑を生じて、徐々に拡大し、類円形～楕円形で、周囲を褐色～暗褐色に縁どられた明瞭な病斑となり、しばしば拡大融合して葉枯れを起こす。病斑上には、黒色の小粒点（分生子殻・子嚢殻）を散生または群生する。

〈メ モ〉主に着生病葉（子嚢殻）で越冬して第一次伝染源になると思われる。子嚢胞子は放出されつつ風によって伝染し、また、分生子は湿潤条件下で押し出され、雨滴に叩かれて飛散し、感染・発病を起こす。

◆葉に多数の小円斑が現れ、小黒粒点を多数生じる　〔竹内〕

アメリカイワナンテン 紫斑病（しはんびょう）

（*Pseudocercospora leucothoës*）　子嚢菌類

〈症 状〉梅雨期後半頃から、葉にはじめ紫色～紫褐色で、周縁がぼかし状の不整角斑が生じ、のち徐々に拡大して、中心部が灰褐色～灰紫色、周囲は濃紫褐色に縁どられる。拡大して隣接病斑と融合すると、葉枯れ症状を呈する。病斑上には、灰緑色～暗灰緑色のすすかび状物（分生子の集塊）が密生する。

〈メ モ〉着生病葉（子座等）で越冬後、春季に分生子を新生し、第一次伝染源となる。分生子は雨滴によって分散・伝播する。農薬登録（「樹木類」）がある。p *010* 参照。

◆葉に紫褐色の不整角斑を生じ、すすかび状物が密生する　〔堀江〕

◆葉に灰赤茶色の斑点を生じ、やがてすすかび状物に被われる　〔堀江〕

イチゴノキ 褐斑病

(*Pseudocercospora moelleriana*)　子嚢菌類

〈症 状〉梅雨期頃から、葉の表側に暗赤紫色～暗紫色で、中央が灰赤茶色、周囲が暗褐色に縁どられた、径 5 - 10 mm 程度の円斑～不整斑を生じる。病斑は拡大融合して大型となり、また、葉縁からも波状に進展する。病斑の主に表側には、暗灰色～灰緑色のすすかび状物（分生子の集塊）が被う。

〈メ モ〉着生病葉（子座等）で越冬後、春季に分生子を新生し、第一次伝染源となる。分生子は雨滴で分散し、伝播・蔓延する。多湿環境が病勢を進展させる。p *010* 参照。

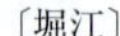

◆多発すると葉枯れを起こし、病斑上にすす状物が密生する　〔堀江〕

カルミア 褐斑病

(*Pseudocercospora kalmiae*)　子嚢菌類

〈症 状〉梅雨期後半頃から、葉に褐色～暗褐色の小円斑を生じて拡大し、径 10 - 20 mm ほどで、類円形～不整形の病斑となり、周囲は暗紫褐色の帯で明瞭に縁どられる。多発すると病斑が拡大融合し、葉枯れを起こす。病斑の表側には、灰色～オリーブ灰色のすすかび状物（分生子の集塊）が密生する。

〈メ モ〉主に病葉（子座等）で越冬後、春季に分生子を新生し、第一次伝染源となる。分生子は雨滴の飛沫により離脱・伝播する。多湿環境が病勢を進展させる。p *010* 参照。

◆葉に褐斑を生じ、拡大融合して葉枯れを起こす　〔堀江〕

セイヨウシャクナゲ 炭疽病

(*Colletotrichum gloeosporioides*)　子嚢菌類

〈症 状〉梅雨期頃から、葉に褐色～暗褐色の斑点を生じ、しだいに拡大して灰褐色～褐色の不整斑となる。葉縁では扇状～波状に進展し、やがて葉枯れを起こす。主に病斑表側に小黒粒点（分生子層）が多数形成される。新梢（緑枝）では、暗褐色・水浸状の病斑が生じ、先端葉は垂下・枯死することもある。

〈メ モ〉多犯性。葉擦れの傷痕に発病しやすい。主に着生病葉（分生子層）で越冬後、分生子が雨滴で分散し、伝播・蔓延する。降雨が多いと発病を助長する。p *015* 参照。

セイヨウシャクナゲ 葉斑病

(*Pseudocercospora handelii*)　子嚢菌類

〈症 状〉 梅雨期頃から、葉に褐色～暗褐色の不整角斑が生じる。葉縁部から進展した場合は、扇形ないし波形病斑となり、やがて葉枯れを起こす。病斑上には、灰色～オリーブ灰色のすすかび状物（分生子の集塊）を形成する。病葉は長く着生しているが、翌年の５月頃、新生葉の展開後に一斉に落葉する。

〈メ モ〉 主に着生病葉（子座等）で越冬後に分生子を新生して、第一次伝染源となる。分生子は雨滴とともに分散・伝播する。農薬登録（「樹木類」）がある。p *010* 参照。

◆葉に不整角斑を生じ、すすかび状物が被う　〔堀江，右下：総診〕

ツツジ類 褐斑病

(*Septoria azaleae*)　子嚢菌類

〈症 状〉 ６月頃から、葉に褐色～暗褐色で径３‐５ mm ほどの角斑を多数生じる。秋季には蔓延して、病斑周辺から黄変し、徐々に落葉する。また、越冬後の病葉は、当年葉が展葉する５～６月に一斉落葉を起こし、着葉がまばらとなる。病斑上には、褐色～暗褐色の微小な点（分生子殻）を多数生じ、湿潤時には白色～灰白色の粘塊（分生子塊）が押し出される。オオムラサキ等に発生が多い。

〈メ モ〉 着生病葉・病落葉（分生子殻等）で越冬し、分生子が雨滴とともに伝播する。

◆葉に不整褐斑を多数生じ、やがて黄変・落葉する　〔堀江〕

ツツジ類 黒紋病

(*Rhytisma shiraiana*)　子嚢菌類

〈症 状〉 夏季頃から、主として葉表に黒色で径 0.5 mm 以下の、やや隆起した扁平円盤状物（子座・精子器）が群生し、径５‐10 mm 程度の円状紋となる。やがて病斑周辺部から赤褐色～黄褐色に変わり、枯死・落葉を起こす。この症状とは異なって、径４‐10 mm ほどで、表面に不規則な起伏をもった、大型の円盤状物を生じる菌種（右の写真）も存在する。写真はともにサイゴクミツバツツジ。

〈メ モ〉 着生病葉・病落葉（子座）で越冬して、５月頃に子嚢胞子が風媒伝染する。

◆黒色の小円盤状物が集団で生じる；右：大型円盤となる　〔周藤〕

ツツジ類 さび病

（*Chrysomyxa rhododendri*）　担子菌類

〈症 状〉 6月頃から、葉の表側に黄色の不鮮明な小斑を多数生じ、その裏面に黄橙色の粉塊物（夏胞子堆）を豊富に形成する。秋季には、夏胞子堆の周辺に赤褐色で、半透明の盛り上がった菌体（冬胞子堆）が群生する。

〈メ モ〉 冬胞子は病葉上で越冬し、春季に発芽して担子胞子を飛散するが、異種寄生となる該当植物は未確認であり、担子胞子の役割も不明。生育期には、夏胞子が風により伝播する。なお、施設内では夏胞子が周年形成され、次々と伝染を繰り返す。p *011* 参照。

◆葉表に小黄斑を生じ、その裏面に黄橙色の粉塊が現れる　〔堀江〕

ツツジ類 花腐菌核病（はなぐされきんかく）

（*Ovulinia azaleae*）　子嚢菌類

〈症 状〉 花蕾期～開花期、蕾や花弁に色抜けした、染み状の小斑点を多数生じる。斑点の色調は、花色によって白色・褐色等。病斑は花冠全体に水浸状に拡がり、萎凋・褐変枯死し、のち落下する。患部に黒色・扁平、長径3‐5 mmほどの菌核が形成される。

〈メ モ〉 広範なツツジ類に発生し、花蕾・開花期の連続降雨で激しく蔓延する。菌核で越年し、春季に発芽して子嚢盤を生じ、盤上の子嚢胞子が第一次伝染源となる。分生子は風雨で飛散し、第二次伝染を起因する。

◆花蕾や花冠が軟化腐敗し、患部に菌核を形成する　〔堀江〕

ツツジ類 ペスタロチア病

（*Pestalotiopsis guepinii*）　子嚢菌類

〈症 状〉 秋季、葉先や葉縁から、褐色～赤褐色で、扇形～不整形の病斑が拡がり、ときに葉枯れ状となる。病斑上に、小黒粒点（分生子層）が散生、あるいは輪紋状に生じ、湿潤時には、黒色の粘塊（分生子塊）が押し出される。強風による葉擦れや剪定の傷痕、日焼け・害虫の食害痕などから発症・拡大することが多い。写真はトウゴクミツバツツジ。

〈メ モ〉 多犯性。着生病葉・罹病残渣（分生子層）で越冬し、病葉・残渣上の分生子が雨滴により飛散して伝染する。

◆葉縁から褐斑が輪紋状に拡がり、そこに小黒粒点が輪生する　〔堀江〕

ツツジ類 もち病

(*Exobasidium japonicum*)　担子菌類

〈症 状〉 5～6月、花器および新葉が著しく増生・肥大し、はじめ淡緑色～淡紅色、のち表面全体が白粉（担子器と担子胞子）に被われる。やがて肥厚部分は、褐変乾固（ミイラ化）するが、のち落下する。その他には、オオムラサキ（写真右）などで、葉裏の局部に白色・円盤状の膨らみを生じる症状（病原菌は *E. cylindrosporum*）が発生する。

〈メ モ〉 開花期に発生し、症状は目立つものの、樹勢には影響しない。伝染環の詳細は不明。担子胞子・分生子により伝播する。

◆葉芽や花芽が膨大化し、患部の表面は白粉状になる　〔堀江〕

サザンカ・ツバキ 炭疽（たんそ）病

(*Colletotrichum gloeosporioides*)　子嚢菌類

〈症 状〉 夏～秋季に、葉擦れや日焼け痕から発生することが多く、はじめ赤褐色、のちに灰褐色の病斑を生じる。幼枝に発生すると黒褐変し、患部より上方は萎凋・枝枯れを起こす。病斑上には、褐色～黒色の小粒点（分生子層）が散生～輪生し、湿潤時には、淡桃色の粘塊（分生子塊）が押し出される。

〈メ モ〉 多犯性。主に着生病葉（分生子層および子嚢殻）で越冬して、第一次伝染源となる。生育期には分生子が雨滴伝染する。農薬登録（「樹木類」）がある。p *015* 参照。

◆葉縁や日焼け痕から病斑が拡がりやすい　〔堀江〕

サザンカ・ツバキ 輪紋葉枯（りんもんはがれ）病

(*Haradamyces foliicola*)　子嚢菌類

〈症 状〉 5～6月頃、葉に赤褐色～褐色、径5 -10 mmで、緩やかな輪紋をもつ円斑を生じる。病斑の主に表側に、ベージュ色～褐色で円盤状の菌体（分散体）を群生または散生する。すぐに激しい落葉を起こす。生け垣では先端葉だけが残り、しばしば枝・株枯れとなる。分散体の飛散範囲は狭い。

〈メ モ〉 多犯性。菌体が枝葉に付着して越冬し、第一次伝染源となる。生育期には、分散体が雨滴の飛沫などにより、病斑から離脱したのち、周辺に飛散して発病を起こす。

◆葉に円斑を生じ、激しく落葉する（左：ツバキ；右上：分散体；右下：サザンカ生け垣の葉枯れ・落葉被害）　〔堀江，右上：周藤〕

サザンカ もち病

(*Exobasidium gracile*) 担子菌類

〈症 状〉 4月下旬～5月、展開期の葉が緑灰色～桃色、あるいは赤みを帯びて、通常の葉の数倍の厚みとなり、大きさも拡大する。やがて葉裏の表皮が剝がれて、葉縁や中央部の葉脈に捲くれ上がるように付着し、白色粉状の子実層（担子器・担子胞子などの集塊）が現れる。菌えいは重いので、自重で垂れ下がることがある。なお、樹勢にはほとんど影響しないが、症状は目に付きやすい。

〈メ モ〉 担子胞子は葉や芽に侵入・潜伏して越冬すると思われるが、詳細は不明。

◆新葉が肥厚し、のち葉裏の表皮が剝れ、子実体が現れる 〔堀江〕

ツバキ 菌核（きんかく）病

(*Ciborinia camelliae*) 子嚢菌類

〈症 状〉 3月下旬～4月（子嚢胞子の飛散時期）に開花する品種で発生する。花蕾および開花中の花弁に淡褐色～褐色、染み状の不整斑が生じる。発病後、早期に落蕾・落花するため、観賞的な被害が大きい。

〈メ モ〉 発病時期には、罹病樹周辺の土壌表面に子嚢盤が多数認められる。子嚢盤を掘り下げると、前年のツバキ病花の萼（がく）全体が菌核化しており、そこから長い柄を延ばし、地表面に子嚢盤を形成している（「ツバキノガクタケ」の名称がある）。

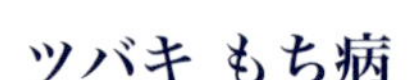

◆花弁・花蕾に淡褐色・染み状の斑点を生じる；右下：菌核から生じた子嚢盤；盤上の子嚢胞子が伝染源となる 〔牛山，右上下：小林〕

ツバキ もち病

(*Exobasidium camelliae*) 担子菌類

〈症 状〉 5月頃（開花・展葉期）に、葉が肥厚・肥大化し、厚さが健全葉の5・6倍にも及び、しばしば人形（ひとがた）を呈する。葉の菌えいの裏面の表皮が破れると、白色粉状の子実層が現れる。花芽では、雄蕊や花弁が肥大・奇形化して、基部に着生したままとなる。子房由来の菌えいは球形となり、かつその内部は空洞で、表面全体に子実層を形成する。

〈メ モ〉 担子胞子は、生葉や芽に感染・潜伏して、翌春に菌えいを形成すると考えられているが、伝染環の詳細は不明である。

◆葉の人形の菌えい（左）と子房が肥大した菌えい（右下：切断面；内部は空洞化している） 〔周藤，右上下：堀江〕

ナツツバキ 紅斑病（こうはんびょう）

（*Ramularia* sp.）　子嚢菌類

〈症 状〉 春季、葉に径数 mm 程度の小紅斑を多数生じ、すぐに周囲が紅色～紫紅色に縁どられた、灰色～灰褐色の病斑となる。やがて病斑は径 1 cm ほどになり、その中央部が淡褐色～灰褐色で、周辺は赤茶色を呈する。激しいと、葉全体がくすんだ紫紅色になり、また、葉縁が巻いて、遠くからも目立つ。葉裏の病斑上には、灰白色・粉状の菌叢（分生子柄および分生子の集塊）が生じる。

〈メ モ〉 ヒメシャラにも発生。第一次伝染源は不詳。分生子が空気伝染する。

◆葉に小紅斑を生じ、拡大して淡褐色となる　〔小林〕

ナツツバキ 葉枯病（はがれびょう）

（*Monochaetia* sp.）　子嚢菌類

〈症 状〉 秋季、葉縁に淡褐色～褐色、扇形～波形の病斑が生じ、拡大融合して、葉の周縁全体に拡がり、葉縁枯れ症状を呈する。また緩やかな輪紋を伴うこともある。病斑上には小黒粒点（分生子層）を散生し、湿潤時に小黒粒点から、黒色粘質物（分生子塊）が押し出される。強風による葉傷み痕や、害虫による食害痕などから発生しやすい。

〈メ モ〉 罹病残渣（分生子層）で越冬し、第一次伝染源になると思われる。生育期には分生子が雨滴により飛散・伝播する。

◆葉縁から褐色病斑が波形に拡がる　〔堀江〕

マサキ うどんこ病

（*Erysiphe euonymicola*）　子嚢菌類

〈症 状〉 5 月頃から、葉の表裏および緑枝に白色粉状の厚い菌叢（菌糸・分生子柄・分生子）を円状に生じ、伸展して葉枝を被う。盛夏期には、病勢は一時的に停滞するが、秋季に再び進展する。なお、古い菌叢は菌寄生菌に侵され、当該寄生菌の分生子殻が多数形成されるため、菌叢全体が灰色を呈する。

〈メ モ〉 ツルマサキ・キンマサキにも発生する。菌糸の形態で芽などに潜伏して、越冬すると思われる。生育期には分生子が空気伝染する。農薬登録がある。p *004* 参照。

◆葉・緑枝に白色粉状の菌叢が拡がる　〔堀江，総診〕

◆葉に不整斑を生じ、表裏にすすかび状物が群生する 〔堀江，総診〕

マサキ 褐斑病

(*Pseudocercospora destructiva*) 子嚢菌類

〈症 状〉 梅雨期頃から、葉に淡褐色～褐色の小円斑を散生し、拡大して、中央部が灰褐色～淡褐色で、その周辺は黄色～淡黄褐色のぼかし状の不整斑となる。病斑の表裏には、暗褐色の小点（子座）を多数生じ、やがて暗緑褐色～暗灰褐色のすすかび状物（分生子の集塊）に被われる。病葉は長く着生する。

〈メ モ〉 着生病葉・病落葉（子座等）で越冬し、春季に分生子を新生して、第一次伝染源となり、雨滴とともに分散・伝播する。農薬登録（「樹木類」）がある。p *010* 参照。

◆葉に黄色のぼかし、多数の小黒粒点をもつ不整斑が生じる 〔堀江〕

マサキ 炭疽病

(*Gloeosporium euonymicola*) 子嚢菌類

〈症 状〉 6月頃から、葉縁や葉擦れ・食害痕等を起点に、半円状～不整形、径 5 - 10 mm 程度、中央部が灰褐色～灰白色、周辺が淡褐色～褐色、境界の不規則な病斑が生じる。しばしば輪紋を形成しつつ拡大融合する。病斑上に小黒粒点（分生子層）が多数生じる。湿潤時、淡桃色～淡橙色の粘塊（分生子塊）が押し出される。病葉は長く着生する。

〈メ モ〉 着生病葉（分生子層）で越冬し、伝染源となり、分生子は雨風で伝播する。農薬登録（「樹木類」）がある。p *015* 参照。

◆葉に暗褐色の不整角斑を生じ、すすかび状物を群生する 〔堀江〕

ケヤキ 褐斑病

(*Pseudocercospora zelkovae*) 子嚢菌類

〈症 状〉 梅雨期の頃から、葉に淡褐色～褐色の小斑を散生し、のち拡大して、褐色～暗褐色で、周縁明瞭な不整角斑となる。病斑の表裏には、暗褐色の小点（子座）を多数生じるが、しばらくすると、子座上には、暗灰緑色のすすかび状物（分生子の集塊）が被う。病葉は黄化して、早期落葉を起こす。

〈メ モ〉 罹病残渣（菌糸塊・子座等）で越冬し、春季に分生子を形成して、第一次伝染源となる。分生子は雨風で分散・伝播する。農薬登録（「樹木類」）がある。p *010* 参照。

ケヤキ 白星病

(*Septoria abeliceae*)　子嚢菌類

〈症 状〉 5～6月頃から、葉に褐色小斑を多数生じ、やがて径5 mm前後の不整角斑となり、中央部は灰白色、周囲は暗褐色で、病斑の周辺付近が褪緑色～黄色のぼかし状を呈する。病斑上には、小褐点（分生子殻）が散生し、のち白色～灰白色の粘塊（分生子塊）が押し出される。展葉時に罹病すると、病葉はよじれ・波打ちなどの奇形を起こす。

〈メ モ〉 罹病残渣（分生子殻）で越冬して第一次伝染源となる。分生子は雨滴や灌水の飛沫とともに分散・伝播する。

◆葉に褐斑を多数生じ、周辺は黄色のぼかしとなる　〔堀江，金子〕

ケヤキ とうそう病

(*Sphaceloma zelkovae*)　子嚢菌類

〈症 状〉 4～5月頃から、葉にはじめ褪緑色や黒褐色の小斑点を多数生じ、その後もほとんど拡大しないまま、中心部が淡灰褐色～灰白色、径1-2 mm程度で、不整円形～不整形のやや凹んだ小斑点となる。病斑は葉脈など雨水の流れに沿って発生することが多く、中心部はしばしば裂けて孔が空く。展開中の葉が罹病するため、健・病部位の生育差異から新梢部によじれ等の奇形を呈する。

〈メ モ〉 罹病残渣（分生子座等）で越冬して分生子が雨滴の飛沫とともに伝播する。

◆葉に灰白色の小斑点を多数生じ、よじれる　〔堀江〕

ケヤキ“木材腐朽病”

（コフキタケ・ベッコウタケなど）担子菌類

〈症状・メモ〉 **こふきたけ病**（p *021*）：子実体は多年生、象牙色～茶色で、成長すると幅50 cm、傘は重なり、全体の厚さは50 cmに及ぶ。多犯性で、幹・枝の心材腐朽（白色腐朽）を起こす。**べっこうたけ病**（p *021*）：子実体は一年生、無柄で、初夏に山吹色・瘤状の原基が形成される。厚壁胞子が土中で生存して、伝染源となる。多犯性で、根株心材腐朽（白色腐朽）を起こす。子実体の発生樹においても、樹冠・樹勢の衰弱状態は、外観では判然とせず、管理上の大きな問題である。

◆左上：コフキタケ、左下：ベッコウタケ、右：ベッコウタケによる根株腐朽、および病樹の倒伏　〔堀江〕

◆葉に褐斑を生じ、裏側にすすかび状物を密生する　〔堀江，右：総診〕

ノウゼンカズラ“斑点症（はんてん）”

（*Pseudocercospora* sp.）　子嚢菌類

〈症 状〉梅雨期以降、葉の表裏に淡褐色～暗褐色の不整角斑が多数生じて、病斑周辺から黄変しつつ、ときには著しい早期落葉を起こす。病斑のとくに裏側に、灰緑色のすすかび状物（分生子の集塊）が形成され、やがて病斑全面をビロード状に被う。

〈メ モ〉伝染環の詳細は不明であるが、罹病残渣（子座等）で越冬後、春季に分生子を新生して、第一次伝染源になると思われる。生育期には分生子が雨風により伝播する。農薬登録（「樹木類」）がある。p *010* 参照。

◆葉や緑枝が白粉に被われ、果実にも白粉が生じる　〔堀江，青野〕

ウメ うどんこ病

（*Podosphaera tridactyla* var. *tridactyla*）　子嚢菌類

〈症 状〉梅雨期頃から、葉に薄い白色の菌叢が不整円状に伸展し、しだいに白色粉状物が葉全面に拡がり、盛夏期には菌叢痕が葉の罹病組織は紫色を帯びる。秋季には、葉上に小黒粒点（閉子嚢殻）が散生する。発病が多いと、早期落葉することがある。果実には主として *P. pannosa* による白色菌叢が拡がり、罹病部組織はやや赤味を帯びる。

〈メ モ〉閉子嚢殻で越冬し、子嚢胞子が第一次伝染源となる。生育期には分生子が空気伝染する。農薬登録がある。p *004* 参照。

◆葉・果実にかさぶた状、枝にひび割れ状の病斑を生じる〔近岡，牛山〕

ウメ かいよう病

（*Pseudomonas syringae* pv. *morsprunorum*）　細菌

〈症 状〉春季、新梢に褐色で、周辺が紫赤色の病斑を生じ、2 年枝に赤色～黒色のひび割れた病斑が現れる。葉では赤褐色～黒褐色の不整斑を形成し、のち病斑部は破れて孔が空き、多発時には早期落葉する。果実は赤紫色の小斑点を多数形成し、患部は粗く、かさぶた状、あるいは亀裂を生じて深く凹む。

〈メ モ〉病枝や脱落した病葉・病果等で越冬して、春季における第一次伝染源となる。病原細菌は雨滴の飛沫とともに飛び散って、伝播・発病を起こす。農薬登録がある。

ウメ 環紋葉枯病

(*Grovesinia pruni*)　子嚢菌類

〈症 状〉 4月下旬頃から、葉に径5‐10 mm程度、淡灰褐色で、周縁が明瞭な円斑を多数生じつつ、病斑部には数層の輪紋が形成される。葉裏の病斑上に、微細な糸くず状物（分生子）が林立して見える。病斑部はしばしば脱落して、円状の孔が空く。梅雨明けまでに枝先端の葉のみを残し、激しく落葉する。

〈メ モ〉 宿主は核果類のみ。病落葉上の菌核に生じた子嚢盤から子嚢胞子が放出され、第一次伝染源となる。生育期には分生子が雨風により伝播する。農薬登録がある。

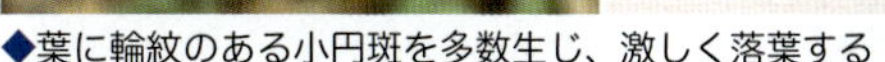

◆葉に輪紋のある小円斑を多数生じ、激しく落葉する　〔堀江〕

ウメ 黒星病

(*Cladosporium carpophilum*)　子嚢菌類

〈症 状〉 果実では、径1.5 cm程度に肥大した頃に、暗緑色の微小斑が果実の陽光面に多数現れて、のちに淡黒色～黒褐色、すすかび状で径2‐3 mmの小円斑となる。果実の肥大とともに、病斑は拡大融合して、亀裂ができる。枝では、褐色・楕円形のやや凹んだ病斑を形成する。葉では、主に葉脈や葉柄上に小楕円形・すすかび状病斑を生じる。

〈メ モ〉 4月頃、枝の越冬病斑に分生子が形成され、それが雨滴の飛沫によって幼果に感染・発病する。農薬登録がある。

◆果実にすす状の円斑を生じ、枝では凹んだ病斑となる　〔近岡，牛山〕

ウメ 縮葉病

(*Taphrina mume*)　子嚢菌類

〈症 状〉 春季、展開中または展開まもない幼葉が膨大化しながら、すぐに新梢全体の葉へ症状が急激に拡がる。葉の一部または全体が凹凸を伴って膨らんで、波打ちや奇形を呈する。患部は紅色～黄色を帯び、のち灰白色の粉状物（子実層）を患部の全面に生じる。やがて病葉は黒変腐敗し、早期落葉する。症状が顕著なため、遠くからも目立つ。

〈メ モ〉 子嚢胞子・分生子が芽の付近に付着して越冬後、春季の発芽時に新葉へ感染すると思われる。農薬登録がある。

◆新梢の幼葉が紅変・肥大し、波打ちや縮れを起こす　〔星，近岡〕

◆左：白色粘質の冬胞子堆；右：ヒメウズ上の銹胞子堆　〔堀江，青野〕

ウメ 白さび病

(*Leucotelium semiaquilegiae*
= *L. pruni-persicae*)　担子菌類

〈症 状〉 夏季、葉裏にはじめ暗紫褐色の小円斑を生じ、やがて病斑中央部に、淡褐色の粉状物（夏胞子堆）が現れる。秋季には、夏胞子堆に混生あるいは単生して、白色で粘質を帯びた冬胞子堆が多数形成される。

〈メ モ〉 異種寄生種で、ヒメウズ上の銹胞子がウメに空気伝染する。生育期には夏胞子が風によって飛散し、ウメでの感染・発病を繰り返す。モモにも発生する。ヒメウズを抜き取り、伝染環を断つ。p *011* 参照。

◆果実は厚い菌叢塊に被われる；右：接触部位から拡がる　〔星〕

ウメ 灰星病

(*Monilinia fructicola*, *M. laxa*)　子嚢菌類

〈症 状〉 春季～初夏、花弁や幼葉に水浸斑が拡がり、萎凋・垂下して、飴色に腐敗（花腐れ・葉腐れ症状）したあと、成熟果実は淡褐色に軟腐し、表面に灰白色粉状の厚い菌叢塊が密生する。若枝では、花弁や幼葉の罹病部と接した部位に、淡褐色の病斑を生じる。本病は病果に菌叢の塊（径 0.5 - 2 mm）が密生するので、灰色かび病と区別できる。

〈メ モ〉 第一次伝染源は、子嚢胞子と枝病斑上に新生する分生子で、生育期には分生子が風や雨で伝播する。農薬登録がある。

◆花芽・葉芽が肥厚して、そこに大量の銹胞子が生じる；
右：中間宿主ヤマカシュウ上の夏胞子堆　〔星，柿嶌〕

ウメ 変葉病

(*Blastospora makinoi* = *B. smilacis*)　担子菌類

〈症 状〉 花芽が分化中に葉変・肥大化し、葉芽も肥厚肥大する。患部に鮮やかな橙黄色の小点（精子器）を一面に密生し、次いで橙黄色、円形～楕円形ないし不規則形の銹胞子堆を密生後、銹胞子の集塊が現れて、こぼれ落ちるように飛散し、空気伝染する。

〈メ モ〉 異種寄生種で、冬胞子世代はヤマカシュウ。ウメ上の銹胞子は、6～7月にヤマカシュウに飛散・発病後、夏胞子を生じて蔓延する。ウメ植栽地では、ヤマカシュウを抜き取り、伝染環を断つ。p *011* 参照。

ウメ 輪紋病

（ウメ輪紋ウイルス；PPV）　ウイルス

〈症 状〉 4月の展葉直後から、葉にモザイクを生じ、5～6月には特徴的な黄色輪紋、主脈に沿った褪緑斑などを発現する。花弁には白色種では脈がピンク色となり、紅色種では明瞭な色抜けを生じるが、花弁での発症例は少ない。果実での発症はさらにまれである。

〈メ モ〉 アンズ属植物に感染するが、系統によって寄生性が異なる。世界的にみると、核果類の重要病害である。アブラムシ伝搬されるほか、穂木・苗を経由して感染する。農薬登録（アブラムシ対象）がある。

◆葉に黄色の輪紋・条紋・モザイク・よじれなどを発症する　〔星〕

◆ウズラタケ（右：傘面に明瞭な輪紋がある）

◆カワウソタケ（右：大量の担子胞子が被い、茶色に見える）

ウメ “木材腐朽病”

（ウズラタケ・カワウソタケ・コフキタケ・ヒイロタケなど）　担子菌類

〈症状・メモ〉 代表種のみを示した。心材腐朽を起こす種類では、枝および幹の通導組織が正常に機能している状態であれば、ふつうに出葉や開花が見られるので、観賞上の支障はほとんどない場合が多い。その一方で、機械的な強度が低下して、倒伏等のおそれもあるため、管理に留意する必要がある。ウズラタケ・コフキタケ（p *021*）・ヒイロタケ：枝幹の心材腐朽（白色腐朽）。カワウソタケ：枝幹の辺材腐朽（白色腐朽）。他にも多数の木材腐朽菌が寄生する。

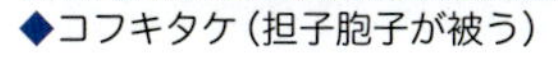

◆コフキタケ（担子胞子が被う）

◆ヒイロタケ（鮮やかな朱色）

〔阿部，下左：星〕

◆カナメモチの症状：左から、葉の小円斑；病斑上の分生子層；越冬病枝上の分生子粘塊（白色）；激しい落葉による枝・株枯れ

◆カリン病葉　◆ザイフリボク病葉と越冬枝病斑　◆シャリンバイ病葉（右は紅化した葉）

◆ストランベイシア病葉　◆セイヨウサンザシ病葉（黄変・落葉）と病果実の斑点　◆マルメロ病葉　〔堀江〕

カナメモチ・ナシ亜科樹木 ごま色斑点病

(*Diplocarpon mespili*；*Entomosporium mespili*)

子嚢菌類

〈症 状〉カナメモチ等の常緑樹では4月から、葉に中央が褐色～暗褐色で、周辺が鮮やかな紫紅色の小円斑を多数生じる。病斑上には、小黒粒点（分生子層）を散生～群生する。5月頃から激しく落葉しつつ、新出葉も罹病・落葉を繰り返して樹勢が著しく衰え、株枯れを起こす。とくにベニカナメチは感受性が高い。セイヨウサンザシ等の落葉樹は、発生時期が常緑樹より遅れるが、葉の黄変、早期落葉（6～7月頃）が顕著で、枝枯れや株枯れに至る。

〈メ モ〉宿主は従来のナシ亜科に限られる。常緑樹では主に着生病葉・病枝（分生子層）、落葉樹では病落葉（分生子層・子嚢殻）と病枝（分生子層）が第一次伝染源となる。分生子が雨滴により分散・伝播する。農薬登録（個別・「樹木類」）がある。

カリン 赤星病　担子菌類

（*Gymnosporangium koreense* = *G. asiaticum*）

〈症 状〉 4月中下旬～5月頃、葉表に黄色～黄橙色、5 mm大の不整円斑を生じ、その表側に黄橙色～暗褐色で、やや盛り上がった小点（精子器）を群生する。やがてその裏側に淡黄色～ベージュ色で円筒形、長さ5 mm程度の銹胞子堆を束生する。カリンでは銹胞子堆が発達しないケースも多い。多発すると病斑周辺から黄変し、落葉することがある。

〈メ モ〉 異種寄生性のさび病菌で、冬胞子の宿主はビャクシン類。担子胞子がカリンに雨滴伝染する。農薬登録がある。p *011* 参照。

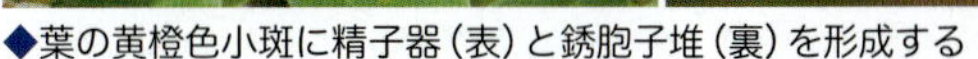

◆葉の黄橙色小斑に精子器（表）と銹胞子堆（裏）を形成する　〔堀江〕

カリン 白かび斑点病

（*Mycosphaerella chaenomelis*）　子嚢菌類

〈症 状〉 梅雨期頃から、葉脈に区切られた褐色～赤褐色の不整角斑を多数生じ、隣接する病斑と融合して大型不整斑となる。病斑周辺は黄変しつつ、葉枯れを起こし、早期落葉する。多湿時、病斑上に白色・粘質の分生子塊が押し出され、しばしば輪紋状を呈する。

〈メ モ〉 植栽地で広く発生しており、降雨が連続すると、発生が多い。病落葉上（偽子嚢殻）で越冬して、春季に飛散する子嚢胞子が第一次伝染源になると思われる。生育期には分生子が雨滴の飛沫とともに伝播する。

◆葉に不整角斑を生じ、白色の分生子塊が群生・輪生する〔堀江，総診〕

コゴメウツギ 褐斑病

（*Pseudocercospora stephanandrae*）子嚢菌類

〈症 状〉 梅雨期頃から、葉に褐色～暗褐色の不整角斑が生じ、病斑周辺から黄化し、多発時には黄葉が増加するとともに、著しい早期落葉を起こす。病斑上に、はじめ小黒点が多数生じて、のちに灰緑褐色～オリーブ色のすすかび状物（分生子の集塊）が被う。

〈メ モ〉 植栽地に広く発生する。病落葉上の子座の形態で越冬し、春季に分生子を新生して、第一次伝染源となる。生育期には分生子が雨滴によって分散し、伝播・発病する。湿潤条件下で蔓延が早まる。p *010* 参照。

◆葉に不整角斑を生じ、すすかび状物が被う　〔堀江〕

◆葉に褐色の不整角斑を生じ、すすかび状物が被う 〔堀江〕

コトネアスター 褐斑病

(*Pseudocercospora cotoneastri*) 子嚢菌類

〈症 状〉 7月頃から、葉に暗褐色～暗紫褐色で、径3-8mm、葉脈に囲まれた角斑～不整斑を生じる。病斑表側に、多数の小褐点（子座）が現れ、緑灰色～暗緑灰色のすすかび状物（分生子の集塊）が被う。やがて病斑周辺から黄変～紅変し、早期落葉する。ベニシタン、外来のコトネアスター類に発生する。

〈メ モ〉 秋季の病葉（子座）は着生したままで、その他に病落葉の状態でも越冬し、分生子は雨滴や灌水の飛沫とともに伝播する。農薬登録（「樹木類」）がある。p *010* 参照。

◆葉に小円斑が多数生じ、のち病斑部が脱落して孔が空く 〔堀江〕

サクラ類 せん孔褐斑病

(*Pseudocercospora circumscissa*) 子嚢菌類

〈症 状〉 5～6月頃から、葉に紫褐色～褐色で類円形、径1-5mm程度の不整円斑を多数生じる。のち病斑部の表裏に、すすかび状物（分生子の集塊）が豊富に形成される。病斑は拡大せずに、やがて周縁に離層が発達して脱落し、円形の穿孔が残る。

〈メ モ〉 病斑・穿孔が目につくが、樹勢への影響は少ない。病落葉（子座）で越冬し、春季に新生される分生子が、最初の伝染源となる。生育期にも、分生子が雨滴伝染する。農薬登録（「樹木類」）がある。p *010* 参照。

◆病巣は開花期に小葉を密生し、初夏には黄変する 〔星，堀江〕

サクラ類 てんぐ巣病

(*Taphrina wiesneri*) 子嚢菌類

〈症 状〉 春季頃から、枝の一部がやや膨らんで、そこから多数の小枝が叢生して箒状となり、いわゆる“てんぐ巣”症状を現す。病枝は花がほとんど付かず、開花期には小型の緑葉が展開するが、初夏には黄変する。病巣部の材は腐朽するため、激害木は衰弱する。

〈メ モ〉 ソメイヨシノは感受性が高い。病枝の芽内部における葉肉細胞の細胞間隙に、菌糸の形態で越冬し、第一次伝染源となる。病巣の葉裏に白粉（子嚢）を生じ、そこから子嚢胞子が放出され、空気伝染する。

サクラ類 灰星病

(*Monilinia fructicola*)　子嚢菌類

〈症 状〉 初夏頃から、枝先端の新梢部分の展開葉が、次々に萎れて枯れ上がり、当年枝も枯死する。枝の健・病境界付近に、やにが滲出することがある。萎れた葉の葉脈に沿って白色〜灰白色の粉状物（分生子塊）が多量に形成される。症状は幼果菌核病（次項）と似るが、発生時期や粉状物の色調が異なる。

〈メ モ〉 春季に降雨が多い年に、多発する傾向がある。病枝上（菌糸等）で越年し、春季に分生子の集塊を生じて、第一次伝染源となる。生育期にも、分生子が空気伝染する。

◆葉脈沿いに白色〜灰白色粉状物を生じ、葉・枝枯れを起こす　〔小林〕

サクラ類 幼果菌核病

(*Monilinia kusanoi*)　子嚢菌類

〈症 状〉 幼果期頃、新梢が霜害のように萎れて、褐変枯死する。病葉の葉脈・葉柄、果柄等の表面には、薄桃色の粉状物（分生子の集塊）が連続して生じる。果実（幼果）は褐変して皺が寄り、乾燥したのち脱落する。系統や品種によっては、主に幼果が侵される。

〈メ モ〉 3月下旬〜4月（約1週間）に地表で越冬した病果実（菌核化したもの）から子嚢盤を生じ、子嚢胞子が放出され、空気伝染して花器に感染し、発病する。湿潤条件が継続すると発病が多い。農薬登録がある。

◆葉・幼果が腐敗し、薄桃色の粉状物が生じる　〔小林，堀江，佐野〕

シモツケ類 うどんこ病

(*Podosphaera* spp.)　子嚢菌類

〈症 状〉 6月頃から、葉・緑枝に白色粉状の菌叢を生じ、拡大して全面を被う。菌叢の発生痕は赤みを帯びる。秋季には、菌叢上に小黒粒点（閉子嚢殻）が形成される。花柄・花器（萼・花蕾など）にも発生する。

〈メ モ〉 罹病残渣（閉子嚢殻）で越冬し、第一次伝染源になると思われる。生育期には分生子が風により伝播する。同じシモツケ属のキョウガノコには *Podosphaera filipendulae* が記録されており、激しく発病する。少雨条件下で多発する傾向がある。p *004* 参照。

◆葉や花器等に白色菌叢が拡がり、罹病部は赤みを帯びる　〔堀江〕

◆葉に輪紋斑を生じ、病斑上に小黒粒点を形成する 〔堀江〕

シモツケ類・コデマリ 炭疽病（たんそびょう）

(*Colletotrichum gloeosporioides*) 子嚢菌類

〈症 状〉 梅雨期以降、葉先・葉縁部から灰褐色〜暗赤褐色、扇形〜不整形の輪紋斑が、径5 - 10 mm程度に拡がる。9月以降は、病葉の縁が巻き上がり、葉枯れ状となる。病斑表側に、小黒粒点（分生子層）が散生ないし輪生する。写真はサキワケシモツケ。

〈メ モ〉 多犯性。葉擦れなどの傷痕部位から発生しやすい。罹病残渣（分生子層）で越冬して、第一次伝染源になると考えられる。分生子は主に雨風で伝播する。コデマリには農薬登録（「樹木類」）がある。p *015* 参照。

◆葉表に小斑を多数生じ、裏側に黄橙色の粉状物を形成する 〔堀江〕

シャリンバイ さび病

(*Gymnosporangium raphiolepidis*) 担子菌類

〈症 状〉 春季、新葉の表側に、黄色〜赤黄色の斑点が生じ、その裏側には、淡黄色〜黄橙色の粉状物（銹胞子堆・銹胞子）が盛り上がるように大量に発生する。葉柄や茎では縦長の肥厚した病斑が生じ、のち銹胞子が溢れ出る。病茎葉は奇形を呈し、やがて葉枯れ・枝枯れを起こす。また、葉の病斑は破れて孔が空き、害虫の食痕のように見える。

〈メ モ〉 精子・銹胞子を形成し、中間宿主は未詳。病茎葉（銹胞子堆）で越冬する。銹胞子が空気伝染を繰り返す。p *011* 参照。

◆葉に斑点を生じ、その表裏がすすかび状物に被われる 〔堀江〕

シャリンバイ 紫斑病（しはんびょう）

(*Pseudocercospora violamaculans*) 子嚢菌類

〈症 状〉 梅雨期頃から、葉に褐色不整斑を生じ、拡大して灰褐色〜灰色、径5 - 10 mm程度、縁は濃褐色、病斑周辺は紫色のぼかし状で、裏面は紫褐色の不整円斑〜不整角斑となる。病斑表裏に小黒点（子座）が密生し、のち、すすかび状物（分生子の集塊）に被われる。病葉はしばしば黄紅変し、落葉する。

〈メ モ〉 着生病葉・病落葉（子座）で越冬して、春季に新生された分生子が、第一次伝染

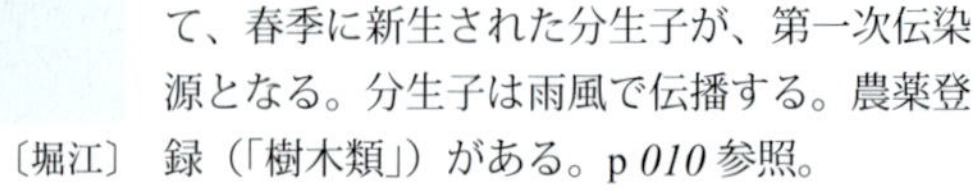

源となる。分生子は雨風で伝播する。農薬登録（「樹木類」）がある。p *010* 参照。

シロヤマブキ 円斑病

(*Septoria rhodotypi*)　子嚢菌類

〈症 状〉梅雨期頃から、葉に黄色の小円斑を多数生じ、のち灰黄色～灰褐色、周囲が茶褐色に縁どられた、径 2 - 5 mm 程度の不整円斑となり、病斑周辺は黄色のぼかし状を呈する。病斑の表裏に、小黒点（分生子殻）が多数形成され、湿潤時には、灰白色の粘塊（分生子塊）が押し出される。病葉は病斑周辺から黄変し、8 月頃以降徐々に落葉する。

〈メ モ〉罹病残渣（分生子殻）で越冬し、春季の第一次伝染源になると思われる。分生子は雨滴の飛沫によって分散・伝播する。

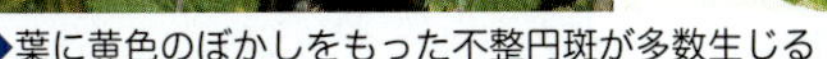

◆葉に黄色のぼかしをもった不整円斑が多数生じる　〔堀江〕

テマリシモツケ類 褐斑病

(*Pseudocercospora spiraeicola*)　子嚢菌類

〈症 状〉梅雨期頃から、葉に褐色～赤褐色の小角斑を多数生じ、拡大融合して径 10 - 20 mm の不整斑となる。病斑の主に表側は、すすかび状物（分生子の集塊）に被われる。病葉は黄化し、縁から巻き上がり、早期落葉する。園芸品種間に発病の差異が大きい。

〈メ モ〉罹病残渣（子座等）で越冬して、春季、そこに分生子を新生し、第一次伝染源となる。分生子は雨滴や灌水の飛沫によって離脱・伝播する。潜伏期間は 1 ～ 2 か月。多湿環境が病勢を進展させる。p *010* 参照。

◆葉に褐色の不整斑が多数生じ、すすかび状物に被われる　〔堀江〕

バラ類 うどんこ病

(*Podosphaera pannosa*)　子嚢菌類

〈症 状〉5 月頃から、葉・花蕾・茎などに白色粉状の菌叢が発生する。幼葉では縁が内側に湾曲し、小型・細葉・よじれ・波打ちなどを呈し、新梢全体が奇形となる。花蕾も菌叢に被われ、開花不良を起こす。菌叢痕が赤みを帯びる。系統・品種間差異が大きい。

〈メ モ〉閉子嚢殻は未確認。葉芽・花芽組織内（菌糸）で越冬し、春季に菌叢が現れると思われる。生育期には分生子が風により伝播する。連続降雨・夏季高温下で、病勢が抑制される。農薬登録が多数ある。p *004* 参照。

◆葉・花蕾などが白粉に被われ、奇形や開花不良を起こす　〔星，堀江〕

◆葉身の処々に、あるいは葉脈沿いに、染み状斑・不整斑を生じ、やがて病斑上に多数の小黒粒点を形成する 〔堀江，右：総診〕

バラ類 黒星病（くろほし）

（*Diplocarpon rosae*） 子嚢菌類

〈症 状〉 4月下旬頃から、葉に淡褐色～紫褐色の染み状斑や、葉脈に沿った連続的な不整斑を生じ、病斑周辺から黄変する。病斑上に灰黒色の小粒点（分生子層）が群生し、湿潤時に灰白色の粘質物（分生子の粘塊）が押し出される。発病まもなく落葉が始まり、梅雨期頃までに大半の葉を振るうこともある。

〈メ モ〉 連続降雨下で激発する。系統・品種間の発生差異が大きい。着生病葉・病落葉や枝病斑（分生子層）で越冬し、分生子が雨滴の飛沫で伝播する。登録農薬が多数ある。

◆葉に円斑～不整斑を生じ、表側をすすかび状物が被う 〔堀江〕

バラ類 斑点病（はんてん）

（*Mycosphaerella rosicola*） 子嚢菌類

〈症 状〉 6月頃から、葉に紫褐色～紫紅色の角斑を生じ、拡大融合して円形・楕円形～不整形で、周辺が紫褐色の病斑となる。主に病斑の表側を、灰緑色のすす状物（分生子の集塊）が被う。多発時は黄変・落葉する。

〈メ モ〉 ノイバラ系品種に発生が多く、セイヨウバラ系には少ない。罹病残渣（子座・子嚢殻）で越冬し、春季に分生子・子嚢胞子が第一次伝染源となる。生育期には分生子が雨滴によって分散し、伝播・蔓延する。農薬登録（個別・「花き類」）がある。p *010* 参照。

◆葉にモザイクや、アザミ葉のような黄色帯を発現する 〔牛山〕

バラ類 モザイク病 ウイルス

（プルヌスえそ輪点ウイルス；PNRSV）

〈症 状〉 春季、感染株では、当年葉の展開まもなくから、緑色・黄緑色・黄色などの濃淡がまだら状となった、モザイク症状を発現する。ときに黄色の明瞭な輪紋斑や、アザミ葉様のギザギザした黄色輪紋帯を生じる。夏季の高温期には、症状が目立たなくなるが、秋冷に伴って再び明瞭となる。

〈メ モ〉 本ウイルスは主に接ぎ木伝染し、バラ科果樹類に、輪点・壊疽斑などの症状を発現するものの、バラ類では分離検出の記録のみであり、不明な点が多い。p *020* 参照。

◆ヒメリンゴ：葉表に精子器を、裏側に銹胞子堆を形成；右はビャクシン類（さび病に罹患；中央奥）との隣接植栽による被害

ヒメリンゴ・ハナカイドウ 赤星病（あかほし）

（*Gymnosporangium yamadae*）　担子菌類

〈症 状〉 4月下旬～5月上旬頃、葉に赤橙色～黄橙色の小斑を多数生じ、やがて病斑表に蜜状の微細な膨らみ（精子器）を群生（のち褐色～黒色の微小点に変化）し、6～8月に裏面に淡褐色～淡灰褐色、円筒状の銹胞子堆が束生する。多発時は葉枯れ・落葉する。

〈メ モ〉 異種寄生種のさび病菌。精子・銹胞子世代をリンゴ属（3～4か月）、冬胞子世代をビャクシン類（約20か月）で経過。写真の上段右は、ビャクシン類の近接植栽によるヒメリンゴの激害例で、両者の距離を離すことが、現実的な対策となる。p *011* 参照。

◆ハナカイドウの症状（左；葉表、右；葉裏）　〔堀江〕

ピラカンサ 褐斑病（かっぱん）

（*Pseudocercospora pyracanthae*）　子嚢菌類

〈症 状〉 梅雨期頃から、褐色～暗褐色で葉脈に囲まれた不整角斑を生じ、のち拡大融合して、5 - 10 mm 程度の不整斑となる。葉先端部や葉縁部から進展する症例が多い。病斑の表側は、すすかび状物（分生子の集塊）で被われる。カザンデマリ・タチバナモドキ・トキワサンザシなどに発生する。

〈メ モ〉 主に着生病葉（子座）で越冬後、春季には分生子を新生して、第一次伝染源となる。分生子は雨滴で分散・伝播する。湿潤条件下で蔓延が早まる。p *010* 参照。

◆葉に暗褐色の不整角斑を生じ、すすかび状物が密生する　〔堀江〕

◆葉表の黄斑と精子器；裏面に筒状物を生じる 〔堀江，右下：総診〕

ボケ 赤星病（あかほし）

担子菌類

(*Gymnosporangium koreense* = *G. asiaticum*)

〈症 状〉 4～5月、葉表に黄橙色の不整円斑を生じ、病斑上に蜜状の微小な膨らみ（のち褐点化；精子器）を群生する。やがて病斑裏側に淡黄色～淡灰褐色で、長さ5‐8 mmの筒状物（銹胞子堆）を束生する。銹胞子堆は成熟後に先端部から崩壊する。病葉は周辺から黄化し、発病が多いと落葉する。

〈メ モ〉 異種寄生種で、冬胞子世代（第一次伝染源；担子胞子）はビャクシン類。銹胞子は空気伝染し、ビャクシン類に「さび病」を起こす。農薬登録がある。p *011* 参照。

◆葉の小紅斑上に小黒粒点を生じる（右は分生子層の密生状態） 〔堀江〕

ボケ 褐斑病（かっぱん）

(*Diplocarpon mali*)

子嚢菌類

〈症 状〉 4月下旬頃から、葉に径1‐2 mm程度の小紅斑が多数生じ、その中央部に小黒粒点（分生子層）が形成される。のち病斑は5 mm程度まで拡大・褐変し、分生子層は裂開して、乳白色の粘質物（分生子の集塊）が現れる。しばしば先端葉のみを残し、ほとんどの葉を振るう。幼枝にも黒色の紡錘斑～長円斑を生じ、分生子層を形成する。

〈メ モ〉 クサボケ・リンゴにも発生する。病枝・罹病残渣（分生子層）で越冬し、分生子が雨滴の飛沫によって伝播・蔓延する。

◆葉に褐色の不整角斑が生じ、すすかび状物で被われる 〔堀江〕

ボケ 斑点病（はんてん）

(*Pseudocercospora cydoniae*)

子嚢菌類

〈症 状〉 梅雨期頃から、葉に小褐斑を多数生じ、拡大して褐色～濃褐色、径3‐5 mm程度の角斑となる。やがて病斑の中央部は、灰褐色～灰白色を呈する。病斑表側をすすかび状物（分生子の集塊）が被う。秋雨期に多発すると激しく落葉し、先端葉のみが残る。

〈メ モ〉 罹病残渣（子座）で越冬し、春季に分生子を新生して、第一次伝染源になると思われる。生育期には、分生子が雨滴の飛沫により分散し、感染・発病が繰り返される。農薬登録（「樹木類」）がある。p *010* 参照。

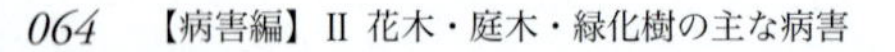

ユキヤナギ うどんこ病

（*Podosphaera spiraeae*）　子嚢菌類

〈症 状〉春季、新出葉や幼枝が厚い白色粉状の菌叢に被われ、著しい生育阻害やよじれを生じて、枝葉がしばしば枯死する。盛夏期には菌叢の進展が抑制されるが、小粒点（閉子嚢殻）を群生し、茶褐色に見える。秋季には再び新葉・新梢に白粉を形成する。

〈メ モ〉閉子嚢殻および子嚢胞子の役割は不詳。菌糸が新梢先端部の葉芽に潜伏して越冬後、春季の展葉に伴って、表面に菌叢を形成すると思われる。分生子は空気伝染する。農薬登録（「樹木類」）がある。p *004* 参照。

◆新梢の奇形症状；右は菌叢と閉子嚢殻の集合　〔牛山，右：総診〕

ユキヤナギ 褐点(かってん)病

（*Cylindrosporium spiraeae-thunbergii*）　子嚢菌類

〈症 状〉春季、新葉全面に径 1・2 mm 程度の暗褐色～褐色の小斑点を生じ、病斑上に小黒点（分生子層）を散生し、湿潤時に白色の粘塊を押し出す。病斑周辺から黄変し、初夏から激しく落葉する。新出葉も次々に罹病と落葉を繰り返し、株全体が透けて見える。

〈メ モ〉罹病残渣（分生子層）で越冬し、春季に分生子を新生して、第一次伝染源になると思われる。分生子は雨滴の飛沫によって離脱・伝播する。ユキヤナギのみに発生し、他のシモツケ属植物には発生記録がない。

◆葉身の全面に小褐斑が多数形成される　〔堀江〕

ユキヤナギ すすかび病

（*Pseudocercospora spiraeicola*）　子嚢菌類

〈症 状〉梅雨期頃から、葉に、淡褐色～暗褐色で葉脈に区切られた、径 1・2 mm 程度の不整角斑を生じ、のち拡大融合して径 5 mm 程度に及ぶ。病斑周辺は黄変し、やがて病葉は黄褐変・落葉する。病斑部の表裏は、すすかび状物（分生子の集塊）で被われる。

〈メ モ〉着生病葉・罹病残渣（子座）で越冬後、春季に分生子を新生して、第一次伝染源になると思われる。生育期にも、分生子が雨滴の飛沫によって離脱しつつ、伝播する。農薬登録（「樹木類」）がある。p *010* 参照。

◆葉に不整角斑を生じ、病斑上にすすかび状物が群生する　〔堀江〕

◆患部から樹脂が漏出し、材部の維管束は褐変する　〔堀江，竹内〕

ローソンヒノキ 樹脂胴枯病

(*Seiridium unicorne*)　子嚢菌類

〈症 状〉 梅雨期頃から、枝幹の樹皮に壊死病斑を生じ、やがて凹んだ病斑となり、激しいと癌腫状を呈する。材部は褐変腐敗し、維管束が侵されて、患部から上方の枝幹は枯死する。患部から多量の飴色・透明な樹脂が長期間流出し、乾固後は灰白色となる。患部の樹皮上に、小黒粒点（分生子層）を散生する。

〈メ モ〉 患部（分生子層）で越冬後、分生子は雨滴の飛沫で分散・伝播して、傷痕などから侵入感染する。宿主はヒノキ科樹木（ヒノキ属・ビャクシン属）に限られる。

◆葉・蔓に褐斑を生じ、その表裏に小黒粒点を形成する　〔堀江〕

ツタ 褐色円斑病

(*Phyllosticta ampelicida*)　子嚢菌類

〈症 状〉 4月下旬頃に、葉に径5 mm程度で淡褐色～灰褐色の円斑～不整円斑を生じ、拡大融合しつつ、葉枯れ症状を起こす。病葉は全身が黄化・褐変して、5月上旬頃から激しく落葉し始め、ときに梅雨後期には先端葉を残すのみとなる。病斑の表裏両面に、多数の小黒粒点（分生子殻）が輪生～散生する。蔓にも褐色・長円形の病斑を形成する。

〈メ モ〉 連続降雨下で多発しやすい。蔓・罹病残渣（分生子殻）で越冬し、分生子が雨滴の飛沫によって伝播・発病する。

◆葉に不整斑を多数生じ、その表裏をすすかび状物が被う　〔堀江〕

ツタ 褐斑病

(*Pseudocercospora riachueli*)　子嚢菌類

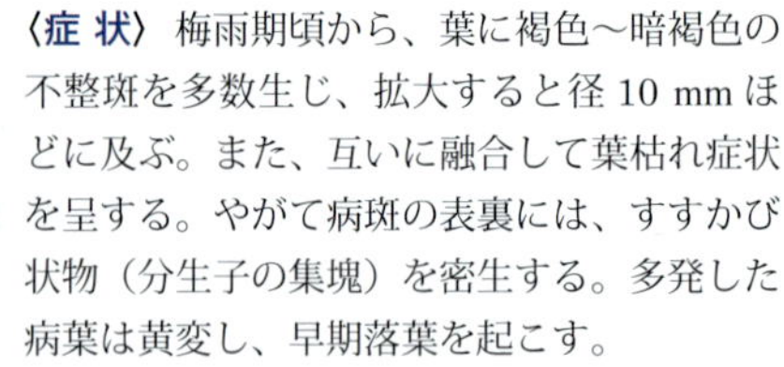

〈症 状〉 梅雨期頃から、葉に褐色～暗褐色の不整斑を多数生じ、拡大すると径10 mmほどに及ぶ。また、互いに融合して葉枯れ症状を呈する。やがて病斑の表裏には、すすかび状物（分生子の集塊）を密生する。多発した病葉は黄変し、早期落葉を起こす。

〈メ モ〉 降雨が続くと発生が多い。罹病残渣（子座）で越冬し、春季に分生子を新生して第一次伝染源になる。生育期にも、分生子が雨滴の飛沫によって離脱し、伝播する。多湿環境が病勢を進展させる。p *010* 参照。

ツタ さび病　担子菌類

(*Neophysopella vitis* = *Phakopsora vitis*)

〈症 状〉夏季、葉表に黄色〜褪緑色の小斑を多数生じて、その裏側に黄橙色の粉状物（夏胞子堆）が形成される。秋季になると、夏胞子堆周辺の表皮下に、褐色の冬胞子堆が生じ始め、のち夏胞子堆と置き替わる。多発した病葉は黄変し、早期落葉を起こす。

〈メ モ〉異種寄生種で、精子・銹胞子世代の宿主はアワブキ。銹胞子がツタに伝染して生じた夏胞子により感染・発病を繰り返す。蔓の患部（菌糸）で越冬し、蔓に形成された夏胞子も第一次伝染源となる。p *011* 参照。

◆葉表に小黄斑が多発し、裏面に黄橙色の粉状物を生じる　〔堀江〕

カシ類 白斑病（はくはん）

(*Phomatospora albomaculans*)　子嚢菌類

〈症 状〉6月頃から、淡褐色〜灰褐色の小角斑を多数生じ、しだいに拡大して灰白色を呈し、周囲が赤褐色の細い帯に縁どられた、径数 mm - 5 mm 程度の不整斑となる。病斑が融合することもある。病斑の表側に淡褐色〜暗褐色の小点（分生子殻・子嚢殻）が多数形成される。病葉は長く着生するため、病斑が目立って景観を損なう。アラカシに発生。

〈メ モ〉伝染環は不詳であるが、主に着生病葉（子嚢殻・分生子殻）で越冬し、子嚢胞子や分生子が空気伝染すると思われる。

◆葉に白斑が多発し、病斑上に多数の小点を形成する　〔堀江〕

カシ類 葉ぶくれ病（は）

(*Taphrina caerulescens*)　子嚢菌類

〈症 状〉5〜6月頃、葉表に褪緑色〜黄緑色の小斑を生じ、すぐに病斑部分が膨らみ、その裏側の凹部には子実層を生じ、そこに白色の粉状物（子嚢・分生子）が密生する。のち粉状物は灰色を帯びるようになり、さらに古くなると、淡褐色〜暗褐色に変色する。発生が多い場合には、病葉は褐変後もしばらく着生しているが、やがて落葉する。

〈メ モ〉発生生態は不詳であるが、葉芽などに菌糸の形態で越冬して、新葉の展開とともに、発病を起こすと思われる。

◆葉表に黄斑を生じ、その裏側に白色粉状物が密生する　〔周藤〕

◆葉表は小丘状に膨らみ、裏面に絨毛状物が密生する　〔堀江〕

カシ類 ビロード病

(*Eriophyes* sp.)　フシダニ

〈症 状〉 5月頃から、葉表に褪緑色～黄白色で、小丘状の膨らみを多数生じる。隣接した膨らみが融合して、葉の全面が瘤状～波状で縮緬織のような症状を呈することも多い。その裏側は凹んで、黄白色のち淡褐色～茶褐色の絨毛（ビロード）状物が密生する。

〈メ モ〉 本症状はフシダニ類の吸汁で、植物の表皮細胞の細胞壁が、毛茸状に膨大・伸長したものである。フシダニ類による類似の症状には、カエデ類ビロード病（p *081*）、ブドウ毛せん病などと命名されている。

◆葉表に黄斑、裏側に白色のち紫褐色の菌叢を生じる　〔堀江〕

カシ類 紫かび病

(*Cystotheca wrightii*)　子嚢菌類

〈症 状〉 春季、新葉の表面に黄色の不整斑を生じ、その裏側にはじめ白色粉状の菌叢が拡がる。新梢の展開中の葉はよじれなどを呈する。のち菌叢は灰褐色～紫褐色、ビロード状となる。7月頃から、菌叢に埋もれて、小黒粒点（閉子嚢殻）が密に形成される。

〈メ モ〉 主に着生病葉（閉子嚢殻）で越冬するか、あるいは越冬菌叢上に分生子が新生され、子嚢胞子・分生子ともに第一次伝染源となる。第二次伝染は分生子による。写真左右はアラカシ、中はシラカシ。p *004* 参照。

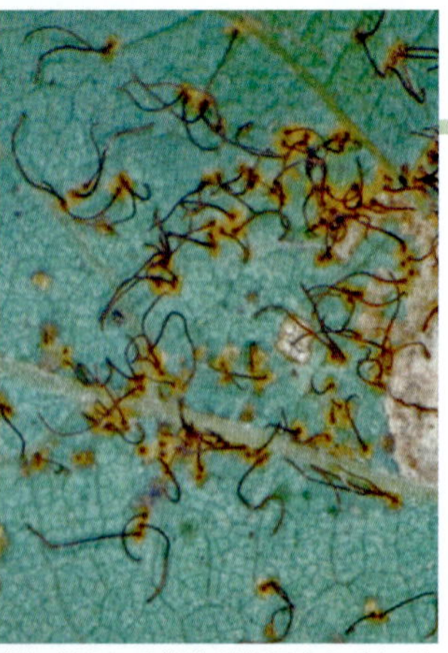

◆葉表に多数の斑点を生じ、その裏側に褐色の毛状物が伸長する〔金子〕

カシ・ナラ類 毛さび病

(*Cronartium orientale*)　担子菌類

〈症 状〉 春～夏季、葉に褪色斑が多発し、裏側に黄色～黄橙色の夏胞子堆が現れる。夏～秋季、病斑裏側に褐色～黒褐色、長さ2 - 3 mmの毛状物（冬胞子堆）が伸長する。

〈メ モ〉 異種寄生種で、夏胞子・冬胞子世代をカシ・ナラ類など、精子・銹胞子世代をマツ類（こぶ病；p *072*）で経過する。冬胞子は成熟すると、すぐに発芽して担子胞子を形成後、雨滴の飛沫とともにマツ類へと伝播する。マツ類からは銹胞子が飛散し、カシ・ナラ類に夏胞子堆を生じる。p *011* 参照。

ナラ類 すす葉枯病

(*Tubakia dryina*)　子嚢菌類

〈症 状〉 秋季、葉に淡褐色～褐色、あるいは灰色で、ときに輪紋をもち、径 10 - 20 mm 程度の不整円斑を生じる。病斑の表裏には微小な、かさぶた状のすす点（分生子殻；分生子盾ともいう）が多数形成される。多発すると、病斑が融合して葉枯れ症状となり、早期落葉を起こす。クヌギ（写真左・右）・コナラ・ミズナラ（写真中）などに発生。

〈メ モ〉 罹病残渣（分生子殻）で越冬し、春季の第一次伝染源になると思われる。分生子は雨滴の飛沫とともに伝播・蔓延する。

◆葉に小斑を生じ、病斑上にすす点を群生する　〔堀江，右：金子〕

ナラ類 円斑病

(*Apiocarpella quercicola*)　子嚢菌類

〈症 状〉 梅雨期から発生し、秋季に目立つようになる。葉にはじめ明褐色～褐色の小斑点が多数生じ、しばしば 1 葉に数十個から 100 個以上現れる。病斑は中央部が灰褐色～灰白色、周囲が明褐色、径 1 - 3 mm 程度、健病境界部が明瞭な小円斑となる。病斑中央部に小黒点（分生子殻）を 1 - 3 個形成する。多発葉は黄変して、早期落葉を起こす。

〈メ モ〉 罹病残渣（分生子殻）で越冬し、第一次伝染源となる。生育期にも、分生子が雨滴の飛沫とともに伝播・蔓延する。

◆葉に小円斑を多数生じ、病斑上に小黒点を散生する　〔堀江〕

ナラ類 紫かび病

(*Cystotheca lanestris*)　子嚢菌類

〈症 状〉 初夏の頃、葉の表裏に白色粉状の菌叢（菌糸・分生子など）を生じる。8 月～秋季には葉裏の菌叢のみが残り、菌叢中央部は色調が濃く、淡灰茶色～灰褐色で、ビロード状に拡がるが、周辺部では淡い。菌叢中に微小な黒粒物（閉子嚢殻）を密生する。新葉は健全部と菌叢部で、生育の差異が生じるために、よじれ・波打ちなどを呈する。

〈メ モ〉 閉子嚢殻が罹病残渣や枝などに付着して越冬し、春季に子嚢胞子を放出して第一次伝染源になると思われる。p *004* 参照。

◆葉裏に淡灰茶色～灰褐色で、ビロード状の菌叢を生じる　〔堀江〕

◆コナラの株枯れ

◆マテバシイの株枯れ

◆スダジイの被害（株全体は枯れない）

◆フラスの排出と堆積（左：コナラ；右：マテバシイ）

◆孔道内のカシナガ幼虫 〔堀江，上右・下右：竹内〕

子嚢菌類

ナラ類・シイ類・マテバシイ 萎凋病（“ナラ枯れ”） (*Dryadomyces quercivorus*)

〈症 状〉“ナラ枯れ”と通称される。7月後半～10月の間に、樹全体の葉が急激に萎凋して赤褐色に変わり、ついには株枯れや枝葉枯れを起こす。とくにミズナラ・コナラの被害が目立ち、山腹や里山などでの集団枯損が問題となる。枯損株の樹幹部には、例外なく、多数のカシノナガキクイムシ（養菌性キクイムシの一種；以下、カシナガと略）が穿入しており、穿入口から大量のフラス（木屑とカシナガの排泄物等の混合物）が排出され、穿入口付近やその直下の地際部に堆積する。カシナガの穿入した樹幹の辺材は、孔道に沿って褐色～黒褐色に変色する。これら被害は、ブナ科のコナラ・クリ・シイ類・マテバシイ属に及ぶが、スダジイやアラカシ等では比較的軽度であり、スダジイの症例では、葉枯れ・枝幹枯れを起こすものの、樹全体は枯死せずに、地際部から萌芽してしばしば樹勢を回復し、数年後には山腹の様相が復元することが多い。

〈メ モ〉カシナガの多量穿入により、菌感染が一斉に起こる。発病要因には、雑木林・里山・山林などの管理作業（薪炭の製造・間伐）の停滞等が指摘されており、適正な管理が望まれる。被害樹は伐採後に燻蒸処理などを行って、媒介虫を駆除する。

スダジイ 炭疽病

(*Colletotrichum fioriniae*)　子嚢菌類

〈症 状〉梅雨期頃から、葉に暗褐色〜黒色で円形〜楕円形の小型不整斑を多数生じ、拡大融合して、中央部が灰褐色、径10 mm程度となる。病斑表側に、小黒粒点（分生子層）を散生する。病斑周辺から黄変し、やがて褐変枯死する。病斑は葉柄・枝にも形成される。
〈メ モ〉多犯性。主に病枝葉（分生子層）で越冬し、春季に分生子を新生して、第一次伝染源になる。分生子は雨滴の飛沫で分散・伝播する。降雨が続く時期に発生が多い。農薬登録（「樹木類」）がある。p *015* 参照。

◆葉に褐色不整斑が生じ、表側に小黒粒点を散生する　〔竹内〕

スダジイ "木材腐朽病"

（シイサルノコシカケなど）　担子菌類

〈症状・メモ〉 シイサルノコシカケ（写真参照）：幹・枝の心腐れ腐朽（褐色腐朽）をもたらす。子実体は多年生、背着生〜半背着生で、はじめ灰白色のち焦茶色、楕円形〜不整形、径30 cmに及ぶ。太枝の基部に発生することが多く、腐敗が拡大すると、枝・幹が崩壊するように折損する。その他に、コフキタケ（p *021*）・ナラタケ（p *022*）・ヒラフスベなどが発生。植栽場所によっては、枝幹の崩壊・折損に備え、予防的に被害枝の除去、支柱設置、立ち入り制限等を実施する。

◆シイサルノコシカケ：灰白色のち焦茶色・背着生の子実体が拡大する（右：幹上部が欠損し、太枝基部を子実体が被う）〔阿部　右：堀江〕

ボタン すすかび病

(*Graphiopsis chlorocephala*)　子嚢菌類

〈症 状〉梅雨期頃から、葉に暗褐色〜紫褐色の小斑を生じ、拡大して縁が暗褐色の大型不整斑となる。病斑に数層の輪紋を有する。隣接病斑が拡大融合して、しばしば葉枯れ症状を呈する。葉柄や緑枝にも、暗褐色〜黒色で紡錘形〜楕円形の病斑を形成する。高湿度条件下で、病斑全面に、暗緑褐色のすすかび状物（分生子柄・分生子の集塊）を生じる。なお、シャクヤクでは「斑葉病」と呼ぶ。
〈メ モ〉分生子が風によって伝播する。越冬形態、および伝染環などの生態は不詳。

◆葉に暗褐色の不整斑を生じ、のち葉枯れを起こす　〔堀江〕

◆葉が黄変～紅変して落葉し、枝幹枯れを起こす 〔河辺，堀江〕

ホルトノキ 萎黄病 ファイトプラズマ

（*Candidatus* Phytoplasma malaysianum）

〈症 状〉 初夏～盛夏期に進展し、枝の発生や伸育、さらに出葉が抑制されるとともに、葉は小型化・褪色して、黄色・橙色～赤色を帯びる。前年葉は激しく落葉しつつ、処々に枝枯れを生じるため、樹冠が透けて見えるようになり、やがて樹全体が枯死する。

〈メ モ〉 自然林の他、緑地植栽・街路樹などで被害が目立つ。ファイトプラズマは一般にヨコバイ類等で虫媒伝染するが、本種の媒介昆虫は不明。潜在感染した苗木が運ばれて植栽され、数年後に発症すると思われる。

◆樹全体に葉枯れを起こし、患部に分生子堆（右下）を生じる 〔周藤〕

マツ類 褐斑葉枯病

（*Lecanosticta acicola*） 子嚢菌類

〈症 状〉 盛夏期頃から、針葉の先半分ほどが黄褐変～褐変し、長径 1.5 mm 程度の斑点が生じ、やがて斑点部位から葉先にかけて、灰褐色に枯れる。患部の表皮下には、黒色の分生子堆が透けて見え、のち表皮を破って現れる。被害は越冬後の 3 ～ 4 月頃に目立ち、落葉が激しい場合には、樹全体が枯れたようになる。発病が毎年続くと、枝枯れや株枯れを起こす。クロマツが激しく侵される。

〈メ モ〉 着生病葉・病落葉（分生子堆）で越冬し、分生子が雨滴で分散・伝播する。

◆枝幹に瘤を生じ、そこから黄色粉状物が溢れ出す 〔金子，柿嶌〕

マツ類 こぶ病

（*Cronartium orientale*） 担子菌類

〈症 状〉 若枝や苗木の枝幹が感染すると、瘤様に膨らみ、年々肥大して径 20 - 30 cm に及ぶ。瘤が成熟後の 12 ～ 1 月頃、黄褐色の粘質物（精子）が流出し、4 ～ 5 月に黄色粉状物（銹胞子）が瘤の割れ目から溢れ出る。瘤から先方が枯死し、瘤の部分が折損する。

〈メ モ〉 異種寄生種のさび病菌。夏胞子・冬胞子世代は、ナラ・カシ類の葉（毛さび病；p *068*）で経過。春季にナラ・カシ類上の冬胞子から生じた担子胞子が、マツ類の若い枝幹に雨滴伝染し、瘤をつくる。p *011* 参照。

マツ類 材線虫病

（マツノザイセンチュウ） 線虫

〈症 状〉 7月頃から、前年葉が褐変枯死し始め、次いで、当年葉にも同様の症状が発現する。やがて太枝単位で、着生葉が生気を失いつつ、萎凋枯死する。とくに8～9月に症状が顕著に現れるが、10月以降に顕在化することもある。病樹は枝幹に傷を付けても、樹脂がまったく滲出しない（診断の目安）。

〈メ モ〉 樹種・系統により、発病程度が異なる。マツノザイセンチュウは、マツノマダラカミキリによって、特異的に媒介される。樹幹注入剤（殺線虫剤）などの登録がある。

◆はじめ枝単位で症状が現れる；右は当年の発病株（夏季） 〔堀江〕

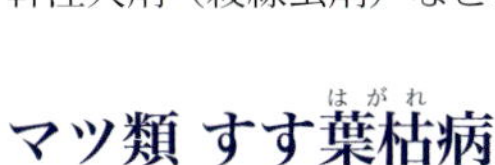

マツ類 すす葉枯病

(*Rhizosphaera kalkhoffii*) 子嚢菌類

〈症 状〉 晩春～初夏に、当年葉の先端部～中間部、あるいは基部近くまで黄変～赤褐変する。新梢の先端部が枯死することもある。患部の気孔に埋没するように、小黒点（分生子殻）がすす状に生じる。アカマツに多い。

〈メ モ〉 都市部では大気汚染物質（二酸化硫黄・フッ素化合物等）、異常気象（高温・大雨・干ばつ等）などによる樹勢衰退に伴って発生が見られ、かつては大気汚染の指標病害とされた。着生病葉・病落葉（分生子殻）で越冬し、分生子が雨滴の飛沫で伝播する。

◆新葉の先端から黄褐変し、枯死部にすす状物を生じる 〔小林〕

マツ類 赤斑葉枯病

(*Dothistroma septospora*) 子嚢菌類

〈症 状〉 10～11月頃、当年葉の先端部分に幅1-2mmの帯状褐色斑が生じ、翌年2～3月には、鮮やかな赤褐色に変わり、しだいに針葉の基部まで褐変が進展して、早期落葉を起こす。病斑の中央付近には、表皮を破って黒色菌体（分生子堆）が盛り上がる。

〈メ モ〉 クロマツで発生が多く、系統間に感受性の差異が大きい。病落葉（分生子堆）で越冬し、主に6月に分生子が形成され、伝染源となる。分生子が梅雨期に雨滴の飛沫とともに伝播する。潜伏期間は4～5か月。

◆葉が赤褐変し、患部に黒色菌体（右下）が盛り上がる 〔周藤〕

◆針葉に銹胞子堆を生じ、やがて銹胞子が溢れ出る　〔金子，周藤〕

マツ類 葉さび病

(*Coleosporium* spp.)　担子菌類

〈症 状〉 4～5月頃、針葉に赤褐色～黄橙色の小斑点（精子器）が多数生じ、やがて白色の小膜状物が現れ、のちその表皮が破れて黄粉（銹胞子）が溢れ出し、飛散する。多発した場合には、病斑が連続して葉枯れを起こして、樹冠全体が褐変し、あるいは生気がなくなり、遠くから黄色く見える。

〈メ モ〉 病原菌14種が記録され、その多くは異種寄生種である。中間宿主（アスター・キハダなど）は菌種によって異なる。銹胞子は中間宿主へ空気伝染する。p *011* 参照。

◆樹全体に葉枯れが目立ち、越冬病葉には黒色・楕円形の子嚢盤、および黒色の横断線が生じる　〔周藤，中・右：金子〕

マツ類 葉ふるい病

(*Lophodermium pinastri*)　子嚢菌類

〈症 状〉 8月頃から、当年針葉の先半分に黄褐色の小斑が生じる。翌年2～3月には葉基部まで褐変し、顕著に落葉する。6月頃、病落葉上に、長径1 - 2.5 mm程度の楕円形で縦に裂け目のある子嚢盤が形成され、濃褐色～黒色の細線模様が針葉を横断する。

〈メ モ〉 生育が衰えた株で発病しやすく、樹勢衰退の指標となる病害。子嚢胞子が当年葉に空気伝染する。常在菌で、病原性が非常に弱く、接種しても再現の頻度は低い。樹勢回復の対策を講じる。農薬登録がある。

◆左：葉表に小黄斑を多数生じ、裏側に冬胞子堆が現れる　右：枝が膨らみ、夏胞子が溢れる（上は街路樹）　〔堀江，右下：金子〕

エンジュ さび病

(*Uromyces truncicola*)　担子菌類

〈症 状〉 夏季、葉表に小黄斑を多数生じ、その裏側に褐色・粉状の夏胞子堆が現れる。秋季には暗褐色～黒褐色で、毛羽立った冬胞子堆が置き替わる。細枝や苗木の幹の一部が膨れ、表面が粗い瘤を生じる。瘤は徐々に肥大して紡錘状となり、樹皮は裂開し、材部が露出して暗褐色の夏胞子・冬胞子が現れる。患部から枝折れ・幹折れすることがある。

〈メ モ〉 病落葉・病枝幹（子座）で越冬すると思われる。生育期には夏胞子が空気伝染により、発病を繰り返す。p *011* 参照。

キングサリ 褐斑病（かっぱんびょう）

(*Pseudocercospora laburni*)　子嚢菌類

〈症 状〉 梅雨期頃から、葉に褐色で楕円形～不整円形、または葉縁を起点に扇形～くさび形の病斑を生じる。拡大すると、中央部は灰褐色～灰白色、周縁は濃褐色を呈する。病斑の表裏に、灰緑色のすすかび状物（分生子の集塊）が群生する。病葉は縁から巻き込んで葉枯れを起こし、のち激しく落葉する。

〈メ モ〉 病落葉（子座）で越冬して、第一次伝染源になると思われる。生育期には分生子が雨滴の飛沫によって分散・伝播する。湿潤条件下で蔓延が早まる。p *010* 参照。

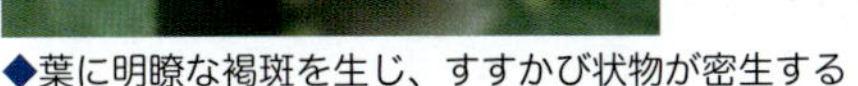

◆葉に明瞭な褐斑を生じ、すすかび状物が密生する　〔堀江〕

ハナズオウ 角斑病（かくはんびょう）

(*Pseudocercospora chionea*)　子嚢菌類

〈症 状〉 6月頃から、下葉の表側に褐色～暗褐色、葉脈に区切られた小斑を多数生じ、拡大して径5‐10 mm程度になる。のち病斑は淡緑灰色の毛羽立った、すすかび状物（分生子の集塊）に被われる。病斑は拡大融合して葉枯れを呈し、やがて黄変しつつ、早期落葉を起こす。莢にも褐色の病斑を生じる。

〈メ モ〉 罹病残渣（病落葉・莢）上の子座で越冬して、第一次伝染源になる。分生子が雨滴の飛沫によって分散し、伝播する。多湿環境が病勢を進展させる。p *010* 参照。

◆葉に小角斑を多数生じ、すすかび状物に被われる　〔堀江〕

フジ こぶ病

(*Pantoea agglomerans* pv. *millettiae*)　細 菌

〈症 状〉 梅雨期頃から、蔓に淡緑色の小瘤が発生し、年々拡大して、淡褐色～褐色で、表面が粗く、ひび割れや皺ができ、拳大の癌腫となる。幹では、その肥大とともに周囲を被うような大型の瘤となる。やがて患部の一部が剥がれ落ち、内部は腐敗・空洞化して、枝枯れや幹枯れを起こす。ときに樹全体の蔓や枝幹に多数の瘤が生じ、樹勢が衰退する。

〈メ モ〉 フジのみを侵す病原型。蔓・葉柄などの傷口から侵入・感染すると思われる。剪定鋏等の汚染にも留意する。

◆地際茎枝（左）や蔓（右）に癌腫状の瘤を多数形成する　〔堀江〕

◆葉表（左）には小褐斑を、その裏側（中）には夏胞子堆をを多数形成する；右：中間宿主キケマン葉裏の銹胞子堆 〔堀江，右：柿嶌〕

フジ さび病

(*Neophysopella kraunhiae*
= *Ochropsora kraunhiae*) 担子菌類

〈症 状〉 夏季、葉表に淡褐色の小斑が多数現れ、裏側に黄褐色、径 0.1 mm 程の粉塊（夏胞子堆）を生じ、秋季に褐色・かさぶた状の冬胞子堆と替わる。病葉は褐変・落葉する。

〈メ モ〉 異種寄生種で、中間宿主はキケマン類（さび病；精子・銹胞子世代）。冬胞子は越冬せずに発芽し、形成された担子胞子がキケマン類に感染し、菌糸で越冬後、銹胞子を形成してフジへ空気伝染する。フジでは夏胞子が伝播・発病を繰り返す。p *011* 参照。

◆葉表に小角斑が多発し、すすかび状物を密生する〔堀江．右下：総診〕

トキワマンサク“斑点症（はんてんしょう）”

(*Pseudocercospora* sp.) 子嚢菌類

〈症 状〉 梅雨後半から発生し、秋季に多発する。葉表 に径数 mm 程度の小斑点を多数生じ、拡大融合して、径 5 mm 程度 の不整角斑になり、病斑周囲は褪色する。病斑の表裏に灰色のすすかび状物（分生子の集塊）が群生する。病葉は黄変し、徐々に落葉するため、生け垣は透けて見える症例が多い。

〈メ モ〉 主に着生病葉（子座）で越冬後、分生子を新生して、第一次伝染源となる。生育期にも、分生子が雨風により伝播する。多湿環境が病勢を進展させる。p *010* 参照。

◆葉表に不整角斑を多数生じ、すすかび状物を密生する 〔堀江〕

トサミズキ 斑点病（はんてんびょう）

(*Pseudocercospora corylopsidis*) 子嚢菌類

〈症 状〉 梅雨後期から、葉に褐色で径 5 mm 程度の角斑を多数生じ、拡大融合して周囲が黄変し、ときに葉縁が巻き上がって、葉枯れ症状となる。主に葉表の病斑上に、暗オリーブ色のすすかび状物（分生子の集塊）を生じる。病葉は黄化し、早期落葉する。

〈メ モ〉 ヒュウガミズキにも発生する。罹病残渣（子座）で越冬し、春季に分生子を新生して、第一次伝染源になると思われる。分生子は雨滴の飛沫とともに離脱・伝播する。多湿環境が病勢を進展させる。p *010* 参照。

マンサク 葉枯病（はがれ）

(*Phyllosticta hamamelidis*) 子嚢菌類

〈症 状〉 5月頃から、はじめ新葉の基部あたりに褐色不整斑が生じ、のち葉縁へ向かって急速に進展し、葉身全体が褐変枯死する。枝単位あるいは株全体に葉の褐変が現れる。また、小円斑が多数できた葉も混在する。やがて病斑の表裏全面、もしくは小円斑上に、小黒粒点（分生子殻）が群生する。激発すると枝枯れや、ときに株枯れを起こす。

〈メ モ〉 マンサク属に広く発生するが、種や系統・品種間に差異がある。伝染環などは不詳で、適切な対処法が確立していない。

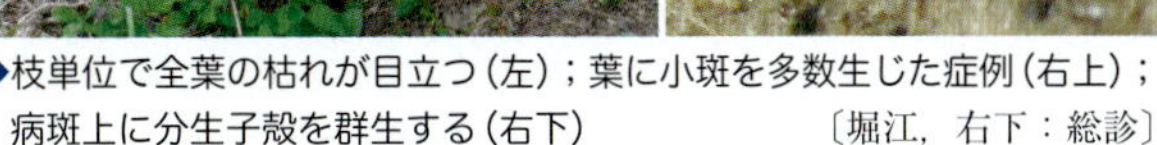

◆枝単位で全葉の枯れが目立つ（左）；葉に小斑を多数生じた症例（右上）；病斑上に分生子殻を群生する（右下） 〔堀江，右下：総診〕

サンショウ さび病

(*Coleosporium zanthoxyli*) 担子菌類

〈症 状〉 5月頃から、葉表に黄色の小斑を多数生じて、その裏側に、黄色〜黄橙色の粉状物（夏胞子堆）が形成される。秋季には赤橙色で光沢のある、冬胞子堆と置き替わる。

〈メ モ〉 異種寄生種で、夏胞子・冬胞子世代をサンショウ・カラスザンショウなどで経過し、秋季に担子胞子がマツ類に感染して越冬し、春季に銹胞子堆が現れる（葉さび病；p *074*）。銹胞子がサンショウ類に空気伝染して発病する。サンショウ類では、夏胞子により感染・発病を繰り返す。p *011* 参照。

◆葉裏には黄橙色の粉塊が多数形成される 〔金子，堀江〕

サンシュユ うどんこ病

(*Phyllactinia guttata*) 子嚢菌類

〈症 状〉 6月頃から、葉裏に白色の菌叢が円状に生じ、拡大して、秋季には葉裏全面を被う。10月下旬〜11月頃に、はじめ黄色（未熟）で、のちに濃褐色〜黒色の小粒点（閉子嚢殻）を菌叢全面に多数形成する。菌叢は葉裏のみに生じ、また、病葉でも萎凋やよじれなどの奇形がほとんど見られない。

〈メ モ〉 閉子嚢殻が病落葉・病枝等に付いて越冬し、第一次伝染源になると思われる。生育期には分生子が空気伝染して拡がる。農薬登録（「樹木類」）がある。p *004* 参照。

◆葉裏が白色菌叢に被われ、全面に閉子嚢殻を生じる 〔堀江，竹内〕

◆葉に白色菌叢が拡がり、葉の波打ちや萎縮などが見られる 〔堀江〕

ハナミズキ うどんこ病

(*Erysiphe pulchra*) 子嚢菌類

〈症 状〉 5月頃から、葉に白粉状の薄い菌叢が生じ、のち全面を被う。芽吹き・展葉中に罹病すると、著しい生育阻害や、波打ち・葉縁の巻き・萎縮などの奇形症状を呈する。秋遅く、萎縮した先端病葉の白色菌叢上に、小黒粒点（閉子嚢殻）が群生または散生する。

〈メ モ〉 宿主はミズキ属のみ。病落葉や枝先に残る着生病葉（閉子嚢殻）が第一次伝染源となる。芽組織（菌糸）での越冬も示唆される。生育期は分生子が空気伝染する。農薬登録（個別・「樹木類」）がある。p *004* 参照。

◆葉や花弁などに小褐点が多発し、よじれや奇形を起こす 〔堀江〕

ハナミズキ とうそう病

(*Elsinoë corni*) 子嚢菌類

〈症 状〉 4～5月、葉・幼枝・花弁（総苞）等に発生する。葉の病斑は雨水の流れに沿って、葉脈周辺等に集中して発生し、はじめ赤褐色のち病斑中央部は灰白色、径1‐3 mm程度で孔が空き、縮れや奇形を生じる。花弁も同様に奇形・枯れを起こす。葉柄・緑枝では、縦長の紡錘斑が連続して形成される。

〈メ モ〉 葉・花弁の展開期に降雨が続くと多発する。枝病斑（分生子層）で越冬し、第一次伝染源になる。分生子は雨滴によって伝播する。宿主はミズキ属に限られる。

◆葉に褐色の輪紋斑を生じ、拡大融合して葉枯れを起こす 〔堀江〕

ハナミズキ 輪紋葉枯病（りんもんはがれ）

(*Haradamyces foliicola*) 子嚢菌類

〈症 状〉 主に5～6月、連続降雨下で、葉に淡褐色～茶褐色、輪紋をもつ不整円斑～紡錘斑が生じる。病斑上には黄白色～淡褐色、径0.5 mm程度で、やや盛り上がった、円盤状の分散体が多数現れる。葉枯れ症状を呈して遠くからも目立つ。樹勢は徐々に衰退し、枝枯れや株枯れを起こす。

〈メ モ〉 多犯性で、サザンカ等にも発生。越冬した後、病枝の先端部分に分散体が形成されて、第一次伝染源となる。分散体は雨滴により伝播・蔓延する。農薬登録がある。

ミズキ類 斑点病

(*Pseudocercospora cornicola*)　子嚢菌類

〈症 状〉 7月～秋季、茶褐色～暗褐色の不整角斑を多数生じ、のちに拡大融合して、大型不整斑となり、あるいは葉枯れ症状を呈するようになる。そして、葉表の病斑上には、すす点（子座）を多数生じ、やがて暗灰色のすすかび状物（分生子塊）で被われる。

〈メ モ〉 ミズキ属に発生する。秋季に降雨が続くと多発する。病落葉や枝先に残る着生病葉（子座）で越冬すると思われる。生育期にも、分生子が雨滴により分散・伝播する。農薬登録（「樹木類」）がある。p *010* 参照。

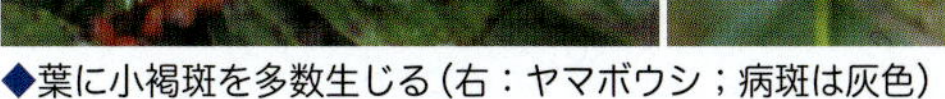

◆葉に小褐斑を多数生じる（右：ヤマボウシ；病斑は灰色）　〔堀江〕

ザクロ 褐斑病

(*Sphaeropsis* sp.)　子嚢菌類

〈症 状〉 梅雨期頃から、葉先・葉縁を起点に淡褐色で緩やかな輪紋をもつ病斑が、扇状～波状に拡がる。花蕾・花弁では水浸状～染み状、のちに輪紋を伴う褐色楕円斑を生じ、ときには花腐れ症状を呈する。病斑上に、暗褐色・粒状の小点（分生子殻）を連続的ないし輪状に形成し、または群生する。病葉は葉先枯れが目立ち、黄化・早期落葉を起こす。

〈メ モ〉 病落葉（分生子殻）で越冬し、第一次伝染源となる。生育期にも、分生子が雨滴の飛沫とともに伝播・発病する。

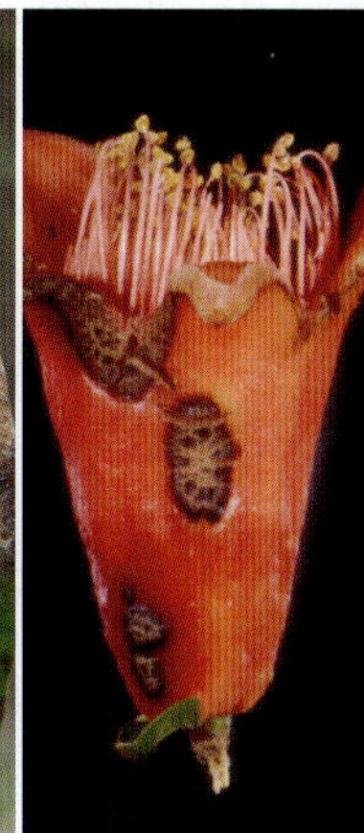

◆葉や花器に褐色の輪紋斑が現れ、小粒点を多数生じる〔堀江，右：小林〕

ザクロ 斑点病

(*Pseudocercospora punicae*)　子嚢菌類

〈症 状〉 梅雨後期頃から発生して、秋季に拡がる。葉の表裏に、はじめ褐色の小斑点を生じ、のちに葉表は暗褐色～黒褐色、裏面は淡褐色で、径 5 mm 程度の不整角斑となる。病斑の表裏には、灰緑色のすすかび状物（分生子の集塊）を密生する。病斑周辺から黄化が進み、やがて激しく早期落葉を起こす。発病には系統・品種間差異が大きい。

〈メ モ〉 病落葉（子座）で越冬すると思われる。分生子が雨滴の飛沫により伝播する。湿潤条件下で蔓延が早まる。p *010* 参照。

◆葉に小褐斑を多数生じ、表裏にすすかび状物を密生する　〔堀江〕

◆ひこばえも白粉に被われる；右は閉子嚢殻の群生 〔堀江，竹内〕

サルスベリ うどんこ病

(*Erysiphe australiana*) 子嚢菌類

〈症 状〉 5～6月頃から、葉と幼枝に白色粉状の菌叢が生じ、梅雨期に拡大して枝葉を白く被う。盛夏期には病勢は抑制されるが、秋季に再び蔓延し、菌叢が厚くなる。冷夏の年には、花蕾までも白色菌叢に厚く被われるため、開花が阻害される。10月下旬頃から、菌叢上に暗褐色の閉子嚢殻が群生する。

〈メ モ〉 罹病残渣・枝などに付着した閉子嚢殻や、芽組織内の菌糸が越冬して、第一次伝染源になると思われる。分生子は空気伝染する。農薬登録がある。p *004* 参照。

◆葉に褐色不整斑を生じ、その周辺が黄変して早期落葉を起こす〔堀江〕

サルスベリ 褐斑病（かっぱん）

(*Pseudocercospora lythracearum*) 子嚢菌類

〈症 状〉 梅雨後半頃から、葉に淡褐色～褐色の小斑を生じ、のち径5 - 10 mm程度の不整角斑となる。さらに拡大融合して、大型不整斑へ進展する。病斑の表裏は、灰緑色～暗灰緑色のすすかび状物（分生子の集塊）に被われる。病斑周辺は黄化し、やがて病葉全体が黄変～黄紅変しつつ、早期落葉を起こす。

〈メ モ〉 主に罹病残渣（子座）で越冬し、春季に分生子を新生して、第一次伝染源になると思われる。分生子が雨風で伝播する。農薬登録（「樹木類」）がある。p *010* 参照。

◆葉脈に沿って褐変腐敗し、やがて乾固して枝葉枯れとなる 〔堀江〕

トウカエデ 首垂細菌病（くびたれさいきん）

(*Erwinia* sp.) 細 菌

〈症 状〉 4月下旬から、新葉の葉脈に沿って褐色水浸状の小斑が連続して生じ、すぐに葉身と葉柄が黒褐変・腐敗し、当年生の緑枝も罹病して湾曲し、罹病部位には菌泥が滲出する。若枝は腐敗・乾燥して、著しい落葉を起こし、激発するとほとんどの葉を振るい、細枝は枯死し、若木の株枯れも起こす。

〈メ モ〉 直近では、1980年前後から数年にわたり、全国のトウカエデ街路樹に激しい被害を生じた。トウカエデ以外では、本病による被害の記録はない。伝染環は不詳。

カエデ類 黒紋病・小黒紋病

（*Rhytisma acerinum* = 黒紋病；写真左
R. punctatum = 小黒紋病；同右）　子嚢菌類

〈症 状〉 7～8月頃、葉にはじめ褪緑色～淡黄色の斑点を生じ、のち葉表に光沢のある黒色・円盤状物（子座）を形成する。黒紋病の子座は単独・大型で、やや盛り上がり、径数 mm ないし 10 mm 前後、小黒紋病の子座は径 1 - 2 mm 程度の小型で、多数が不整円状に形成される。病葉は長く着生する。

〈メ モ〉 病落葉（子座）で越冬し、春季には子座表面に放射状の裂け目ができ、子嚢胞子が放出されて、空気伝染すると思われる。

◆葉に特徴的な黒色・円盤状物を生じる　〔周藤，金子〕

カエデ類 胴枯病

（*Diaporthe pustulata*）　子嚢菌類

〈症 状〉 6月頃から、枝幹にやや凹んだ楕円斑を生じ、盛夏期に萎凋や枝・幹枯れが目立つ。春～夏季、患部に分生子殻・子嚢殻の突起が多数現れ、湿潤時に白色～淡黄色の紐状物（分生子の粘塊）を押し出す。また、患部の樹皮を剥ぐと、材部には黒色帯線に囲まれた、白色の不整斑が形成されている。

〈メ モ〉 剪定痕・害虫の食害痕などから感染し、寒害・乾燥害も発生を助長する。ヤマモミジ系品種に発生が多い。分生子が雨滴により伝播し、子嚢胞子は空気伝染する。

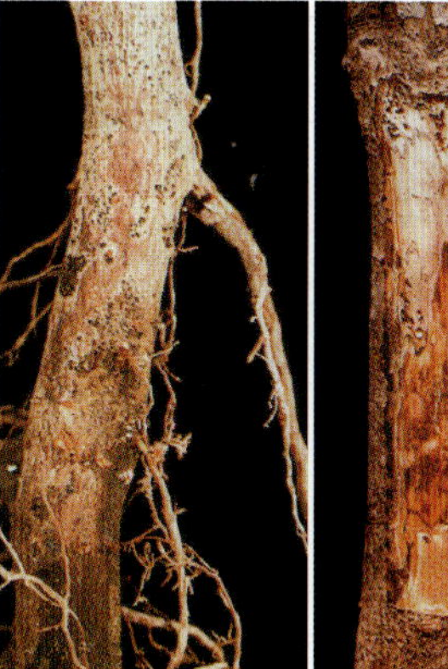

◆枝幹に病斑が伸展；小黒粒点を多数生じ、樹皮下には帯線が現れる　〔周藤〕

カエデ類 ビロード病

（*Aceria aceris*）　フシダニ

〈症状・メモ〉 5～6月頃から、葉表に褪色斑を生じるが、その裏側はやや凹み、黄色で絨毛（ビロード）状に毛羽立って見える。これはフシダニ類の吸汁行動によって、表皮細胞の細胞壁が、毛茸様に著しく膨大しながら伸張・密生したものである。盛夏期～秋季には、ビロード状物は褐色を帯び、老化・衰退する。樹勢にはあまり影響しないが、多発すると目立つ。生態等の詳細は不明。なお、フシダニ類による類似症状の一部は、カシ類ビロード病（p *068*）などと命名されている。

◆葉裏に絨毛状物を生じ（左）、古い患部は排泄物で汚れる（右）　〔金子〕

◆葉に小褐斑を多数生じ、病斑上に小黒粒点を散生する 〔堀江〕

ハナノキ 褐色円斑病

(*Phyllosticta minima*) 子嚢菌類

〈症 状〉 梅雨期頃から発生し始め、秋季に拡がる。葉表に暗褐色の小斑を生じ、のち中央部が淡褐色、周辺部は暗褐色、円形～不整円形、径 5 mm 程度となる。病斑上に、小黒粒点（分生子殻）を散生、あるいは中心部に群生する。多発すると早期落葉を起こす。

〈メ モ〉 湿潤時、成熟した分生子の粘塊が押し出される。越冬方法や第二次伝染の詳細は不明であるが、病落葉上の分生子殻が第一次伝染源になると思われる。生育期にも、分生子は雨滴の飛沫とともに伝播・発病する。

◆葉に紅色の斑点を生じ、その表裏をすすかび状物が被う 〔堀江〕

ナンテン 紅斑病

(*Pseudocercospora nandinae*) 子嚢菌類

〈症 状〉 6 月頃から、葉の縁部および中央部に、はじめ紅色～褐色の小斑を生じ、のち暗紅色～暗褐色、周辺付近が黄緑色のぼかし状で、径 5 - 10 mm 程度の不整円斑～不整斑となる。しばらくすると、病斑の表裏に、すす点（子座）が多数現れ、暗灰緑色のすすかび状物（分生子の集塊）で被われる。やがて病斑周辺から黄化・紅化し、落葉する。

〈メ モ〉 着生病葉（子座等）で越冬する。分生子は雨滴によって分散・伝播する。農薬登録（「樹木類」）がある。p *010* 参照。

◆葉にモザイク・よじれ・糸葉などの奇形症状を呈する 〔堀江〕

ナンテン モザイク病

(キュウリモザイクウイルス；CMV) ウイルス

〈症 状〉 感染株は上位の小葉に、緑色・黄緑色・赤紫色などの濃淡の小斑が入り交じったモザイク症状が現れ、加えて、しばしば新出した小葉全体がよじれたり、細葉・へら葉などの奇形を呈する。激しい場合は生育が抑制されるが、株枯れを起こすことはない。

〈メ モ〉 きわめて多犯性。アブラムシ類により非永続伝搬される。伝染源は他種の植物を含めた周辺の感染株。病株は発見しだい抜き取り処分する。アブラムシ類を対象にした農薬登録（「樹木類」）がある。p *020* 参照。

ヒイラギナンテン 炭疽病

（*Colletotrichum gloeosporioides*）　子嚢菌類

〈症 状〉 6 月頃から、葉の日焼け痕・剪定痕など障害部に、中央が灰緑色～灰白色、周縁が暗褐色～紫褐色、長径 15 mm 程の大型病斑を生じ、病斑周辺から黄化する。病斑上に小黒粒点（分生子層）を散生し、湿潤時には淡橙色の粘塊（分生子塊）が現れる。

〈メ モ〉 多犯性。主に着生病葉（子嚢殻・分生子層）で越冬後、春季に子嚢胞子や分生子が第一次伝染源となる。生育期には、分生子が雨滴の飛沫によって分離・伝播する。農薬登録（「樹木類」）がある。p *015* 参照。

◆葉に周囲が明瞭な病斑を生じ、小黒粒点を全面に散生する　〔堀江〕

ホソバヒイラギナンテン うどんこ病（*Erysiphe berberidicola*）

子嚢菌類

〈症 状〉 夏～秋季、葉の両面に、はじめ白色粉状の菌叢を円状に生じ、のちに菌叢は葉の表裏全面、および緑枝までを被い、遠くからも目立つ。秋遅くになると、菌叢上に小黒粒点（閉子嚢殻）を多数形成することがある。

〈メ モ〉 着生病葉（菌叢）で越冬し、春季に越冬菌叢の周辺から、白粉状の菌叢が進展することが確認されている。また、閉子嚢殻が第一次伝染源になる可能性もある。分生子が空気伝染し、かつ菌叢が伸延して拡がる。農薬登録（「樹木類」）がある。p *004* 参照。

◆葉に円状の白色菌叢を生じ、のち枝葉全体を被う　〔星〕

キンモクセイ 先葉枯病

（*Phomopsis* sp.）　子嚢菌類

〈症 状〉 主に秋季、葉先から基部に向かって黄緑色～淡褐色の褪色斑が進展し、越冬後に灰褐色～灰白色となり、周縁は暗褐色の帯で縁どられ、周辺は黄化する。病斑の主に表側に、灰黒色の小黒点（分生子殻）を多数生じる。春先以降の湿潤時、分生子殻上に白色～淡白黄色の粘塊（分生子塊）が現れる。病葉は 5 ～ 6 月に落下するものが多い。

〈メ モ〉 着生病葉（分生子殻）で越冬後、殻から分生子が表面に押し出され、雨滴の飛沫によって伝播すると思われる。

◆葉先から褪色斑が進展し、小黒粒点を全面に生じる　〔堀江〕

◆葉に不整角斑を生じ、表裏にすすかび状物を形成する　〔堀江〕

トネリコ 褐斑病

(*Pseudocercospora fraxinites*)　子嚢菌類

〈症 状〉梅雨期頃、葉に淡褐色～暗褐色、径 5 - 8 mm 程度の不整角斑を生じる。さらに拡大融合して大型不整斑となり、葉枯れ症状を起こし、葉縁から巻き込むこともある。病斑の表裏両面に、暗灰色のすすかび状物（分生子の集塊）が生じる。早期落葉する。

〈メ モ〉広範なトネリコ属に発生する。罹病残渣（子座）で越冬後、春季に分生子を新生し、第一次伝染源になる。生育期にも、分生子が雨滴の飛沫により分離・伝播する。多湿環境が病勢を進展させる。p *010* 参照。

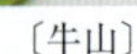

◆葉に緩やかな輪紋をもつ、褐色の不整円斑を生じる　〔牛山〕

ネズミモチ 斑紋病

(*Cercospora ligustri*)　子嚢菌類

〈症 状〉初夏～秋季、葉に茶色～暗褐色、周縁が黒褐色・細帯状の小斑を生じ、拡大すると、径 8 - 15 mm 程度の不整円斑となり、同心円状の輪紋が形成される。病斑裏面は黄茶色で、同じく茶色い濃淡の輪紋がある。のち病斑の主に裏側に、暗オリーブ色のすすかび状物（分生子の集塊）を生じる。

〈メ モ〉トウネズミモチにも発生する。着生病葉（子座）で越冬後、春季に分生子を新生し、第一次伝染源になると思われる。分生子が雨風によって伝播する。p *010* 参照。

◆葉に不整斑が多数生じ、表側にすすかび状物が散生する　〔総診〕

ヒトツバタゴ 斑点病　子嚢菌類

(*Pseudocercospora chionanthicola*)

〈症 状〉梅雨後期頃から、葉に褐色の小斑点を生じ、のち中央部は淡灰褐色～灰褐色となり、周囲が褐色～暗褐色に縁どりされる。さらに拡大融合しつつ、径 10 - 20 mm 程度の不整形となる。やがて主に病斑の表側全面に灰緑色のすすかび状物（分生子の集塊）を形成する。その後、病斑の周辺から黄変～褐変が進行して、早期落葉を起こす。

〈メ モ〉罹病残渣（子座）で越冬し、第一次伝染源になる。生育期にも、分生子が雨滴の飛沫とともに伝播する。p *010* 参照。

ライラック うどんこ病

(*Erysiphe syringae-japonicae*)　子嚢菌類

〈症 状〉夏季から、葉の表裏に白色粉状の薄い菌叢を円状に生じ、のち菌叢は厚くなって葉・幼枝などを被う。やがて病葉は生気を失い、かつ菌寄生菌の発生で、菌叢が灰色を帯びて見え、一層景観を損ねる。10 月下旬頃から、菌叢上には、小黒粒点（閉子嚢殻）が多数散生または群生する。

〈メ モ〉ハシドイ属に広く発生。病落葉や病枝に付着した閉子嚢殻が、第一次伝染源になると思われる。分生子が空気伝染する。少雨条件で多発する傾向がある。p *004* 参照。

◆葉に白色菌叢を生じ、秋季に小黒粒点が全面に現れる　〔堀江〕

ライラック 褐斑病（かっぱん）

(*Pseudocercospora lilacis*)　子嚢菌類

〈症 状〉梅雨後期頃から、葉に淡褐色の小斑を生じ、のちに淡褐色～褐色、径 5 - 10 mm 程度の不整円斑～不整角斑となる。病斑の表裏両面に、オリーブ灰色のすすかび状物が現れる。多発した場合には、病葉が軽い萎凋症状を呈しつつ、縁から巻き込み、のちに早期落葉を起こすことがある。

〈メ モ〉ハシドイ属に発生。罹病残渣（子座等）での越冬は未確認で、伝染環は不詳。生育期には、分生子が雨滴により分散・伝播する。湿潤下で蔓延が早まる。p *010* 参照。

◆葉に淡褐色の不整斑を生じ、表裏をすすかび状物が被う　〔堀江〕

レンギョウ 褐斑病（かっぱん）

(*Pseudocercospora forsythiae*)　子嚢菌類

〈症 状〉梅雨期頃から、葉に茶褐色～暗褐色で、径 5 - 10 mm 程度の不整円斑～不整角斑を生じ、しばしば緩やかな同心状環紋を形成する。やがて病斑表側には、茶褐色のすすかび状物（分生子の集塊）を生じるが、裏側では分生子が集塊にならず、淡緑灰色・粉状に見える。病葉は黄褐変し、早期落葉する。

〈メ モ〉罹病残渣（子座）で越冬後、春季に新生した分生子が第一次伝染源となる。生育期にも、分生子が雨滴で分散・伝播する。農薬登録（「樹木類」）がある。p *010* 参照。

◆葉に明瞭な褐斑を生じ、表側にすすかび状物を形成する　〔堀江〕

◆葉に薄墨色～黒色の不整斑紋を生じ、白色菌叢が薄く被う 〔堀江〕

コブシ うどんこ病

(*Erysiphe magnifica*) 子嚢菌類

〈症 状〉 7月頃、葉表に黄色～褪緑色で、周縁が不明瞭な不整円斑を生じ、その裏側は径3‐5 mm程度、薄墨色～黒色、まだら状ないし不整斑紋となる。秋季、葉裏に白色～灰白色の薄い菌叢が現れ、葉表の黄褐斑部にも白色菌叢が拡がる。晩秋に小黒粒点（閉子嚢殻）を生じる。病葉は早期落葉を起こす。

〈メ モ〉 罹病残渣（閉子嚢殻）で、あるいは菌糸が芽に潜伏・越冬し、第一次伝染源になると思われる。分生子は空気伝染する。少雨期に多発する傾向がある。p *004* 参照。

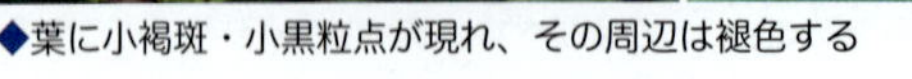

◆葉に小褐斑・小黒粒点が現れ、その周辺は褪色する 〔堀江〕

コブシ 斑点病

(*Phyllosticta kobus*) 子嚢菌類

〈症 状〉 6月頃、葉に暗褐色～褐色の小点を多数生じ、病斑が拡大しない状態で、その中央部分に、丘状に盛り上がった小黒粒点（分生子殻）を単生または数個群生する。その後分生子殻の周辺部は褪色、ないし黄変～褐変する。また、拡大した病斑にも、分生子殻が散生あるいは群生する。病斑が多いと、葉枯れ症状を呈して、のち早期落葉を起こす。

〈メ モ〉 罹病残渣（分生子殻）で越冬し、春季に分生子が伝播すると思われるが、第二次伝染等を含め、伝染環は不詳である。

◆葉表の厚い白色菌叢は限定的で、薄墨色の斑紋が拡がる 〔堀江〕

ユリノキ うどんこ病

(*Oidium* sp.) 子嚢菌類

〈症 状〉 7月頃、葉表に黄色～褪緑色の不整円斑を生じ、その裏面に薄墨色～黒色で、染み状のまだら斑紋・輪紋を多数生じる。秋季には、表側の黄褐斑部を中心に、白色～灰白色の厚い菌叢が現れる。やがて菌叢は葉全体に拡がるが、厚い菌叢は当初の病斑上に限られることが多い。早期落葉を起こす。

〈メ モ〉 観察事例から、菌糸の形態で芽に潜伏・越冬し、第一次伝染源となる可能性がある。生育期には分生子が空気伝染する。農薬登録（「樹木類」）がある。p *004* 参照。

アオハダ 黒紋病

(*Rhytisma prini*)　子嚢菌類

〈症 状〉 6～7月頃、葉表に褪緑色～黄色の小斑を多数生じ、やがて中央部分がやや膨らんで、径3・8mm程度の黒色・タール状菌体（子座）を形成する。子座の周囲は葉脈に囲まれた鋸歯状で、周辺は黄化する。発生には年次変動があり、数年間多発して収束を迎え、数年を経て再発生する症例もある。

〈メ モ〉 ウメモドキにも発生。病落葉の子座で越冬後、葉裏全面に線虫がうねるような隆起文様を生じ、4月中旬～5月中旬に成熟して、子嚢胞子が伝播すると思われる。

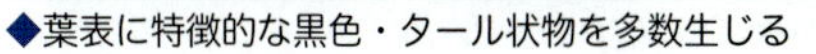
◆葉表に特徴的な黒色・タール状物を多数生じる　〔堀江, 総診〕

ウメモドキ 斑点病

(*Pseudocercospora naitoi*)　子嚢菌類

〈症 状〉 梅雨期から、葉に径5mm前後の淡褐色～暗褐色の不整角斑を生じ、拡大融合して大型病斑となり、ときに葉縁から葉枯れ症状を呈す。病斑の表裏全面に、暗灰色のすすかび状物（分生子の集塊）が形成される。病葉は黄変～紅変し、早期落葉を起こす。

〈メ モ〉 罹病残渣（子座）で越冬し、春季に分生子を新生して、第一次伝染源になると思われる。生育期にも、分生子が雨滴の飛沫によって離脱し、伝播・発病を繰り返す。農薬登録（「樹木類」）がある。p *010* 参照。

◆葉に褐色の不整斑を生じ、表裏にすすかび状物を形成する　〔金子〕

モチノキ 黒紋病

(*Rhytisma ilicis-integrae*)　子嚢菌類

〈症 状〉 梅雨期、当年葉に黄緑色～黄色、径数mm程度の不整円斑を多数生じ、のち表側にやや膨らみ、病斑の表裏には、径数mmで光沢がある黒色・円盤状の菌体（子座・精子器）を形成する。子座の周辺は黄化する。越冬葉上の子座の裏側に亀裂が生じ、黄色の子実層が露出する。樹勢にはほとんど影響しないが、病葉が目立ち、景観上問題となる。

〈メ モ〉 子嚢胞子は4月中旬～5月中旬頃に成熟し、当年葉に伝播する。発生の年次差は大きく、発生が突然収束する事例も多い。

◆葉表に特徴的な黒色・円盤状物を多数生じる　〔堀江〕

◆葉に灰白色の長円斑が連続し、葉枯れを起こす 〔堀江，星〕

シュロ 炭疽病

（*Colletotrichum gloeosporioides*） 子嚢菌類

〈症 状〉 初夏、新展開葉に暗緑色・水浸状の小斑を生じ、葉脈に沿って拡がり、灰白色～淡灰褐色、周囲が褐色～淡褐色、長径 1 - 2 cm 程度の長円斑となり、拡大融合した病斑部から葉折れ・葉枯れを起こす。病斑上には小黒粒点（分生子層）が散生し、湿潤時に桃橙色の粘塊（分生子塊）が押し出される。

〈メ モ〉 着生病葉（分生子層）で越冬し、春季に新生された分生子が、第一次伝染源になる。分生子は雨滴で分散・伝播する。農薬登録（「花き類」）がある。p *015* 参照。

◆葉の病斑上に小黒粒点を散生し、のち病葉は黄褐変する 〔竹内〕

フェニックス類 褐紋病

（*Phomopsis phoenicicola*） 子嚢菌類

〈症 状〉 初夏から、複葉・葉軸および葉柄基部に、淡褐色～褐色で周縁明瞭な、紡錘形～楕円形の病斑を多数生じる。病斑の周辺部から黄化が進み、のちに葉枯れを起こす。さらに病斑の表裏には、小黒点（分生子殻）が散生する。写真はシンノウヤシ。

〈メ モ〉 病原菌はヤシ科植物のみに病原性がある。着生病葉・罹病残渣（分生子殻）で越冬し、また、周辺のヤシ科植物上の菌が伝染源となる可能性もある。α型分生子が雨滴や灌水の飛沫によって飛散・伝播する。

◆葉先から枯れ込み、枯死部に黒色の小粒点を散生する 〔堀江，竹内〕

フェニックス類 炭疽病

（*Colletotrichum gloeosporioides*） 子嚢菌類

〈症 状〉 4～10 月、葉先から基部へと、淡褐色～灰褐色の不整斑が進展する。健全・罹病部の境は茶褐色に縁どられ、その周辺は黄化し、葉枯れは葉軸部にまで拡大する。やがて病斑上には、暗褐色～黒色の小粒点（分生子層）を散生する。写真はシンノウヤシ。

〈メ モ〉 葉擦れの傷部や害虫の食害痕から感染しやすい。多犯性。着生病葉・枯死葉（分生子層）で越冬し、第一次伝染源となる。分生子が雨滴や灌水の飛沫で伝播する。農薬登録（「花き類」）がある。p *015* 参照。

フェニックス類 黒(くろ)つぼ病

(*Graphiola phoenicis* var. *phoenicis*) 担子菌類

〈症 状〉 夏季、葉の表裏、とくに裏側に黒色～灰黒色、椀形～筒形の小突起（胞子堆）を多数生じて、湿潤時には白色～黄白色で、毛状の菌糸束が伸長する。多発すると、病葉は灰緑色となり、生気を失って下垂し、ときに葉枯れを起こす。病葉・枯死葉は長く着生している。カナリーヤシに発生が多い。

〈メ モ〉 着生病葉・罹病残渣（胞子堆）で越冬する。春季、胞子の外側に出芽して生じる担子胞子が、雨滴や灌水の飛沫とともに伝播し、発病を繰り返すと思われる。

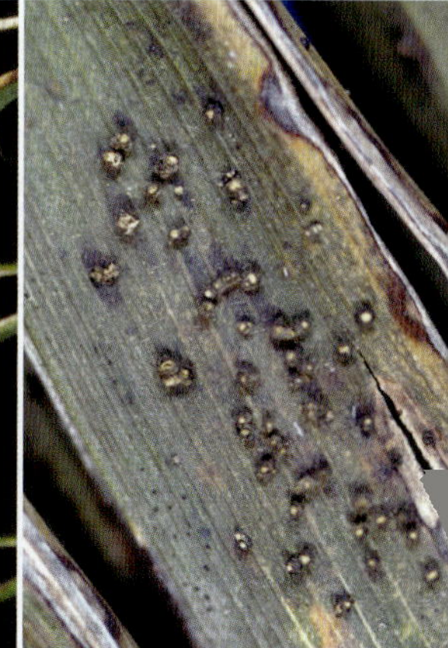

◆葉裏に胞子堆と毛状菌糸束を多数形成する 〔堀江〕

ポプラ 葉(は)さび病

(*Melampsora laricis-populina*) 担子菌類

〈症 状〉 夏季頃、葉裏に黄色～橙黄色の粉状物（夏胞子堆）が生じる。秋季には赤褐色～暗褐色、かさぶた状の冬胞子堆が夏胞子堆に混生し、のち置き替わる。病斑周辺から黄変し、多発すると激しい早期落葉を起こす。

〈メ モ〉 異種寄生性を示し、中間宿主はカラマツ。罹病残渣（冬胞子堆）で越冬後、春季に担子胞子がカラマツへ伝播して生じた銹胞子が、ポプラへ伝染して夏胞子を形成し、ポプラ上で感染・発病を繰り返す。他に、中間宿主が異なる 4 種が発生する。p *011* 参照。

◆葉表に小褐斑を多数生じ、裏側に黄色の粉状物を形成する 〔金子〕

ポプラ マルゾニナ落葉(らくよう)病

(*Marssonina brunnea*) 子嚢菌類

〈症 状〉 梅雨期頃から、葉表・葉柄・幼枝に径 1 - 2 mm 程度の小褐斑が多数生じ、中央部に小黒粒点（分生子層）が形成される。湿潤状態が続くと、分生子層の表皮が破れ、白色の分生子粘塊が押し出される。やがて病葉は黄変するが、感受性系統では激しく落葉するため、7 ～ 8 月には枝先端の新葉を残すだけで、樹冠が透けて見えるようになる。

〈メ モ〉 病枝・病落葉（分生子層）で越冬して、春季に分生子を新生し、第一次伝染源となる。分生子は雨滴により伝播する。

◆葉表に小褐斑を多数生じ、その中央部に白色粘塊が現れる 〔堀江〕

◆葉に特徴的で、不揃いな黒色・円盤状物を生じる 〔金子，堀江〕

ヤナギ類 黒紋病

(*Rhytisma salicinum*) 子嚢菌類

〈症 状〉 夏季、葉の表面に黄色の斑点が散生し、その病斑部には光沢を有する黒色で、径2‐10 mm、厚さ1‐3 mm程度の不整円盤状物（子座）を形成する。病葉は長い期間枝に着生している。樹勢にはほとんど影響しないが、多発した場合には、遠くからも目立つので、景観を著しく損ねる。

〈メ モ〉 罹病残渣（子座）で越冬する。春季には、子座の裏側に子嚢盤が形成され、5～6月に成熟して、子嚢胞子が放出され、空気伝染により感染・発病を起こす。

◆葉や茎に黄色の夏胞子堆が多数形成され、やがて葉枯れを起こす
（左：セッカヤナギ　右：シダレヤナギ） 〔堀江〕

ヤナギ類 葉さび病

(*Melampsora* spp.) 担子菌類

〈症 状〉 5～6月頃から、葉の表裏に小黄斑を多数生じ、中央付近に黄色～橙黄色の粉状物（夏胞子堆）が現れる。幼枝や花穂にも菌体を生じる。秋季には夏胞子堆が消失し、葉の表裏の表皮下に赤褐色～黒褐色、径1‐2 mm程度で、かさぶた状の冬胞子堆に置き替わる。病葉は黄変し、早期落葉を起こす。

〈メ モ〉「病名目録」には *Melampsora* 属13種が記録され、うち数種はキケマン属やカラマツを中間宿主とする。一部の種は、夏胞子堆での越冬が実証されている。p *011* 参照。

◆細枝に形成された瘤の症状

◆瘤の断面 〔堀江〕

ヤマモモ こぶ病

(*Pseudomonas syringae* pv. *myricae*) 細 菌

〈症 状〉 夏季、幼茎枝に表面が平滑で、淡褐色～ベージュ色の小瘤を生じる。これは年々肥大し、表層部が褐色～黒褐色に変わり、表面には多数の亀裂・凹凸が現れて癌腫状となる。瘤の断面観察では、植物組織が増生・肥大して、瘤状になっているのが分かる。瘤が極度に肥大すると、その上部の枝葉は徐々に衰弱し、ときには枯死する。また、患部はもろくなり、枝折れが起こりやすい。

〈メ モ〉 伝染環は不詳であるが、病苗が遠隔地に植栽され、分布を拡げたと思われる。

ユズリハ 裏すす病
（*Trochophora simplex*）　子嚢菌類

〈症 状〉春季、新葉の表側に黄緑色・黄色や橙黄色～褐色の小角斑が多数生じ、のち相互に融合して不整角斑となる。病斑の裏側全面には、すす状の毛羽立った菌体（分生子柄束と分生子）が現れて、薄墨色・赤褐色～黒褐色に見える。病葉はしだいに黄変しつつ、落葉を起こす。写真はヒメユズリハ。

〈メ モ〉着生病葉・病落葉（分生子柄束）で越冬し、春季に分生子が新生され、第一次伝染源になると思われる。生育期には分生子が雨風によって伝播・発病し、蔓延する。

◆葉表に黄色の小角斑を生じ、裏側にすす状物を密生する　〔堀江〕

ユズリハ 褐斑病
（*Pseudocercospora daphniphylli*）　子嚢菌類

〈症 状〉7月頃から、葉表の周縁部ないし中央部に灰褐色～褐色で、周囲が濃紫褐色の円形～不整形病斑を生じ、葉裏は暗褐色～紫褐色を呈する。のちに径15 mm 程度まで拡大融合して、葉枯れ状となる。主に葉表の病斑上に、緑灰色～灰色のすすかび状物（分生子の集塊）を生じる。病葉は長く着生する。

〈メ モ〉ヒメユズリハにも発生。主に着生病葉（子座）で越冬後、新生の分生子が第一次伝染源になる。分生子は雨風で伝播する。湿潤条件下で蔓延が早まる。p *010* 参照。

◆葉の表裏に不整褐斑を生じ、主に表側にすすかび状物を形成する（左と中の写真は同一葉の表裏）　〔堀江〕

ユズリハ 炭疽病
（*Colletotrichum* sp.）　子嚢菌類

〈症 状〉梅雨期後半から、葉に褐色～茶褐色の楕円斑～不整斑を生じ、拡大すると中央が淡灰褐色～灰白色、周縁が濃褐色となる。病斑の主に表側に、暗褐色～黒色の小粒点（分生子層）が多数現れる。のち病斑周辺は褪色して葉枯れを起こす。日焼け部や害虫の食害痕、葉擦れ痕等から発病することが多い。

〈メ モ〉着生病葉・病落葉（分生子層）で越冬後、新生された分生子が第一次伝染源になると思われる。分生子は雨風で伝播する。降雨が発病・蔓延を助長する。p *015* 参照。

◆葉の日焼け部位上に発生した病斑（小粒点は分生子層）　〔堀江〕

◆葉に灰褐色の不整斑を生じ、すすかび状物が毛羽立つ 〔堀江〕

ニワトコ 斑点病（はんてんびょう）

（*Pseudocercospora depazeoides*） 子嚢菌類

〈症 状〉梅雨期頃から、葉に褐色、径 1 - 2 mm 前後の小斑点を生じ、のちには灰褐色の不整角斑となる。さらに拡大融合すると、径 30 mm ほどに及ぶ。病斑の表裏には、褐色～緑褐色のすすかび状物（分生子の集塊）が毛羽立つ。古い病斑はしばしば破れて孔が空く。うどんこ病と併発する症例も多い。

〈メ モ〉病落葉（子座）で越冬後、そこに新生された分生子が、第一次伝染源になると思われる。分生子は雨風により伝播する。多湿環境が病勢を進展させる。p *010* 参照。

◆葉に灰褐色の不整斑を生じ、表側にすすかび状物を形成する 〔堀江〕

ヤブデマリ 褐斑病（かっぱんびょう）

（*Cercospora tinea*） 子嚢菌類

〈症 状〉梅雨期の後半頃から、葉にはじめ褐色の小斑点を生じる。徐々に拡大して葉脈に緩く区切られ、中央部が灰褐色で、周囲が暗褐色に縁どられた、径 5 - 10 mm 程度の不整角斑となって、その周辺は滲むように湿潤する。病斑の両面、とくに表側に、緑灰色～暗緑色の分生子の集塊を群生する。

〈メ モ〉ガマズミ類にも発生が見られる。罹病残渣（子座）で越冬後、新生された分生子が第一次伝染源になると思われる。分生子は雨風で伝播・蔓延する。p *010* 参照。

◆葉に多数の小不整斑が生じ、病斑上に小黒粒点が現れる 〔竹内〕

ロウバイ 炭疽病（たんそびょう）

（*Colletotrichum gloeosporioides*） 子嚢菌類

〈症 状〉初夏頃から、葉に暗褐色・水浸状の小不整斑を多数生じ、病斑周辺から徐々に黄化する。病斑は拡大融合し、葉全体が黄変や葉枯れ症状を呈する。病斑の中央部は灰褐色で、小黒粒点（分生子層）を散生する。

〈メ モ〉栽培品種‘ソシンロウバイ’などに発生。多犯性。病落葉（分生子層）で越冬して、春季に新生する分生子が第一次伝染源となる。周辺の罹病した他植物から感染する可能性もある。分生子が雨風で伝播する。降雨が発病・蔓延を助長する。p *015* 参照。

Ⅲ

草花・地被植物の主な病害

◆葉表に小黄斑を多数生じ、裏側に冬胞子堆を現す 〔星，左下：堀江〕

タチアオイ さび病

（*Puccinia malvacearum*） 担子菌類

〈症 状〉 6月頃から、葉表に径1‐2 mmの小黄斑を多数生じ、その裏側は黄褐色に膨らみ、のちに表皮は破れ、黄褐色〜赤褐色・ビロード状の冬胞子堆が現れる。茎では紡錘形の胞子堆となる。多発時には、胞子堆の周辺から黄変し、葉枯れや早期落葉を起こす。

〈メ モ〉 冬胞子のみを生じる。冬胞子は成熟後に高湿度下で発芽し、担子胞子を形成して雨滴伝染する。罹病残渣（冬胞子堆）または植物組織（菌糸）で越冬すると思われる。降雨が続くと蔓延しやすい。p *011* 参照。

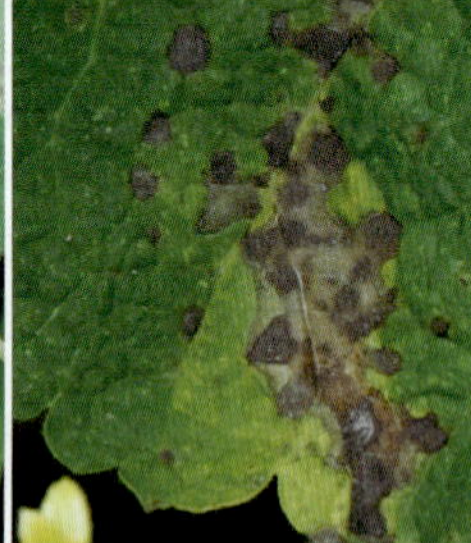

◆葉に灰褐色の不整角斑（小斑が拡大融合）を生じる 〔牛山，堀江〕

タチアオイ 斑点（はんてん）病

（*Cercospora althaeina*） 子嚢菌類

〈症 状〉 梅雨期頃から、葉にはじめ多数の褐色小斑を生じ、のち拡大しつつ葉脈に区切られ、灰褐色（周縁は暗褐色）の不整角斑となる。病斑の表裏全面に、灰褐色のすすかび状物（分生子の集塊）を形成する。多発すると病斑周辺から黄変し、のち落葉する。茎では楕円形ないし紡錘形の縦長病斑となる。

〈メ モ〉 罹病残渣（病斑上の子座）あるいは植物組織内に菌糸の形態で越冬し、第一次伝染源となる。生育期には分生子が雨滴の飛沫で分散し、伝播・発病する。p *010* 参照。

◆植栽地では茎葉の集団枯死を起こし、菌核を多数形成する 〔堀江〕

ポピーマロー 白絹（しらきぬ）病

（*Sclerotium rolfsii*） 担子菌類

〈症 状〉 梅雨期（開花初期）頃から、茎葉が腐敗し始め、植栽地では処々に集団で褐変が生じて、盛夏期に“坪枯れ”を起こす。地際部の茎葉には、白色絹糸状の菌糸束がからみ付き、菌叢上に白色（未熟）のち茶褐色、類球形〜卵形で、ナタネ種子状の菌核が多数形成される。なお、常発地では、6月中旬には周辺株へ進展しているのが観察される。

〈メ モ〉 きわめて多犯性。菌核が土中に永存して伝染源となり、菌糸により伝播する。土壌の高温多湿で蔓延が早まる。p *012* 参照。

ペンタス 葉腐病

(*Rhizoctonia solani*)　担子菌類

〈症 状〉梅雨期、高温・湿潤条件下で、葉に暗緑色、水浸状の腐敗を呈し、すぐに軟弱な枝まで拡がる。病葉はくもの巣状の菌糸で綴られ、病茎枝には白色〜淡褐色の菌糸塊を生じる。湿潤状態が継続すると、葉の褐変・垂下・腐敗が激発し、着花も妨げられる。被害が軽微な場合は、梅雨明けの頃から新たに出葉して、草姿を回復することが多い。
〈メ モ〉多犯性。土壌伝染し、罹病残渣（菌核・菌糸）で長く生存して伝染源となる。菌糸が伸延して侵入・感染する。p *007* 参照。

◆葉が水浸状に変色・腐敗し、やがて伸延した菌糸に綴られる　〔堀江〕

アリッサム べと病

(*Hyaloperonospora lobulariae*)　卵菌類

〈症 状〉春・秋季（育苗期〜開花期）、はじめ葉表に周縁不明瞭で、不整状の褪色斑〜黄斑が現れる。その裏側には、白色の粉状・霜状物（分生子柄・分生子）が密生する。茎にも同様の病斑と菌体を生じる。患部と健全部の生育の差異から、病枝葉はよじれることが多く、罹病部位はやがて褐変枯死する。
〈メ モ〉湿潤条件下で発生しやすい。有性世代（卵胞子等）は未記録で、伝染環についても不詳。生育期には、分生子が雨滴等で飛散し、直接発芽して感染・発病する。

◆葉に黄斑を生じ、その裏側に白色霜状の菌叢が密生する　〔小野〕

ストック 萎凋病

〔*Fusarium oxysporum* f. sp. *conglutinans*〕　子嚢菌類

〈症 状〉主として、秋季の定植後と春季の開花期に、症状が顕在化する。はじめ下葉の基部近くが、部分的に網目状に褪色ないし黄変する。やがてこの症状が葉全体に拡がり、さらに上葉へ進展して、茎葉全体が萎凋・黄褐変し、ついには葉枯れ・株枯れを起こす。被害株の葉柄・茎・根の導管部は褐変する。
〈メ モ〉キャベツ等の萎黄病菌と同一分化型で、相互に伝染源となる。厚壁胞子が土壌中で長期間生存して伝染源となり、根の傷部などから侵入・感染する。

◆下葉に網目状の黄変が現れ、のち葉枯れや株枯れに至る　〔星〕

◆茎葉は萎凋し、患部に白色菌叢や黒色菌核を形成する

〔堀江，折原，小野〕

ストック 菌核病（きんかくびょう）

（*Sclerotinia sclerotiorum*） 子嚢菌類

〈症 状〉春季（開花期頃）、茎葉に暗緑色で水浸状の小斑を生じ、拡大して暗灰色～褐色の病斑となる。患部には白色で綿毛状の厚い菌叢を生じ、茎患部から上方は萎凋・枯死する。やがて黒色、長径 5 - 10 mm ほどの菌核が菌叢に被われるように、あるいは茎内（髄部）に形成される。他方、菌糸が隣接株に伸延して伝染する症例もある（第二次発病）。

〈メ モ〉多犯性。菌核が土壌中で長く生存して、第一次伝染源となる。冷涼多湿下で発生しやすい。農薬登録がある。p *006* 参照。

◆葉に小円斑、茎に不整斑を生じ、すす状物に被われる 〔高野〕

ストック 黒斑病（こくはんびょう）

（*Alternaria japonica*） 子嚢菌類

〈症 状〉秋・春季、葉に水浸状で円形～長円形、径 1 - 3 mm の小斑を生じ、しばらくすると、中央部が淡褐色に変わる。ときに同心輪紋をもつ。高湿度条件下では、病斑の中央付近全体に、黒色のすす状物（密生する分生子柄・分生子）が粉状に形成される。育苗期には、茎にも発生して、苗枯れを起こす。

〈メ モ〉罹病残渣（子座等）で越冬し、春季に新生された分生子が降雨等で飛散し、感染する。アブラナ科野菜にも寄生し、相互に伝染する。農薬登録（「花き類」）がある。

◆葉に淡褐色でやや凹んだ小円斑を多数形成する 〔堀江〕

ストック 炭疽病（たんそびょう）

（*Colletotrichum higginsianum*） 子嚢菌類

〈症 状〉春・秋季、育苗期から発生する。下葉にはじめ不鮮明な 1 - 2 mm 程度の小円斑を生じ、やがて 2 - 5 mm 程度、淡褐色でやや凹み、周縁が明瞭な小円斑となる。病斑が多発・融合すると、葉枯れ症状を呈する。

〈メ モ〉罹病残渣（分生子層）で越冬し、春季に分生子を新生して、伝播する。周辺のアブラナ科野菜の病斑上の分生子が、相互に伝染源となる。さらには生育期にも、分生子が雨滴によって分散し、伝播・蔓延する。農薬登録（「花き類」）がある。p *015* 参照。

ハボタン 黒腐病（くろぐされ） 細菌

（*Xanthomonas campestris* pv. *campestris*）

〈症 状〉 9月頃から、葉に暗緑色・水浸状の小斑点が現れ、すぐに灰白色で、周辺が黒褐色、3-5 mm 大の不整斑となる。しばしば葉縁部を起点として、黄色〜褐色、V字状〜くさび状の病斑が拡がる。しばらくすると、病斑部は乾枯して破れ、抜け落ちる。

〈メ モ〉 品種間に、感受性の差異が顕著。アブラナ科植物に広く発生する。罹病残渣で土壌中に生存して第一次伝染源となる。生育期には病原細菌が雨滴で飛び散り、葉の水孔や強風による擦れ痕から侵入・感染する。

◆葉縁からV字状〜くさび状に黄化・褐変することが多い 〔堀江，星〕

ムラサキハナナ 黒斑病（こくはん） 子嚢菌類

（*Alternaria japonica*）

〈症 状〉 春季、葉に周囲が水浸状で、灰褐色の不整円斑を生じ、中心部は同心輪紋を呈する。病斑の周辺は黄変し、病斑部は乾固して破れやすい。茎では縦長・長円形、周囲が濃褐色の褐斑となる。開花期以降に下葉から枯れ上がる。秋季の育苗期にも発病が顕著に見られ、病苗を定植すると被害が大きい。

〈メ モ〉 罹病残渣（子座）で越冬し、周辺のアブラナ科野菜上の分生子とともに、第一次伝染源となる。分生子は雨風によって伝播する。多湿環境が病勢を進展させる。

◆葉に水浸斑を生じて周辺が黄化し、茎は褐変する 〔堀江，高野〕

ジャーマンアイリス 黒斑病（こくはん） 子嚢菌類

（*Cladosporium iridis*）

〈症 状〉 4〜5月、湿潤状態が続くと、葉に暗緑色・水浸状の小斑を多数生じ、すぐに淡褐色〜灰褐色、周縁が水浸状で、長さ5 mm ほどの楕円斑〜紡錘斑となる。病斑が拡大融合すると、周辺部が黄褐変し、患部から上方が枯れて垂下する。病斑中央部には黒色・すすかび状物（分生子集塊）が密生する。多発した場合は花立ちも悪くなる。

〈メ モ〉 さび斑病とは発生時期、初期病徴や病斑上の菌体で区別できる。罹病残渣（子座等）で越冬し、分生子が飛散・伝播する。

◆葉に水浸斑が多発し、のち拡大融合して葉枯れを起こす；
右下：病斑上にすすかび状物を形成する 〔堀江〕

◆葉に黄色のぼかしがある楕円斑を生じ、すす状点を輪生する 〔堀江〕

シャガ さび斑病

（*Alternaria iridicola*） 子嚢菌類

〈症 状〉 5月頃～秋季、葉に褐色、長円形～紡錘形の斑点を生じ、周辺部は黄変する。しだいに拡大融合して大型病斑となり、淡褐色～褐色の同心斑紋を形成する。病斑部から先方は黄変し、しばしば病斑部で葉折れを起こす。病斑上に、黒色のすす状点（子座・分生子柄・分生子）を輪生～群生する。葉の病斑と黄変により、景観を著しく損ねる。

〈メ モ〉 シャガに広く発生。連続降雨下で蔓延する。罹病残渣（子座等）で越冬後、分生子が雨滴等で分散し、伝染する。

◆葉鞘・茎基部に白色菌糸束が伸延し、菌核が多数生じる〔鍵渡，牛山〕

シャガ 白絹病

（*Sclerotium rolfsii*） 担子菌類

〈症 状〉 6月頃から、地際部の葉鞘・茎部に褪緑色～茶褐色の斑紋を生じ、内部へ腐敗が進展する。茎葉は萎凋、黄変～褐変し、枯死に至る。患部や周辺の土壌表面には、白色で絹糸状の光沢ある菌糸束が伸延し、白色（未熟）のち茶褐色、ナタネ種子状の菌核が多数形成される。しばしば集団枯損を起こす。

〈メ モ〉 きわめて多犯性。菌核は罹病残渣や土壌中で長期間生存できる。菌糸が伸延して次々と近隣株へ感染する。高温期で土壌水分が高い場合に蔓延が早まる。p *012* 参照。

◆下葉が葉脈に区切られるように黄変し、のち葉枯れを呈する 〔牛山〕

シャガ 葉枯線虫病

（イチゴセンチュウ） 線 虫

〈症 状〉 梅雨期の多雨条件下で、とくに寄生が拡がる。はじめ当年葉の下葉に水浸状・不整形の黄斑を生じ、のち縦の葉脈に縁どられた、鮮やかな黄色となる。拡大した場合には葉身全体に拡がり、盛夏期～秋季に寄生した葉身・葉鞘の褐変症状が目立つ。

〈メ モ〉 病因線虫は土壌中の不定芽や、罹病残渣内で生存して発生源になる。湿潤期に葉の内部組織を出て、植物体表面の濡れた部分を伝いながら葉間・株間を移動し、気孔から組織内に再侵入して、吸汁加害を行う。

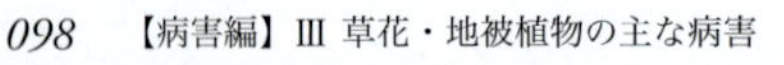

グラジオラス 首腐病（くびぐされ）
（*Burkholderia gladioli* pv. *gladioli*）　細菌

〈症 状〉梅雨期頃から、地際の葉鞘部に赤褐色の小斑点を生じ、のち円形～楕円形で周辺部がやや膨らみ、中央部が凹んだ黒褐色の病斑となる。やがて葉身が黒褐色に腐敗し、病斑の周辺が黄化する。茎・球茎も同様に軟化腐敗し、地際付近から倒伏枯死する。
〈メ モ〉台風・豪雨等により生じた傷部から侵入・発病することが多く、高温多湿条件が続くと、被害が激化しやすい傾向がある。主に保菌球茎が第一次伝染源となるが、罹病残渣とともに土壌伝染も行うと思われる。

◆葉鞘の地際部が褐変腐敗し、基部から倒伏・枯死する　〔高野，堀江〕

グラジオラス モザイク病　ウイルス
（キュウリモザイクウイルス；CMV）

〈症 状〉生育期間を通じ、地上部全身に症状が見られるが、夏季高温期には症状がやや不鮮明になる傾向がある。葉身に緑色濃淡・白斑・かすり等のモザイク症状や、黄色・褪色条斑、輪紋を生じ、葉鞘には壊疽、花弁には斑入り（ふいり）・奇形を発現する。ときに生育が著しく阻害され、葉身の褐変枯死も起こす。
〈メ モ〉病株の栄養繁殖で伝染する（健全球茎を選んで植え付ける）。有翅アブラムシ類によって非永続伝搬される（育苗期に防虫網被覆・殺虫剤散布等を行う）。p *020* 参照。

◆花弁の色抜け症状や葉のかすり・モザイク症状が目立つ　〔堀江〕

ハナショウブ モザイク病
（アイリス微斑モザイクウイルス；IMMV など）　ウイルス

〈症 状〉ウイルス種・植物品種・気象条件等によって症状が異なるが、概観すると、全身感染し、茎葉に条斑・モザイク、濃褐変～黒変壊死、花弁の色抜け・モザイク、生育不均衡や矮化症状、葉枯れ・株枯れを起こす。
〈メ モ〉ときに観賞園での集団枯損が問題となる。病株の栄養繁殖で伝染するほか、有翅アブラムシ類により非永続伝搬される。伝承すべき品種等は、ウイルスフリー株を作出して、隔離保存・増殖を図る。p *020* 参照。

◆葉・花弁にモザイク等を生じ、株の矮化や黄褐変が見られる　〔堀江〕

◆葉鞘咬口部に灰褐色の水浸斑を生じ、葉は黄褐変する　〔堀江，竹内〕

ハナショウブ 紋枯病

(*Rhizoctonia solani*)　担子菌類

〈症 状〉 梅雨期頃、地際部や葉鞘咬口部に暗緑色、水浸状の長円斑～不整斑を生じる。のち葉脈に沿って拡大し、灰褐色、周縁は明褐色、黄色のぼかしをもち、長円形～紡錘形で長径 3 - 5 cm の斑紋となる。湿潤時、進行中の新鮮な病斑上には、淡褐色の菌糸が伸延する。患部から先方は葉枯れを起こす。ときに集団で発生し、枯死葉が目立つ。

〈メ モ〉 イリス類に広く見られ、多発すると景観を損ねる。罹病残渣（菌糸・菌糸塊）で生存し、菌糸で伝播する。p *007* 参照。

◆球茎と地際の葉鞘・葉身が褐変腐敗し、株枯れを起こす　〔星〕

フリージア 球根腐敗病

子嚢菌類

(*Fusarium oxysporum* f. sp. *gladioli*)

〈症 状〉 球茎の茎盤部に、黒褐色の腐敗斑を生じ、湿潤時には白色の菌叢が生え、根部は腐敗・消失する。地上部の茎葉はしだいに萎れ、全体が黄褐変する。罹病球茎を植えた場合には、栽培初期から生育不良となり、葉身の紫褐色化や株枯れを呈する。球茎および葉鞘・葉身の導管部は明瞭に褐変する。

〈メ モ〉 本分化型の宿主は、他に、グラジオラス・クロッカス・チューリップなど。土壌中の罹病残渣（厚壁胞子）あるいは感染・保菌（無病徴）球茎が伝染源となる。

◆地際部から褐変腐敗し、隣接株が次々と倒伏枯死する　〔堀江，牛山〕

フリージア 首腐病

(*Burkholderia gladioli* pv. *gladioli*)　細 菌

〈症 状〉 暖地の露地では 2 ～ 3 月頃に、施設では生育中期頃から発生する。葉鞘の地際部に赤褐色の小斑を生じ、拡大して中央部が黒褐色で若干凹み、周縁が黒色にやや膨らんだ円形～長円形の斑点となる。のち葉鞘全体が黒褐色に腐敗し、内部組織が崩壊する。茎の地際部や球茎にも同様の症状が現れ、やがて軟化腐敗しつつ、倒伏枯死する。

〈メ モ〉 土壌伝染・種球伝染する。他に、グラジオラス（首腐病）・チューリップ（褐色腐敗病）などにも発生する。

フリージア モザイク病　ウイルス

（インゲンマメ黄斑モザイクウイルス；BYMV）

〈症 状〉春季、茎葉では褪緑色・黄色などの小斑を多数生じて、かすり状～モザイク状となり、褐色～黒色の壊死斑や壊死条斑も発現して、葉枯れを起こす。花弁にはモザイクや壊疽斑などが多数形成され、奇形症状を呈する。感染球茎を植えた場合は、生育初期から症状が現れ、茎葉がよじれるとともに、葉の伸展が著しく抑制される。

〈メ モ〉高率に種球伝染するほか、アブラムシ類によって非永続的に伝搬される。他にはCMVも感染する。p *020* 参照。

◆花弁や葉に脱色斑やモザイク・かすり症状などが発現する　〔堀江〕

リモニウム うどんこ病

（*Oidium* sp.）　子嚢菌類

〈症 状〉春季、ロゼット状の根生葉の表裏両面に白色粉状の菌叢が伸延し、抽出した茎枝にも拡がる。菌叢はしだいに拡大融合して葉や茎枝全体を被う。激しい場合には、外葉から枯れ上がり、枝がやや湾曲する。開花期になると、花茎や萼も白色菌叢に被われる。

〈メ モ〉系統・品種間で、感受性差異が大きい。閉子嚢殻は未確認。根生葉上や同組織内で菌糸が越冬し、新葉展開時に伸展すると思われる。以後は分生子が空気伝染する。少雨条件で多発する傾向がある。p *004* 参照。

◆根生葉に白色菌叢が伸展し、かつ茎枝にも蔓延する　〔堀江〕

リモニウム 褐斑病（かっぱん）

（*Cercospora insulana*）　子嚢菌類

〈症 状〉梅雨期頃から、根生葉に水浸状、淡黄褐色の小斑を多数生じ、やがて病斑はやや凹み、周辺部は黄褐色、内部は淡褐色～灰褐色を呈し、円形～類円形、数 mm ～ 1 cm 程度の病斑となる。病斑は拡大融合して葉枯れ状となる。多湿時、主に病斑の表側に、すす状物（分生子の集塊）を密生する。茎や“茎の翼”にも同様の病斑が生じる。

〈メ モ〉罹病残渣（子座）で越冬し、第一次伝染源となる。分生子は雨滴により分散・伝播して、感染を繰り返す。p *010* 参照。

◆葉や茎などに多数の小褐斑とすすかび状物を生じる　〔堀江〕

◆葉や茎に褐斑を生じ、小黒粒点を散生～群生する　〔堀江〕

リモニウム 褐紋病（かつもんびょう）

(*Phomopsis* sp.)　子嚢菌類

〈症 状〉 梅雨期頃から、はじめ茎葉に褐色の小斑を生じ、のちに拡大して大型不整斑となる。病斑上に暗褐色～黒色の小粒点（分生子殻）が散生～群生する。病斑の内部組織も褐変しており、病斑が茎を取り巻くと、その上方は萎凋・枯死する。激しい場合は、地際の茎が侵され、株枯れを起こす。

〈メ モ〉 宿根性のハイブリッド種に発生が確認されている。罹病残渣（分生子殻）で越冬する。分生子殻から押し出された分生子の粘塊が、雨滴によって分散・伝播する。

◆葉の縁や先端部から褐斑が拡がり、小黒粒点が散生する　〔竹内〕

トウチクラン 炭疽病（たんそびょう）

(*Colletotrichum kahawae*)　子嚢菌類

〈症 状〉 梅雨・秋雨期に、葉の周縁部や先端部、葉身の中央部に、灰褐色～暗褐色で輪紋のある不整斑が拡がる。激発時は、植栽全体に葉腐れを生じ、患部は乾燥枯死する。病斑上に小黒粒点（分生子層）が散生され、毛羽立った剛毛を生じる。湿潤時には、層内から桃色の分生子粘塊が押し出される。

〈メ モ〉 罹病残渣（分生子層）で越冬し、第一次伝染源になる。分生子は雨滴・水滴（灌水時）の飛沫で分散・伝播する。多雨・高湿の条件下において発生が多い。p *015* 参照。

◆葉の周縁から褐斑が拡がり、灰色粉状物を豊富に形成する　〔竹内〕

トウチクラン 灰色かび病（はいいろかびびょう）

(*Botrytis cinerea*)　子嚢菌類

〈症 状〉 5月～梅雨期頃に、葉縁部から灰緑色で、水浸状の病斑が進展するが、すぐに褐変腐敗する。また、患部と健全部の生育の差異によって、茎葉にねじれなどの奇形を呈する。茎を病斑が囲むと株枯れを起こす。多湿時には、病斑上に灰色～灰褐色で、粉状の菌体（分生子の集塊）が豊富に生じる。

〈メ モ〉 きわめて多犯性。罹病残渣や有機物で生存し、第一次伝染源となる。周辺の他種罹病植物も感染源となり得る。生育期には分生子が飛散・伝播する。p *017* 参照。

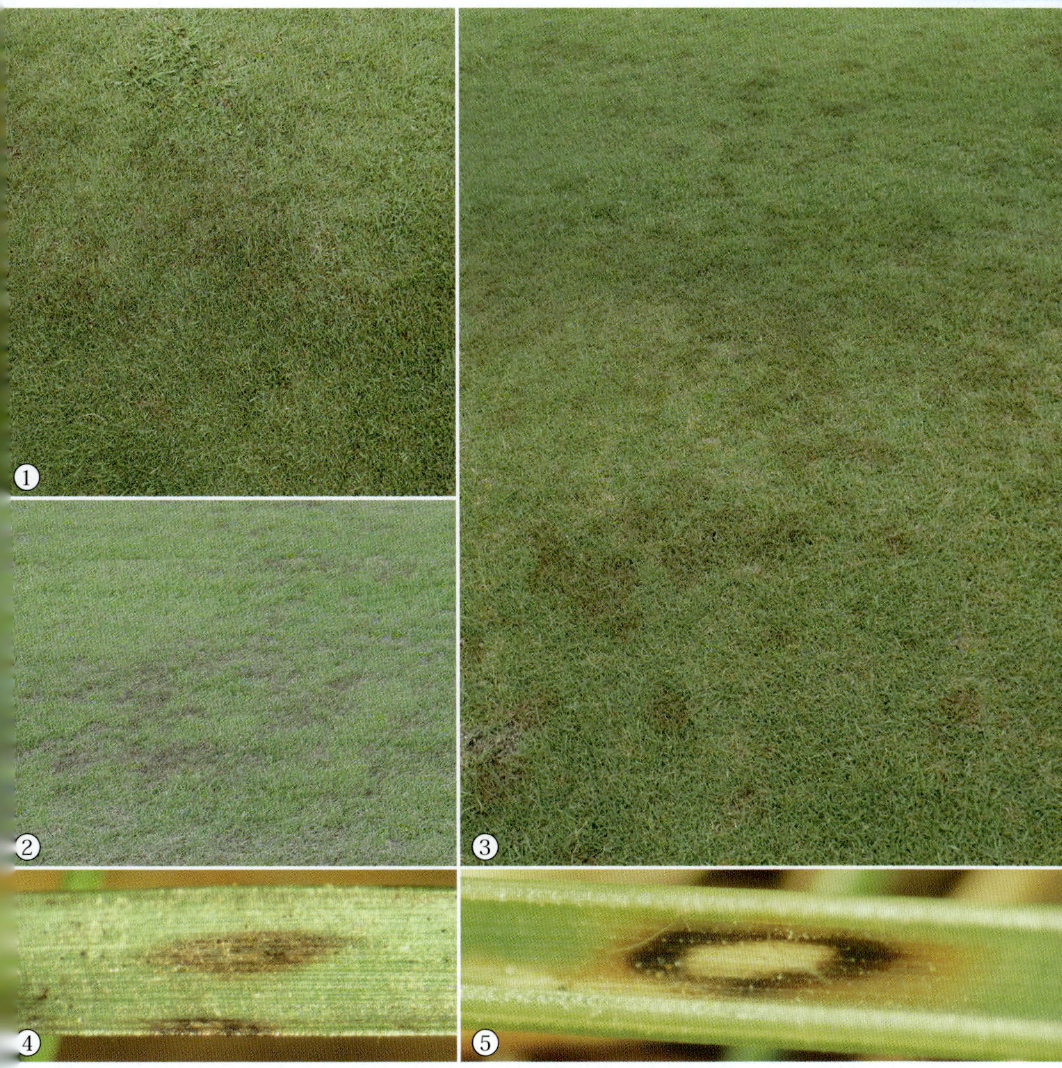

◆①初期の淡褐色パッチ　②褐色パッチ（径5cm程度）が多発した状況　③病勢が進展し、パッチ部分が落ち込む
④⑤葉に紡錘形の褐斑を生じ、のち明瞭に縁どりされ、周辺は黄褐変する　〔田中〕

シバ カーブラリア葉枯病（はがれ）(*Curvularia geniculata*)　子嚢菌類

〈症 状〉梅雨・秋雨期の頃、はじめ葉に褐色の不整斑を生じ、のち拡大して、縦長の紡錘斑となる。病斑周囲は明瞭な黒褐色の帯で縁どられ、その周辺は黄褐変する。やがて葉や葉鞘全体に拡がり、葉枯れを起こす。病斑上には、すす状の菌体（分生子柄・分生子）が形成される。病葉が多くなると、芝生に褐色～黒褐色で、数cm大、円形スポットが発生する。さらに拡大融合して、不整形のパッチ（芝生の罹病部）となる。匍匐茎や冠根も侵される。

〈メ モ〉春・秋季の多雨年に被害が大きい。罹病残渣（菌糸）で腐生的に生存し、春季に分生子を新生して、第一次伝染源となる。分生子は雨滴で分散して伝播する。対策として、芝生造成時に水はけをよくする；刈り取った罹病残渣・冬枯れした葉（サッチ）を適正に処分する；チッソ肥料の過剰施用を控える；農薬登録がある（スポット散布推奨）。

◆多様なパッチ = ①淡褐色・円形(径 15 - 30 cm 程度) ②褐色・リング状(径 30 cm 以上)
③褐色・円形(外縁が濃褐色を呈することもある) ④淡褐色の不整円形パッチが重なる症例(低く刈ると目立ちにくい)
⑤葉に紋枯れ状の病斑が生じる
〔田中〕

シバ 疑似葉腐病(ぎじはぐされびょう)(“象の足跡(ぞうのあしあと)”) (*Ceratobasidium* spp. ; binucleate *Rhizoctonia*) 担子菌類

〈症 状〉 ふつうは9～10月頃に発生し、降雨が続く年は5月～梅雨期にも生じる。径 15 - 50 cm ほどで淡褐色・円形のパッチが現れ、多発すると、それらが拡大融合して、景観を損ねる。パッチのシバ全体が褐変する場合と、健全シバが残る場合がある。葉病斑の進展時に明瞭な褐色帯を形成する(紋枯れ症状)。なお、匍匐茎や地下部には進展しないので、株そのものは枯れず、裸地化もしない。また、パッチはシバの冬季休眠によって消失する。

〈メ モ〉 葉病斑に紋枯れ状の褐色帯を形成するのが特徴的。湿潤状態の継続条件下で、高刈りの場所に発病しやすい。対策としては、芝生造成時に水はけをよくする;刈り取った罹病残渣など(サッチ)を適正に処分する:チッソ肥料の適正量を施用する;発生地では芝生の刈り高を低めにする;農薬登録がある(スポット散布推奨)。

◆①夏胞子堆が多発すると、芝生全体が黄色っぽく見える　②同・拡大　③葉に夏胞子堆が密生した状態
④夏胞子堆の上面（夏胞子は黄橙色・粉粒状を呈する）
〔①③・④田中　②小野〕

シバ さび病（*Puccinia paederiae* = *P. zoysiae*）

担子菌類

〈症 状〉春・秋季、葉の表裏に淡黄色で、小型の円斑～楕円斑を多数生じ、主に葉裏の表皮を破り、黄色～黄橙色の粉粒状物（夏胞子堆）が現れる。多発すると、葉身・葉鞘全体が黄変して、葉枯れを起こす。秋季に、黒褐色の冬胞子堆が病葉の両面に形成される。匍匐茎等に被害はなく、翌年の萌芽にもあまり影響しないが、生育不良となる症例がある。

〈メ モ〉ヘクソカズラが中間宿主（精子器と銹胞子堆を形成）。湿潤年に発生しやすい。衣服に大量の夏胞子が付着し、問題となることがある。対策には芝生造成時に水はけをよくする；刈り取った罹病残渣（サッチ）を適正処分する；チッソ肥料の多用を控える；周辺のヘクソカズラを除去する；農薬登録がある（スポット散布推奨）。p *011* 参照。

◆①径 1 m を超える大型パッチが重なるように形成される ②径 10 - 20 cm 程度の小型パッチが集中して生じる
③径 5 cm 程度の小型パッチの症例（赤褐色を呈する） ④萌芽期に目立つパッチ（前年秋の罹病痕）
⑤地下部が罹病・腐敗するため、地際部でちぎれ、容易に引き抜ける 〔田中〕

シバ 葉腐病（はぐされ）（“ラージパッチ”）（*Rhizoctonia solani*） 担子菌類

〈症 状〉 春・秋季の発生が目立つ。はじめ芝生面に径 5 cm 程度〜数 m 大で、内部は淡褐色〜褐色、周縁部に赤褐色帯をもった、円形〜不整形のパッチが発現する。小型のパッチでは、全体が赤褐色を呈する。地下部の葉鞘基部・根部は黒褐変腐敗して消失するため、葉鞘の地際部から容易に引き抜くことができる。罹病した葉鞘部表面には、菌糸が伸延していることが多い。なお、地下部が侵害されて、出芽数が減少するため、しばしば裸地化し、芝生や緑地としての機能や、景観を著しく損ねる。

〈メ モ〉 多雨年に被害が大きい。疑似葉腐病とパッチの色調は類似するが、周縁に赤褐色帯をもち、容易に引き抜け、湿潤時に菌糸が伸延することから区別できる。対策には、芝生造成時に水はけをよくする；刈り取った残渣（サッチ）は除去する；農薬登録がある（スポット散布推奨）。p *007* 参照。

◆①②コムラサキシメジによるリング（湿潤時に濃緑色となる）と子実体　③キコガサタケの子実体
④⑤シバフタケによるリングと子実体　〔田中〕

シバ フェアリーリング病（シバフタケ *Marasmius oreades* など）　担子菌類

〈症 状〉 5～10月の湿潤条件で、芝生の根圏土壌にキノコ類のシロ（土壌中に形成される菌糸塊）が発達しながら円状に拡がり、その外縁に濃緑色のリング（輪状の帯）を形成して、地上部に子実体が現れる。リングと子実体は遠くからも目立つ。

〈メ モ〉 キノコ類は、シバに対しては有機物を分解して、養分供給の役割も果たし、直接寄生することはないが、土壌が一旦乾燥すると、シロが水分の浸透を妨げ、芝生が乾燥・枯死する例がある。サッチ層や未熟有機物を投与した土壌、水分が少ない土壌などで発生しやすい。対策は、芝生造成時に土壌改良して過度の乾燥防止を図る；未熟な有機物を混入しない；サッチ層を除去する；濃緑色のリングが現れたら、ただちに登録農薬をスポット散布する。

◆①②発生エリア内の芝生は濃緑色・水浸状に見える　③灰色の集塊物（胞子堆）が目立つ　④葉に灰色の胞子堆が密生する　⑤芝生内の雑草にも胞子堆が付着する
〔①・④田中　⑤星〕

シバ ほこりかび病（ハイイロホコリカビ *Physarum cinereum* など）

変形菌類

〈症 状〉 5月～梅雨期頃と、9月（秋雨期）に発生する。灰白色・粒状物の集塊が、葉身の表裏面や葉鞘に付着し、湿潤下で急速に拡大して、芝生の処々では、灰色～暗灰色の群落として見える。菌は植物組織に寄生せず（病原性は示さない）、葉の表面を伸展する。シバは枯死しないが、汚れのように目立ち、奇異にも見えるので対策を施す。他に、ヤニホコリ（*Mucilago crustacea*）による症例もある。

〈メ モ〉 本菌は土壌・空気・水媒の各伝染方法が可能。有機物が多く存在するところで、菌密度が高いと思われる。芝生内の他種の雑草にも発生する。対策としては、芝生造成時に水はけをよくする；刈り取った残渣（サッチ）は適正に処分する；除草を行う；刈り高を適正にし、湿潤状態を緩和する。

セントポーリア 疫病

(*Phytophthora nicotianae*)　卵菌類

〈症 状〉夏季、葉縁や葉柄基部に暗緑色～褐色、水浸状の不整斑を生じ、すぐに拡大して葉身や株全体が軟化腐敗する。根が侵された場合には、茎葉が萎凋するとともに、芯葉は水浸状となり、株枯れを起こす。湿潤時、患部に無色～白色の薄い菌叢が伸展する。

〈メ モ〉高温多湿で発生する。罹病残渣（卵胞子）で生存し、第一次伝染源となる。生育期には、遊走子嚢内で分化した遊走子が水媒伝染する。付傷部から感染しやすい。農薬登録（「花き類」）がある。p *005* 参照。

◆葉身・葉柄に水浸斑が進展し、株全体が軟化腐敗する　〔堀江〕

セントポーリア 褐斑病

(*Corynespora cassiicola*)　子嚢菌類

〈症 状〉梅雨期頃、葉にはじめ暗緑色・水浸状の小斑を生じ、拡大すると淡褐色で、周囲が褐色に縁どられ、外辺は黄色のぼかしとなる。葉縁からも、内側に向かって半円斑を形成する。病斑中央部は乾固する。病斑上にはすす状の菌叢（分生子柄・分生子）を薄く生じる。発生が多い場合、葉は病斑周辺から黄変し、葉枯れを起こすことがある。

〈メ モ〉罹病残渣（子座・菌糸）や着生病葉で越冬して、第一次伝染源となる。分生子は主に雨滴や灌水の飛沫で分散・伝播する。

◆葉に淡褐色（周囲は褐色）の円斑～不整斑を生じる　〔牛山〕

イヌワラビ 葉枯線虫病

（イチゴセンチュウ）　線 虫

〈症 状〉梅雨期頃、葉に褪色～灰褐色、水浸状の小斑を生じて、すぐに葉脈に区切られた明瞭な不整斑となる。発生が多いと葉枯れ症状が目立ち、とくに降雨が連続する条件下では、葉が褐変～黒褐変し、のち軟化腐敗して葉枯れを起こし、遠くからも目立つ。

〈メ モ〉やや多犯性で、シャクヤク・シュウメイギクなどにも発生。土壌中の不定芽や寄生残渣中で長く生存して発生源となる。生育期には、土壌から跳ね上がり、あるいは組織内から脱出後、水分を伝わって移動する。

◆葉身に灰褐色の水浸斑を生じ、のち腐敗・枯死する　〔近岡〕

◆葉に淡灰褐色の不整斑を生じ、小黒粒点が多数形成される　〔堀江〕

ヘデラ 炭疽病

(*Colletotrichum trichellum*)　子嚢菌類

〈症 状〉 5月頃から、新葉に淡灰褐色〜褐色で、径5 - 10 mm 程度の円斑ないし不整斑を生じ、拡大融合して、大型不整斑または葉枯れ状となる。葉縁や食害痕・傷痕から病斑が拡がる。古い大型病斑は乾固して破れる。病斑の主に表側に、小黒粒点（分生子層）が多数散生、または輪紋状に形成される。

〈メ モ〉 湿潤環境下で多発しやすい。年間を通して、着生病葉上に菌体（分生子層）が存在する。分生子は雨滴により伝播する。農薬登録（「花き類」）がある。p *015* 参照。

◆葉表に小褐斑を多数生じ、裏側の病斑周縁は水浸状となる　〔堀江〕

ヘデラ 斑点細菌病

(*Xanthomonas campestris* pv. *hederae*)　細 菌

〈症 状〉 梅雨期に蔓延する。葉表に径数 mm 程度、暗褐色の小斑を多数生じ、中央部が暗褐色・水浸状、不整形で、周辺は黄色〜赤褐色となる。病斑裏面には円形、水浸状の小斑を生じて、拡大すると、周縁部が潰瘍状に盛り上がる。病斑は拡大融合し、葉の大部分を占めることも多く、乾固すると破れる。

〈メ モ〉 植栽地に広く発生する。葉裏の病斑周縁の水浸症状が診断のポイントとなる。主に着生病葉で越冬して伝染源となる。病原細菌が雨滴や灌水の飛沫によって伝播する。

◆病株は下葉から萎凋・褐変し、しばしば集団枯損する　〔堀江，竹内〕

オタカンサス 立枯病

(*Rhizoctonia solani*)　担子菌類

〈症 状〉 梅雨期・秋雨期の頃、はじめ地際の茎部に褐色・水浸状の病斑が生じ、すぐに茎の上方および地下部にまで拡大する。組織内部へも進展し、導管部が侵害されて腐敗した場合には、急速に萎凋・茎枯れや根腐れが起こり、やがて株全体が褐変・枯死に至る。湿潤条件下で、しばしば集団枯損を起こす。

〈メ モ〉 多犯性。罹病残渣中の菌糸や土壌中に菌核の形態で永存し、伝染源となる。生育期に菌糸が伸延して、近隣株へ伝播する。土壌の多湿下で蔓延が早まる。p *007* 参照。

キンギョソウ うどんこ病

(*Euoidium* sp.) 子嚢菌類

〈症 状〉 5月～秋季、はじめ葉に白色粉状の円斑（菌叢）を生じ、すぐに拡大して茎葉全体を被う。のち茎葉はやや萎れるように生気を失い、かつ菌寄生菌により菌叢が灰色を帯びる。盛夏期は病勢が一時抑制され、菌叢も消失することが多いが、その痕は灰紅色～灰紫色に着色する。また、秋季には再び菌叢を新生する。ときに落葉や株枯れを起こす。

〈メ モ〉 閉子嚢殻は未確認。伝染環は不詳である。生育期には分生子が空気伝染する。農薬登録（「花き類」）がある。p *004* 参照。

◆茎葉に白色粉状の菌叢が伸展する；右は菌寄生菌が発生した症例〔星〕

キンギョソウ 茎腐病（くきぐされ）

(*Rhizoctonia solani*) 担子菌類

〈症 状〉 梅雨期頃、茎の地際付近に、暗緑色の水浸状不整斑を生じ、患部はやや凹んで細くなる。導管部が壊死・腐敗するため、上方の茎葉は褪色して、萎凋・矮化などの症状を呈する。根部の褐変症状などはほとんど見られない。排水不良の場所で発生が多い。

〈メ モ〉 多犯性。土壌中の罹病残渣や有機物とともに、菌糸・菌核が生存して伝染源となる。生育期には、患部からも菌糸が伸延しながら、近隣株への伝播が繰り返される。農薬登録（「花き類」）がある。p *007* 参照。

◆茎の地際部がくびれ、茎葉が萎凋・枯死する〔牛山〕

キンギョソウ さび病

(*Puccinia antirrhini*) 担子菌類

〈症 状〉 6月頃から、葉表に黄色～褪緑色の小円斑を多数生じ、その裏側に栗褐色・円状で、表面が粉粒状の夏胞子堆が、輪紋状に形成される。茎にも同様の病斑と夏胞子堆が発現する。秋季になると、主に葉裏で夏胞子堆に隣接して、暗褐色で表面がビロード状の冬胞子堆が発生し、やがて夏胞子堆に置き替わる。病葉は黄変して、葉枯れを起こす。

〈メ モ〉 伝染環は不詳（暖地では夏胞子堆で越冬可能）。生育期には夏胞子が雨風や灌水で飛散し、伝染する。p *011* 参照。

◆葉表に小黄斑を多数生じ、裏側に夏胞子堆を形成する〔星，堀江〕

◆花器が水浸状に腐敗し、淡灰褐色の粉状物に被われる　〔堀江〕

キンギョソウ 灰色(はいいろ)かび病

(*Botrytis cinerea*)　子嚢菌類

〈症 状〉 5月頃から、花弁に脱色ないし褐変した、染み状の斑点を生じ、罹病した花器や落下して葉に付着した花殻に、灰色菌叢と淡灰褐色の粉状物（分生子の集塊）が形成される。また、罹病花器（花殻）と接触した茎葉には、暗緑色で水浸状の斑点が拡がり、茎患部から上方の茎葉は萎凋・黄化し、茎の地際部が罹病すると株枯れを起こす。

〈メ モ〉 やや冷涼な湿潤条件が続くと、発生が多い。きわめて多犯性。伝染環等は p *017* 参照。農薬登録（「花き類」）がある。

◆花殻が付着した葉に水浸状の褐斑が拡がる　〔堀江〕

ペンステモン 灰色(はいいろ)かび病

(*Botrytis cinerea*)　子嚢菌類

〈症 状〉 5～6月頃、花弁に色抜けした、染み状の小斑点を生じ、罹病・老化した花器や落下して葉に付着した花殻が軟腐して、灰色菌叢と淡灰褐色の粉状物（分生子の集塊）を形成する。また、花殻と接触した葉には、暗緑色・水浸状の病斑が拡がる。病斑が茎を取り巻くと、その上方は萎凋し、地際部が侵された場合は、株枯れを起こすことがある。

〈メ モ〉 やや冷涼な湿潤条件が続くと、発生が多い。きわめて多犯性。伝染環等は p *017* 参照。花殻・病葉等は早めに取り除く。

◆下葉に水浸状の褐色不整斑が拡がり、葉腐れを起こす　〔竹内〕

ペンステモン 葉腐病(はぐされ)

(*Rhizoctonia solani*)　担子菌類

〈症 状〉 梅雨期、下葉に褐色～暗緑色の水浸斑が生じ、拡大して葉腐れを起こし、順次上位葉にも進展する。茎葉の患部には褐色、くもの巣状の菌糸が伸延する。しばしば隣接する株が次々と枯死して“坪枯れ”となる。

〈メ モ〉 多犯性。降雨が続く場合、過度の灌水を繰り返した場合など、土壌水分が高いと多発する。罹病残渣中や土壌中に、菌糸・菌塊・菌核等の形態で長く生存し、伝染源となる。生育期には、病茎葉からも菌糸が伸延して、葉間・株間に蔓延する。p *007* 参照。

リナリア うどんこ病

（*Euoidium* sp.）　子嚢菌類

〈症 状〉 5月頃から、葉の表裏や茎に白色粉状の豊富な菌叢（分生子柄・分生子など）を生じ、やがて株全体を被う。菌叢発生部位の植物組織は、淡赤褐色に変色する。葉の波打ち・よじれ、茎のよじれなどの奇形症状を呈し、のち枯れ上がって、株枯れを起こす。

〈メ モ〉 キュウリほかのウリ科野菜、ヒナゲシ（ケシ科）などにも病原性がある。施設では周年、病株が存在するが、露地での越冬形態は不詳。分生子が空気伝染を行う。少雨条件で多発する傾向がある。p *004* 参照。

◆葉・茎が白色粉状物に被われ、患部組織は淡赤褐色に変色する　〔星〕

オミナエシ 褐斑病

（*Septoria* sp.）　子嚢菌類

〈症 状〉 梅雨期～秋季、はじめ葉表に、中央部が淡褐色で、周辺部が褐色を呈した小角斑が多数生じる。病斑は相互に融合し、その周辺が黄化して、発生が多い場合には、葉身全体が黄変・枯死する。病斑の主に表側に、小黒点（分生子殻）を散生する。

〈メ モ〉 罹病残渣（分生子殻）で越冬後、春季に殻内で新生された分生子が、第一次伝染源になると思われる。生育期にも、分生子殻から押し出された分生子粘塊が、雨滴により分散して、伝播・蔓延する。

◆葉に多数の褐色小角斑を生じ、やがて葉身全体が黄変する　〔堀江〕

オミナエシ 半身萎凋病

（*Verticillium dahliae*）　子嚢菌類

〈症 状〉 梅雨後期頃から、下葉が部分的に黄化して萎れ、順次上位葉にも進展する。発生初期に現れる葉身の黄変部位は、片側に偏る場合もあるが、規則性はなく、徐々に葉身全体や、上位の葉に進展しつつ内側に巻き、生気を失って黄変する。やがて株全体が萎凋・褐変し、ついには株枯れを起こす。茎や葉柄の導管部は淡褐色～褐色に変色する。

〈メ モ〉 導管病。多犯性であり、トマト等を侵す。小型菌核が罹病残渣や土壌中で長期間生存して伝染源となる。p *018* 参照。

◆下葉が褐変・萎凋し、上部に進展して葉枯れ・株枯れを起こす〔堀江〕

◆葉に多数の小褐斑を生じ、その周辺から黄変する 〔堀江〕

オモダカ類 さび斑(はん)病

(*Plectosphaerella alismatis*) 子囊菌類

〈症 状〉 5月頃から、葉に不明瞭な小黄斑を多数生じて、その中央部が褐変し、やがて径3‐5mm程度、輪郭が明瞭な褐斑となり、病斑部の周辺に黄色のぼかしをもつ。病斑が局所的に集合したり、あるいは葉身全体に発生すると、その部分が黄褐変して、葉枯れ症状を呈する。写真はサジオモダカの症状。

〈メ モ〉 罹病残渣内に菌糸等の形態で越冬したのち、春季に分生子を新生して、第一次伝染源になると思われる。生育期には、分生子が雨滴の飛沫とともに伝播・蔓延する。

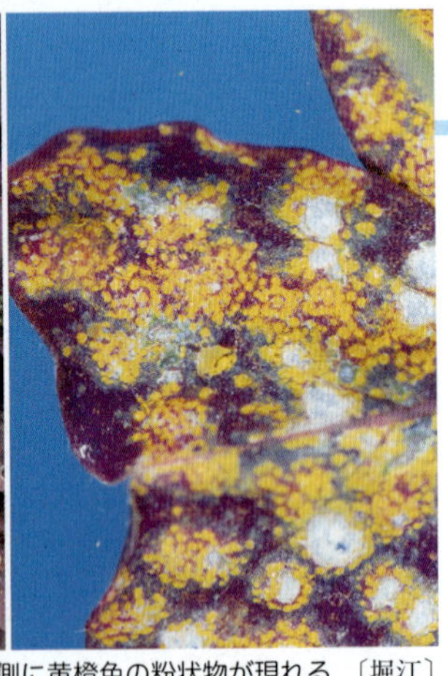

◆葉表に小黄斑を多数生じ、その裏側に黄橙色の粉状物が現れる 〔堀江〕

オキザリス さび病

(*Puccinia oxalidis*) 担子菌類

〈症 状〉 5月頃から、葉表に黄緑色～淡黄色で、周辺がぼかし状の小斑を多数生じる。主に病斑裏側に、黄色～黄橙色の、やや盛り上がった粉粒状物(夏胞子堆)が現れる。晩秋には淡黄褐色の冬胞子堆が、夏胞子堆に置き替わる。野生化したムラサキカタバミ・イモカタバミなどにふつうに発生するが、近年は紫葉系の園芸品種にも被害が目立つ。

〈メ モ〉 種・系統や品種間で発病の差異が大きい。越冬形態は不詳。生育期には夏胞子が雨風で伝播・蔓延する。p *011* 参照。

◆地際付近の葉鞘部に暗褐色～黒色の不整斑を生じる 〔高野〕

カンナ 茎腐(くきぐされ)病

(*Rhizoctonia solani*) 担子菌類

〈症 状〉 梅雨期頃から、地際の葉鞘部に暗緑色、水浸状の不整斑を生じ、すぐに褐変～黒変して、やや凹んだ大型病斑となり、その上方の葉身も褐変・枯死する。また、地際の茎内部が腐敗した場合には倒伏するが、根茎にまで腐敗が進展することは少ない。

〈メ モ〉 多犯性。罹病残渣(菌糸・菌核)などで生存して伝染源になると思われる。また罹病(保菌)根茎に拠る伝染も多い。菌糸が伸延し、地際の傷痕などから感染する。土壌の多湿下で蔓延が早まる。p *007* 参照。

カンナ 芽腐細菌病

（所属未詳）　細菌

〈症 状〉夏季、展開途中の若葉では、はじめ滄白色で、葉脈に沿って進展しつつ、縞模様を呈し、やがて黒変してよじれる。また、成葉では、周縁が水浸状で、不規則形の黄斑を生じて、しだいに黒変するが、その進行は比較的遅い。激しい場合には、根茎と茎の導管部・髄部も黒変腐敗するため、葉枯れや、さらに進行すると、株枯れを起こす。

〈メ モ〉罹病残渣および罹病・保菌根茎が最初の伝染源となり、生育期には、病原細菌が雨滴等で飛散・伝播すると思われる。

◆葉が水浸状に腐敗・枯死し、髄部は黒変・腐敗する　〔高野〕

カンナ モザイク病

ウイルス

（キュウリモザイクウイルス；CMV）

〈症 状〉初発時期は、罹病（保毒）根茎を植えた場合には出葉時から、また、新規感染の場合は感染時期によりまちまちであるが、葉では、葉脈に沿って黄緑色濃淡のモザイクが現れ、ときによじれや葉縁が巻いて奇形を呈する。花冠は小型化し、斑入り・条斑を発現する。被害株を据え置くと草勢が衰える。

〈メ モ〉きわめて多犯性で、60 科 230 種以上の植物に感染する。栄養繁殖（罹病・保毒親株の根茎）によって伝染する。アブラムシ類で非永続伝搬される。p *020* 参照。

◆花冠および葉に条斑・モザイク・奇形症状を発現する　〔星〕

カンパニュラ 褐斑病

（*Ascochyta bohemica*）　子嚢菌類

〈症 状〉春〜秋季、はじめ下葉に暗褐色、水浸状の小円斑を生じ、拡大して、同心輪紋をもった黒褐色の大型不整斑となり、黄変しつつ葉枯れを起こす。多発時には、縮葉・巻き葉が現れる。茎には褐色、紡錘形〜楕円形でやや凹陥した病斑を生じ、蕾と花冠にも褐斑ができ、花腐れを呈する。患部には、小黒粒点（分生子殻）が散生、ときに群生する。

〈メ モ〉罹病残渣（分生子殻・菌糸）で越冬し、第一次伝染源となる。分生子塊が雨滴や灌水の飛沫で分散し、伝播・蔓延する。

◆育苗期の症状；葉に褐色不整斑を生じ、黄変や奇形を呈する　〔堀江〕

◆葉表に小黄斑を生じ、その裏側に夏・冬胞子堆を形成する　〔星〕

カンパニュラ さび病

（*Coleosporium tussilaginis*）　担子菌類

〈症 状〉 5月頃から、葉表に褪緑色〜黄色の小斑が多数生じ、その裏側に、鮮やかな黄橙色の粉粒状物（夏胞子堆）が現れる。梅雨期には、夏胞子堆の周辺の表皮下に、やや膨らんだ茶褐色〜赤褐色の冬胞子堆が、集合して形成される。病葉は黄褐変して枯死する。

〈メ モ〉 アカマツ（葉さび病）に生じた銹胞子が、カンパニュラに感染して夏胞子堆が形成され、夏胞子が伝染・発病を繰り返す。冬胞子は内生担子器となり、その担子胞子がアカマツに雨滴伝染する。p *011* 参照。

◆花弁および葉などが水浸状に褐変・腐敗する　〔堀江〕

カンパニュラ 灰色(はいいろ)かび病

（*Botrytis cinerea*）　子嚢菌類

〈症 状〉 5月〜梅雨期頃に、老化した花器や落下して葉に付着した花殻が、水浸状に腐敗したのち、灰色菌叢と淡灰褐色の粉状物（分生子の集塊）を生じる。花殻と接触した花器や葉の部位に、暗緑色で水浸状の斑点が拡がる。茎（導管部を含む）も侵されて、患部から上方の茎葉が、萎凋・褐変を起こす。発生が多い場合には、盛りの花や蕾にも被害が及び、植栽全体に褐変・腐敗が目立つ。

〈メ モ〉 きわめて多犯性。高湿時に多い。農薬登録（「花き類」）がある。p *017* 参照。

◆茎の地際部が褐変し、茎枯れ・株枯れを起こす　〔堀江．竹内〕

キキョウ 茎腐病(くきぐされ)

（*Rhizoctonia solani*）　担子菌類

〈症 状〉 梅雨期頃、茎の地際部に暗褐色の不整斑を生じ、拡大して茎を取り囲み、かつ上方へも進展する。腐敗が茎内部（導管部）に及ぶと、茎葉は萎凋・黄褐変しつつ、地際部から傾き、あるいは倒伏する。密植された場所での発生が多い。多発した場合には、株枯れや茎枯れが目立ち、観賞性を損ねる。

〈メ モ〉 多犯性。罹病残渣および土壌中で菌糸・菌核が長期間生存して伝染源となる。患部からも菌糸が伸延し、隣接株へ拡がる。農薬登録（「花き類」）がある。p *007* 参照。

キキョウ 半身萎凋病

（*Verticillium dahliae*）　子嚢菌類

〈症 状〉 6～7月、下葉から部分的に黄化して萎れ、順次上位葉へも進展する。ついには株全体の葉が黄・褐変して、枯死に至る。茎および葉柄の導管部は、淡褐色～褐色に変色するが、これは本病の主要な診断ポイントとなる。病勢はやや緩慢に推移し、梅雨明け頃に萎凋や葉枯れが目立つ。

〈メ モ〉 多犯性。小型菌核が土壌中に長期間生存して伝染源となり、宿主の根部から侵入して発病する。発病までの潜伏期間は3‐4週間。ナス・トマトも侵す。p *018* 参照。

◆下葉が部分的に黄褐変し、しだいに上位葉へ進展する　〔堀江〕

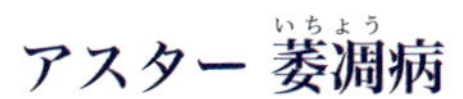

アスター 萎凋病

（*Fusarium oxysporum* f. sp. *callistephi*）　子嚢菌類

〈症 状〉 初夏頃から、下葉が部分的に褪色～黄変し、しだいに茎先方に向かって萎凋しつつ、黄褐変が進展する。茎・葉柄の導管部は褐変する。茎に縦の亀裂が入り、その患部には白色菌叢が生じ、菌叢上に淡桃色・粉状の分生子塊が形成されることがある。近接株へ次々拡がり、しばしば集団枯死を起こす。

〈メ モ〉 品種によって発病に違いがある。本分化型はアスターのみを侵す。土壌中の厚壁胞子が主な伝染源となるが、患部に生じた分生子が飛散し、離れて発病する症例もある。

◆葉の一部が黄褐変し、やがて全身が枯れ上がる　〔堀江〕

アスター さび病

（*Coleosporium pini-asteris*）　担子菌類

〈症 状〉 夏季、葉の表裏に褪緑色～黄色の小円斑が多数生じ、その裏側に黄橙色～橙色の粉状物（夏胞子堆）が現れる。秋季には、やや膨らんだ、赤褐色の小粒点（冬胞子堆）が混生する。多発時は、病葉が黄変～褐変して枯死する。若い茎にも胞子堆が生じる。

〈メ モ〉 アカマツ（葉さび病）上の銹胞子がアスターに伝播・発病する。生育期には夏胞子によって感染・発病を繰り返す。冬胞子は成熟後、内生担子器となり、生じた担子胞子がアカマツに雨滴伝染する。p *011* 参照。

◆葉表に小黄斑を多数生じ、その裏側に夏胞子堆が現れる　〔堀江〕

◆葉茎は水浸状に褐変腐敗し、多発時には集団枯死する　〔竹内，堀江〕

ガザニア 葉腐病（はぐされ）

（*Rhizoctonia solani*）　担子菌類

〈症 状〉梅雨期・秋雨期、葉茎に暗緑色～暗褐色、水浸状の不整斑を生じる。のち病葉は萎凋垂下し、枯れる。多湿時には病葉が重なり合い、無色～淡褐色・くもの巣状の菌糸が絡まり、葉が密着しつつ腐敗する。集団植栽地では、しばしば“坪枯れ”となる。

〈メ モ〉比較的高温期の連続降雨条件下で多発する。多犯性。土中・罹病残渣（菌核・菌糸）で越冬し、伝染源となる。隣接株へは患部からも、菌糸が伸張して伝播するが、植栽内部が蒸れると進展が速まる。p *007* 参照。

◆葉茎が白色菌叢に被われ、やがて褐変枯死する　〔竹内〕

カモミール うどんこ病

（*Euoidium* sp.）　子嚢菌類

〈症 状〉春季から、一部の葉と茎に白色粉状の菌叢が生じ、しだいに伸展して茎葉全体を広く被う。伸育途上の新梢・新出葉が侵された場合には、よじれや生育遅延を呈する。やがて病茎葉は黄変～褐変して枯れる。多発時には、遠くからも株全体が白っぽく汚れて見えるが、さらに病勢が進展し、ついには株枯れを起こす。写真はジャーマンカモミール。

〈メ モ〉伝染環は不詳。施設では菌糸で越冬して、春季から分生子が空気伝染する。農薬登録（「野菜類」）がある。p *004* 参照。

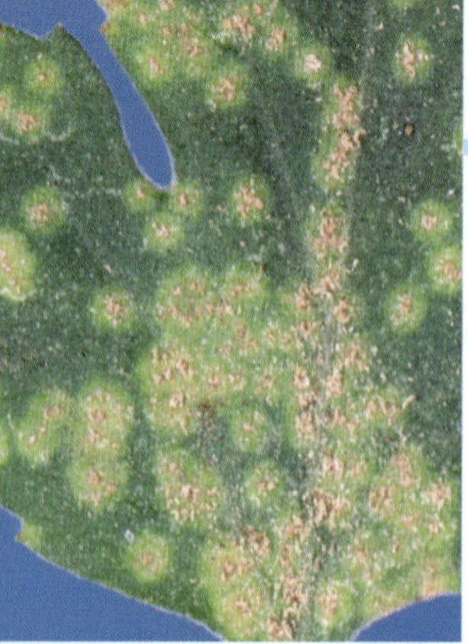

◆葉表の病斑から淡黄褐色の夏胞子集塊が溢れ出す　〔堀江〕

キク 褐さび病（かっ）

（*Phakopsora artemisiae-japonicae*
= *P. artemisiae*）　担子菌類

〈症 状〉梅雨・秋雨期頃、葉表に淡緑色～淡黄緑色の小円斑が多数生じ、その中央部分に淡黄色～淡黄褐色の粉粒状菌体（夏胞子の集塊）が溢れ出る。秋季になると、葉裏の黄褐色～暗褐色小斑の表皮下に、冬胞子堆が形成される。病葉は黄褐変し、枯れ上がる。

〈メ モ〉精子・銹胞子世代は未記録。罹病残渣（夏胞子堆）で越冬し、春季の伝染源になると考えられる。生育期には夏胞子が風や雨滴の飛沫により伝播する。p *011* 参照。

キク 褐斑病

(*Septoria obesa*)　子嚢菌類

〈症 状〉梅雨期・秋雨期の頃、下葉に褐色～淡褐色、円形・楕円形～不整形の病斑を生じる。葉縁から、扇形～不整形となるものも多い。古い病斑の中央部は淡灰褐色を呈し、そこに小黒粒点（分生子殻）が散生する。降雨などで高湿度状態が続くと、下葉から激しく枯れ上がり、上位葉のみが生き残る。

〈メ モ〉罹病残渣（分生子殻）で越冬し、第一次伝染源になると思われる。生育期に分生子塊が殻から押し出され、雨滴や灌水の飛沫で分散・伝播する。農薬登録がある。

◆葉に淡褐色の不整斑（分生子殻散生）を生じ、のち枯れ上がる　〔堀江〕

キク 黒さび病

(*Puccinia tanaceti* var. *tanaceti*)　担子菌類

〈症 状〉初夏～秋季の頃、葉表に淡黄色の小斑点が生じ、その裏側に、やや盛り上がった茶褐色の粉粒状物（夏胞子堆）が現れる。秋季になると、暗褐色でビロード状を呈した冬胞子堆が、夏胞子堆に混生し、あるいは輪紋状に形成され、のちに置き替わる。

〈メ モ〉系統・品種間によって、発病の差異がある。伝染環は不詳であるが、多くの場合は、枯死茎葉上の夏胞子が、翌年の伝染源になると考えられる。夏胞子は風や雨滴・灌水の飛沫により伝播する。p *011* 参照。

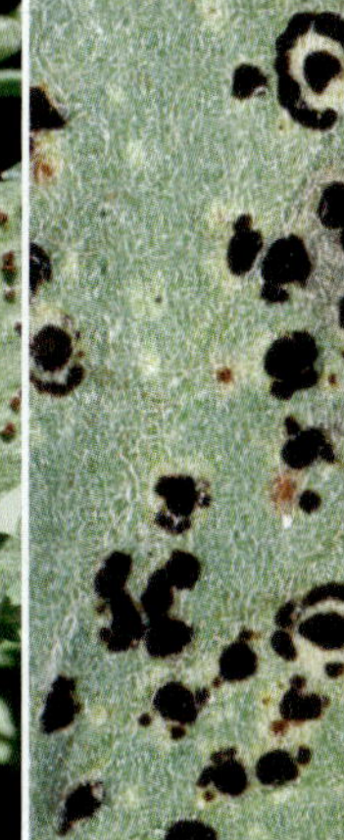

◆左・中：夏胞子堆の発生状況；右：冬胞子堆が輪紋状に生じる〔堀江〕

キク 紋々病

(キクモンサビダニ)　フシダニ

〈症 状〉初夏頃から症状が顕在化する。葉に淡黄緑色～黄色、円形～不整形の斑紋・輪紋や線状斑等が、やや肥厚して現れる。激しい場合には、葉の一部組織の壊死、新葉の波状の変形、裏側への反り返り等が起こる。

〈メ モ〉寄生ダニはウジ虫状で、冬至芽内で越冬すると推測され、5月頃に密度が急激に増加して加害するが、のちには激減する。近接株への移動は、歩行あるいは風に拠る。症状がウイルス病と酷似する例が多く、ウイルスの関与も示唆されている。

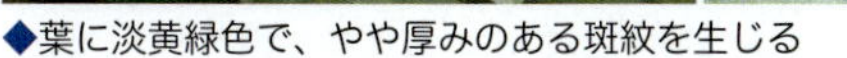

◆葉に淡黄緑色で、やや厚みのある斑紋を生じる　〔星，近岡〕

◆葉・茎などに白色粉状の菌叢が伸展する 〔堀江〕

キンセンカ うどんこ病

(*Podosphaera xanthii*) 子嚢菌類

〈症 状〉春～秋季の頃、茎葉に白色粉状の菌叢（菌糸・分生子柄・分生子）が円状に現れて、しだいに全身へと拡がり、多発した場合には、萼や花弁にも菌叢が生じる。また、展葉時に発病すると、よじれ・波打ちなどの奇形葉となる。病葉は生気を失って黄変・枯死する。秋季には、菌叢上に、暗茶褐色の小粒点（閉子嚢殻）を群生ないし散生する。

〈メ モ〉子嚢胞子はしばしば成熟せず、その役割は不詳。分生子は空気伝染する。農薬登録（「花き類」）がある。p *004* 参照。

◆葉や茎に白色菌叢が伸展し、主に茎に閉子嚢殻が群生する 〔星，堀江〕

コスモス うどんこ病

(*Podosphaera xanthii*) 子嚢菌類

〈症 状〉夏～秋季、葉の表裏、および茎・花茎・萼等に、白色粉状の菌叢（菌糸・分生子柄・分生子）が被う。葉は生気を失って、やや萎れ気味となり、しばしば黄変する。秋季には、菌叢上に黒褐色～茶褐色の小粒点（閉子嚢殻）を形成するが、とくに茎では殻が集団的に密生するので、視認も容易である。

〈メ モ〉品種間に発病の差異がある。子嚢胞子はしばしば成熟せず、閉子嚢殻の役割は不詳。生育期には分生子が空気伝染する。農薬登録（「花き類」）がある。p *004* 参照。

◆茎葉に小黄斑を多数生じ、肥厚・よじれなどの奇形を起こす 〔小野〕

コスモス そうか病

(*Elsinoë* sp. = *Sphaceloma* sp.) 子嚢菌類

〈症 状〉 5～7月と9～10月、茎葉に黄色～黄白色、径1 mm前後、かさぶた状の小斑が連続的に生じ、罹病組織は肥厚、よじれや湾曲などの奇形を起こす。茎頂部に激発した場合は、乾燥枯死して落葉する。花茎に発病すると、開花不良や花姿の異常が際立つ。

〈メ モ〉品種間で発病に差異がある。罹病残渣（分生子層）で越冬後、春季に雨水や灌水の滴がその残渣に付着すると、分生子が大量に形成され、第一次伝染源となる。分生子は雨滴・灌水の飛沫によって伝播する。

コスモス 炭疽病

(*Colletotrichum fioriniae*) 子嚢菌類

〈症 状〉夏～秋季（開花期）の頃、花弁に染み状の斑点を生じ、進展すると、花弁の色調によっては脱色したり、または淡灰褐色～灰白色で、径 5 - 8 mm 程度の不整円斑～不整斑となる。病斑が重なると、縁枯れ症状を呈する。湿潤時、病斑上に鮭肉色の分生子塊が現れる。なお、本病は花のみに発生する。

〈メ モ〉多雨年に発生しやすいが、伝染環は不詳。分生子が雨滴で分散・伝播する。葉枯病罹患の花弁とは症状・標徴が異なる。農薬登録（「花き類」）がある。p *015* 参照。

◆花弁に脱色斑を生じ、のちに拡大して花枯れを呈する 〔堀江〕

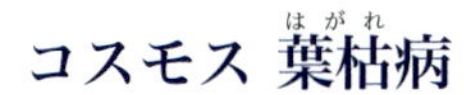

コスモス 葉枯病

(*Alternaria tenuissima*) 子嚢菌類

〈症 状〉盛夏期以降に発生が著しい。葉では先端部から褐色に枯れ込んで、裾枯れを呈することが多いが、茎頂部から枯れが進行する場合もある。多発すると、花冠にすす状斑や色抜けしたかすり状の斑紋が目立ち、加えて高湿度条件下では花腐れを起こす。患部にはすすかび状物（分生子柄・分生子の集塊）が目視あるいはルーペ観察できる。

〈メ モ〉罹病残渣（菌糸・子座など）で越冬し、第一次伝染源となる。生育期には分生子が雨滴・灌水の飛沫で分散・伝播する。

◆葉が褐変枯死し、花弁にかすり状の水浸斑を生じる 〔高野〕

シオン うどんこ病 子嚢菌類

(*Golovinomyces asterum* var. *asterum*)

〈症 状〉初夏頃から、葉の両面に白色粉状の菌叢を生じ、やがて株全体が白く見える。また、先端葉が展開初期に罹患した場合は、葉が内側に巻いたり、小型の奇形葉となる。秋冷を迎えると、菌叢上に、暗褐色～黒色の小粒点（閉子嚢殻）が散生～群生する。

〈メ モ〉罹病残渣（閉子嚢殻）で越冬後、春季に殻内の子嚢胞子が飛散して、第一次伝染源になると思われる。生育期には分生子が風によって飛散し、伝播・発病を繰り返す。少雨条件下で多発しやすい。p *004* 参照。

◆葉および茎が白色粉状の菌叢に広く被われ、巻葉となる 〔堀江〕

◆葉に褐色の不整角斑を多数生じ、その周辺は黄変する 〔堀江〕

シオン 黒斑病（こくはんびょう）

（*Septoria astericola*） 子嚢菌類

〈症 状〉 梅雨期頃から、葉に淡褐色～暗褐色で、円形～不整円形の小斑が多数生じ、やがて葉脈で区切られた不整斑となる。さらに病斑は拡大融合して、その周辺は黄変する。多発したときは葉が波打ち、かつ生気を失って黄褐変し、葉枯れを起こす。葉の病斑表裏に小黒粒点（分生子殻）が散生する。

〈メ モ〉 罹病残渣（分生子殻）で越冬し、第一次伝染源となる。生育期にも、殻から押し出された分生子塊が、雨滴によって分散・伝播する。多湿環境下で蔓延しやすい。

◆葉に黒褐色の小角斑を多数生じ、その裏側では病斑周囲が滲む 〔高野〕

ジニア 黒斑病（こくはんびょう）

（*Alternaria zinniae*） 子嚢菌類

〈症 状〉 梅雨期頃から、葉表に褐色～黒褐色で、類円形～不整形の斑紋を生じる。葉裏では、病斑周囲が滲んだ鋸歯状を呈する。茎では縦長の楕円斑となる。花弁にも黒褐色の不整斑を形成し、のち腐敗する。古い病斑上にすす状物（分生子など）が形成される。

〈メ モ〉 多雨の年に被害が拡大する。罹病残渣（菌糸・子座など）で越冬後、春季に分生子を新生して、第一次伝染源になると思われる。生育期に分生子が雨風により分散・伝播する。農薬登録（「花き類」）がある。

◆葉に褐色で、周囲に黄色いぼかしのある小角斑を多数生じる 〔堀江〕

ジニア 斑点細菌病（はんてんさいきんびょう） 細菌

（*Xanthomonas campestris* pv. *zinniae*）

〈症 状〉 梅雨初期頃から、下葉に症状が現れて急速に進展し、7 月上旬頃になると、上位葉まで激しく発病する。葉では褐色の小角斑を多数生じて、その周辺に黄色のぼかしを伴う。花冠には暗褐色の不整斑を生じる。

〈メ モ〉 降雨が続く条件下で多発して、花壇の景観を著しく損ねる。品種間の感受性差異が大きい。罹病残渣中で生存し、第一次伝染源となる。生育期には、病原細菌が雨滴の飛沫とともに分散しつつ、傷部あるいは自然開口部（水孔等）から感染・発病する。

ジニア モザイク病 ウイルス

（キュウリモザイクウイルス；CMV）

〈症 状〉 通常は5～6月頃から発症する（媒介虫の飛来時期による）。新葉に、やや黄色みを帯びた濃淡のモザイクを生じ、軽い凹凸や波打ち・よじれ・小型化などの奇形を呈する。栽培初期に感染すると、生育は抑制されて、花立ちが悪くなり、花弁にもモザイクが現れ、花冠は著しく小型化・奇形化する。

〈メ モ〉 きわめて多犯性で、アブラムシ類によって非永続的に伝搬される。また、汁液接種も可能であるが、接触伝染を起こす確率は低い。媒介虫を防除する。p *020* 参照。

◆葉にモザイクを生じ、かつ波打ち・よじれなどを呈する 〔堀江〕

シャスターデージー 半身萎凋病（はんしんいちょうびょう）

（*Verticillium dahliae*） 子嚢菌類

〈症 状〉 6～7月、はじめ下葉から部分的に黄化して萎れ、順次上位葉へ進展する。初期の葉の黄化部位に規則性はないが、ときに茎の片側や、葉の半身のみに偏って見られることがある。茎・葉柄の導管部は淡褐色～褐色に変色する。梅雨明けに株枯れを起こす。

〈メ モ〉 多犯性。小型菌核（微小菌核）が土壌中に長期間生存して伝染源となり、根部から侵入・発病する。接種試験では、潜伏期間は3‐4週間である。ナス・トマトにも病原性を示す（トマト系）。p *018* 参照。

◆下葉から部分的に黄変し、やがて株全体が萎凋枯死する〔堀江，竹内〕

ソリダスター さび病

（*Coleosporium solidaginis*） 担子菌類

〈症 状〉 夏季～秋季、葉に径1‐2mmの小黄斑を多数生じ、その主に裏側に、黄色～黄橙色の粉粒状物（夏胞子堆）が現れる。茎では縦長の夏胞子堆を形成する。激発時、上方の夏胞子が大量に落下・付着して、下位の茎葉（無発病）までが黄色く見え、さらには葉枯れ、花梗や小枝の枯れを起因する。

〈メ モ〉 伝染環は不詳であるが、暖地あるいは施設内では、夏胞子による越冬も可能と思われる。生育期には、夏胞子が飛散・伝播して、発病を繰り返す。p *011* 参照。

◆葉裏および茎に黄橙色の粉粒状物が多数形成される 〔堀江〕

◆葉に白色粉状の菌叢が生じ、やがて株全体を被う 〔星，堀江〕

ダリア うどんこ病

(*Podosphaera xanthii*) 子嚢菌類

〈症 状〉 初夏から、葉に白色粉状の菌叢（菌糸・分生子柄・分生子）を生じ、伸展して株全体を被う。のち下葉から萎凋気味に黄変する。展葉期に発生すると、葉は波打ちやよじれなどの奇形を呈する。古い菌叢は菌寄生菌により汚灰色に見える。晩秋、菌叢内に暗褐色〜黒色の小粒点（閉子嚢殻）が生じる。

〈メ モ〉 発病の品種間差異が大きい。閉子嚢殻が残渣等で越冬し、第一次伝染源になると思われる。分生子は風により伝播する。農薬登録（「花き類」）がある。p *004* 参照。

◆茎枯れを起こし、黒色の分生子層を多数形成する；右は葉の病斑
〔左中：高野，右：牛山〕

ダリア 炭疽病（たんそ）

(*Gloeosporium dahliae*) 子嚢菌類

〈症 状〉 梅雨後期頃から、茎に黒褐色のち灰褐色の楕円斑〜紡錘斑を生じ、病斑が茎を取り巻くと、患部より上部の茎葉は萎凋・枯死する。葉では同心輪紋をもち、褐色〜暗褐色の不整斑となる。患部には、小黒粒点（分生子層）を多数生じる。茎では剪定痕・採花痕などの傷痕から発病することが多い。

〈メ モ〉 罹病残渣（分生子層）で越冬し、最初の伝染源になると思われる。生育期には分生子粘塊が雨滴で分散して、伝播する。農薬登録（「花き類」）がある。p *015* 参照。

◆葉にモザイク・褪色斑紋等を現す；右はCMV感染株〔鍵和田，牛山〕

ダリア モザイク病 ウイルス

（ダリアモザイクウイルス；DMV）

〈症 状〉 6月頃から新たな発症が見られ、葉に淡いモザイク・葉脈緑帯・アザミ葉状の褪緑斑紋等を生じ、葉縁が波立つような縮葉を呈する。病株はやや萎縮して、花冠もやや小型化する。これらの症状は明瞭で目立つ。なお、CMV感染株では葉脈透化を生じる。

〈メ モ〉 アブラムシ類によって非永続的に伝搬される。栄養繁殖で伝染するほか、採花や整枝の際に用いる鋏などでも、伝染する可能性がある。宿主はダリアのみ。他にCMV・DCMVが記録されている。p *020* 参照。

ツワブキ うどんこ病

(*Podosphaera xanthii*)　子嚢菌類

〈症 状〉 6月頃から、葉に白色粉状で不整円形の菌叢（菌糸・分生子柄・分生子）が生じるが、はじめはあまり伸延せず、円状のままで徐々に厚い菌叢となり、のち菌叢が融合しつつ、葉全面に拡がる。多発した場合、病葉は生気を失い、褪色・黄変して枯死する。

〈メ モ〉患部の組織内の菌糸、あるいは病葉上の菌叢で越冬し、春季に菌糸・分生子を新生して第一次伝染源になると思われる。分生子は空気伝染する。農薬登録（「花き類」; 食用は「野菜類」）がある。p *004* 参照。

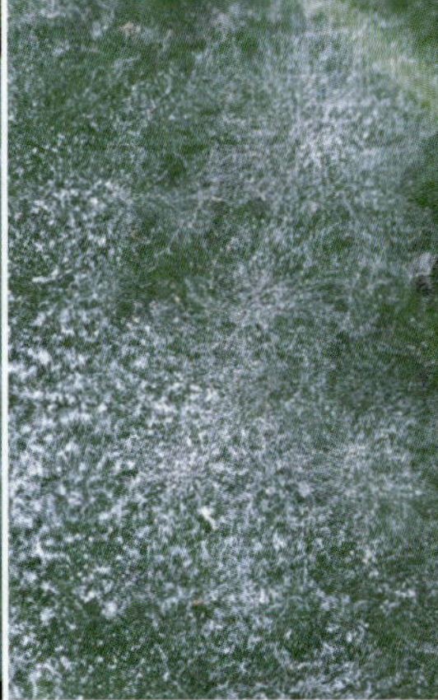
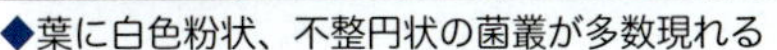

◆葉に白色粉状、不整円状の菌叢が多数現れる　〔堀江〕

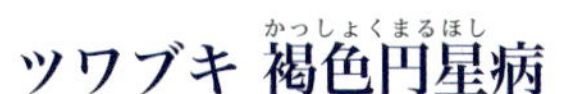

ツワブキ 褐色円星病（かっしょくまるほし）

(*Septoria* sp.)　子嚢菌類

〈症 状〉 6月頃から、葉にはじめ黄褐色の不整円斑を生じ、のち周縁が明瞭な、褐色～灰褐色に変色しつつ、さらに拡大融合して、不整形の大型病斑となり、周辺は黄化する。多発した場合には、病葉全体が黄変し、やがて集合した病斑部と、その周辺が褐変して、葉枯れ症状を呈する。病斑上に、淡褐色～黒色の小粒点（分生子殻）が散生する。

〈メ モ〉 罹病残渣あるいは着生病葉（分生子殻）で越冬し、第一次伝染源となる。分生子は雨風によって分散・伝播する。

◆葉に褐色不整斑を生じ、拡大しつつ周辺が黄化する　〔佐野〕

ナツシロギク さび病

(*Puccinia cnici-oleracei*)　担子菌類

〈症 状〉 秋雨期頃、葉に淡黄色で、中央部が淡橙色の小円斑が現れ、その裏側には、暗褐色・ビロード状の冬胞子堆を生じる。冬胞子堆はしばしば拡大融合する。葉柄・花梗・茎や萼にも発生する。茎では病斑が肥厚し、その上方の茎葉が萎凋・枯死する。

〈メ モ〉 罹病残渣（冬胞子堆）で越冬後、冬胞子が湿潤条件下で発芽し、形成された担子胞子が、雨滴や灌水の飛沫により伝播し、感染・発病する。マーガレット・シュンギクにも病原性を示す。p *011* 参照。

◆葉裏に冬胞子堆を生じ、茎患部は肥厚して茎枯れを起こす　〔堀江〕

◆葉に白色粉状の菌叢を円状に生じ、のち株全体に伸展する　〔堀江〕

ヒマワリ うどんこ病

(*Podosphaera xanthii*)　子嚢菌類

〈症 状〉 初夏から、葉に白色粉状の菌叢（菌糸・分生子柄・分生子）が円状に生じ、伸展して株全体を被う。病葉は生気を失い、萎凋気味に黄変する。展葉中に発症すると、葉は波打ち・よじれなどの奇形を呈し、生育も阻害される。秋季に、菌叢内に暗褐色～黒色の小粒点（閉子嚢殻）を散生～群生する。

〈メ モ〉 系統・品種間で感受性が異なる。閉子嚢殻が罹病残渣等に付着して越冬し、第一次伝染源になると思われる。分生子は空気伝染する。農薬登録がある。p *004* 参照。

◆葉に黄色のぼかしをもつ小褐斑を生じ、のち葉枯れを起こす　〔堀江〕

ヒマワリ 褐斑(かっぱん)病

(*Septoria helianthi*)　子嚢菌類

〈症 状〉 梅雨期頃から、葉に淡褐色～褐色で径数 mm 程度の、小角斑～不整円斑を多数生じ、病斑周辺はぼかし状に黄変する。のち拡大融合して大型不整斑となり、多発時は葉枯れを起こし、下葉から枯れ上がる。病斑上に小黒粒点（分生子殻）が多数形成され、殻から白色粘塊（分生子塊）が現れる。

〈メ モ〉 系統・品種間で感受性が異なる。罹病残渣（分生子殻）で越冬後、第一次伝染源になる。生育期にも、分生子は雨滴や灌水の飛沫によって分散・伝播する。

◆茎が侵され、激しく萎凋しつつ、患部に白色菌叢と黒色菌核（菌叢中・髄部）を形成するが、やがて株全体が立枯れ状態となる

〔牛山，中・右：小野〕

ヒマワリ 菌核(きんかく)病

(*Sclerotinia sclerotiorum*)　子嚢菌類

〈症 状〉 梅雨前期等のやや冷涼な湿潤期、茎に淡褐色～灰褐色の水浸斑が拡がる。患部には白色で綿毛状の菌叢を生じ、その上方の茎葉が萎凋・立枯れを起こしたり、地際部から倒伏する。菌叢中と茎内の髄部に、黒色で長径 5 - 10 mm ほどの菌核が形成される。

〈メ モ〉 罹病残渣（菌核）で越冬し、子嚢盤上の子嚢から子嚢胞子が飛散・伝播する。病茎葉と接触した隣接株へ、菌糸が伸延して拡がることもある（第二次発病）。多犯性。農薬登録（「花き類」）がある。p *006* 参照。

ヒマワリ べと病

(*Plasmopara halstedii*)　卵菌類

〈症 状〉 露地では6月頃から、葉表では葉脈に沿って稲妻状に黄化し、萎縮や波打ちを生じ、かつ先端葉は内側に巻く。病斑の裏側は葉脈に明確に区切られ、そこに霜状物（分生子柄・分生子）が密生する。病葉はしばしば全体が黄変～黄褐変して、枯死する。加えて病株は著しい生育阻害を起こす。

〈メ モ〉 特定の系統・品種に激発する。湿潤条件下で蔓延する。罹病残渣（卵胞子）で越冬して、第一次伝染源となる。生育期には分生子が飛散・伝播する。農薬登録がある。

◆葉が巻込んで稲妻状に黄化し、裏側に霜状の菌叢が密生する　〔堀江〕

フジバカマ 白絹(しらきぬ)病

(*Sclerotium rolfsii*)　担子菌類

〈症 状〉 6月頃から、地際付近の茎部に暗緑色～褐色、水浸状の不整斑を生じ、茎葉が萎凋褐変して、茎・株枯れを起こす。地際部や周辺の土壌表面には、白色で絹糸状の菌糸束が伸延し、菌叢上には白色（未熟）のち茶褐色、ナタネ種子状の菌核を多数形成する。集団植栽地では“坪枯れ”を呈する。

〈メ モ〉 きわめて多犯性。菌核が土壌中で長期間生存し、第一次伝染源となる。生育期には菌糸束が伸延して、隣接株へ伝播する。土壌の高温多湿で蔓延が進む。p *012* 参照。

◆地際茎が侵され、菌糸束が伸延する；右は菌核〔堀江，右：鍵和田研〕

フジバカマ 根(ね)こぶ線虫(せんちゅう)病

(サツマイモネコブセンチュウ)　線 虫

〈症 状〉 根に径1‐3 mm 程度の小瘤が形成され、多発すると瘤は数珠状に連なり、あるいは円筒状を呈しつつ、細根の腐敗や脱落などを起こす。地上部では下葉から萎凋し、黄化・褐変して、生育が著しく阻害され、やがて株枯れをもたらす。植栽地では、近接株が連続して集団的に発病することが多く、しばしば“坪枯れ”状態となる。発生程度・時期は、土壌中の線虫密度によって決まる。

〈メ モ〉 多犯性で、各種の草本・木本植物に寄生し、被害が大きい。p *016* 参照。

◆根に瘤状の膨らみを連続して生じ、やがて株枯れを起こす　〔堀江〕

◆植栽地での集団的な発病状況；葉が萎れて黄変する　〔堀江，牛山〕

マリーゴールド 青枯病

(*Ralstonia solanacearum*)　細菌

〈症 状〉 夏季、はじめ晴天時に萎れ、夜間や曇雨天時には回復するが、やがて萎凋したまま、全葉が黄変～褐変して株枯れに至る。根は暗褐色に腐敗する。地際茎の導管部は黒褐変して、地際茎の切り口からは、乳白色の粘質物（菌泥；病原細菌の集塊）が滲出する。

〈メ モ〉 多犯性。罹病残渣や宿主の根圏土壌で生存して伝染源となる。水の流れに沿って土壌中を移動（水媒伝染）し、主に根部の傷口から侵入・感染する。病株の地際茎をコップに水差しすると、菌泥が流れ出る。

◆花器は褐変腐敗し、患部を灰白色の分生子集塊が被う　〔堀江，総診〕

マリーゴールド 灰色かび病

(*Botrytis cinerea*)　子嚢菌類

〈症 状〉 5～6月および秋季、やや老化した花器が水浸状に腐敗し、しだいに花梗・茎葉へと進展する。患部には灰白色の粉状物（分生子の集塊）を豊富に生じる。また、地際や途中の茎部が侵されると、導管部にも腐敗が及び、その上方の茎葉が萎凋・枯死する。

〈メ モ〉 やや冷涼な湿潤条件下で発生しやすい。きわめて多犯性。罹病残渣（菌糸・分生子等）や、他種罹病植物で越冬して、第一次伝染源となる。分生子が飛散・伝播する。農薬登録（「花き類」）がある。p *017* 参照。

◆葉は白色粉状の菌叢に被われ、全体が白色～灰色に見える　〔星〕

メランポジウム うどんこ病

(*Oidium asteris-punicei*)　子嚢菌類

〈症 状〉 6月頃から、葉の表裏に白色粉状の薄い菌叢を円状に生じ、しだいに伸展して葉面全体を被うとともに、茎・花梗・萼にも拡がる。さらに病葉は生気を失って萎凋気味となる。その後、菌叢に菌寄生菌が生じ、灰色を帯びて、観賞性が著しく損なわれる。

〈メ モ〉 閉子嚢殻は未記録で、越冬形態は不詳であるが、他のキク科の宿主上に生じた分生子もまた、伝染源になる可能性がある。生育期には分生子が空気伝染する。少雨条件下で、多発する傾向がある。p *004* 参照。

メランポジウム 白絹病

(*Sclerotium rolfsii*)　担子菌類

〈症 状〉 6月頃から、地際の茎に暗緑色～褐色、水浸状の不整斑を生じ、茎葉が萎凋・褐変して株枯れを起こす。患部や周辺土壌には白色・絹糸状の光沢ある菌糸束が伸延し、菌叢上に、はじめ白色（未熟）のち堅牢な茶褐色、ナタネ種子状の菌核を多数生じる。多発すると、大株を含めて“坪枯れ”になる。

〈メ モ〉 きわめて多犯性。土壌中に菌核の形態で越冬する。菌糸束が植物体上、地表面や浅い土層を伸延して、近接株へ伝播する。農薬登録（「花き類」）がある。p *012* 参照。

◆株全体が萎凋し、立枯れを起こす；地際部の菌糸束と菌核　〔堀江〕

リアトリス 菌核病

(*Sclerotinia sclerotiorum*)　子嚢菌類

〈症 状〉 春季～初夏（開花期頃）、はじめ茎葉に暗緑色、水浸状の小斑が現れ（第一次発病）、患部に白色で綿毛状の菌叢を生じ、茎の患部から上方は萎凋して枯死する。そして菌叢内部、あるいは茎の髄部に黒色で、長径 5 - 10 mm ほどの菌核が形成される。露地で集団植栽すると、菌糸が隣接株へ伸展し、感染（第二次発病；写真）する症例がある。

〈メ モ〉 多犯性。土壌中で越冬した菌核に子嚢盤を生じ、子嚢胞子が第一次伝染する。農薬登録（「花き類」）がある。p *006* 参照。

◆列植された株が次々と感染・枯死する（右：黒色・塊状の菌核）〔堀江〕

リアトリス 半身萎凋病

(*Verticillium dahliae*)　子嚢菌類

〈症 状〉 6～7月頃、下葉から部分的に黄化して萎れ、順次上位葉へも進展する。葉身の黄変部位に規則性はなく、やがて株全体の茎葉が黄褐変し、枯死に至る。また、茎・葉柄の導管部は淡褐色～褐色に変色する。病勢はやや緩慢に推移するが、梅雨明けに萎凋や茎葉枯れの被害が目立つ。このため、植栽地では開花期の観賞性・景観を著しく損ねる。

〈メ モ〉 多犯性。小型菌核が土壌中で長期間生存して伝染源となる。菌核は発芽して根部から侵入・感染する。p *018* 参照。

◆病株は下葉から上方へ黄褐変が進展して、枯れ上がる　〔竹内，堀江〕

◆葉に茶褐色の楕円斑を生じ、分生子殻を散生する 〔堀江、右下：星〕

アマドコロ 褐色斑点病

(*Phyllosticta cruenta*) 子嚢菌類

〈症 状〉 5月頃から、葉に淡い茶褐色～淡褐色で、周縁部が紫紅色～紫黒色、長径3‐8mm程度の、楕円斑～不整円斑を生じる。病斑周辺から黄化が進み、葉枯れを起こす。病斑上に、小黒粒点（分生子殻）が散生～群生する。7月頃から早期落葉する。病斑は短期間に発生し、その後の形成は見られない。

〈メ モ〉 罹病残渣（分生子殻）で越冬後、春季に殻から押し出された分生子粘塊が、最初の伝染源となって伝播する。第二次伝染の有無や、その程度については検証を要する。

◆葉に周縁が明瞭な楕円斑～不整斑を生じる 〔牛山，近岡〕

オモト 炭疽病

(*Colletotrichum lilii*) 子嚢菌類

〈症 状〉 梅雨期頃から、葉表に赤褐色で、円形～楕円形の小斑点が生じる。拡大した病斑は乾燥気味にやや凹み、楕円形・類円形～不整形となり、色調は淡褐色・灰褐色～暗褐色と様々で、周囲は明瞭な赤褐色の細い帯で縁どられ、黄色のぼかしをもつ。病斑の表裏には小黒粒点（分生子層）を散生～群生する。

〈メ モ〉 葉病斑（分生子層）で越冬し、最初の伝染源となる。分生子が雨滴や灌水の飛沫によって分散しつつ、伝播・蔓延する。農薬登録（「花き類」）がある。p *015* 参照。

◆強風雨後しだいに枯れ込む；病斑上に小黒粒点をつくる〔堀江，竹内〕

キチジョウソウ 炭疽病

(*Colletotrichum dematium*) 子嚢菌類

〈症 状〉 6月頃から、葉に暗褐色～灰褐色で周縁が赤褐色の楕円斑～不整斑を生じ、周辺に黄色のぼかしをもつ。強風雨後などに、葉先や葉縁から褐斑が急速に進展し、葉枯れを起こす場合もある。病斑部は葉脈に沿ってしばしば破れる。古い病斑の表裏には、小黒粒点（分生子層）が多数形成される。

〈メ モ〉 多犯性。着生病葉（分生子層）で越冬し、当年葉への第一次伝染源となる。分生子層に生じた分生子粘塊が、雨滴や灌水により分散・伝播する。p *015* 参照。

ギボウシ類 白絹病

（*Sclerotium rolfsii*）　担子菌類

〈症 状〉 6月頃から、葉の基部に水浸状の不整斑を生じ、のち葉が萎凋・褐変して、葉腐れを起こす。患部や周辺の土壌表面には、白色・絹糸状の光沢ある菌糸束が伸延し、菌叢上に、はじめ白色（未熟）のち茶褐色、ナタネ種子状の菌核を多数生じる。植栽地では集団で株枯れを起こして“坪枯れ”となる。

〈メ モ〉 きわめて多犯性。菌核が土壌中で長期間生存して伝染源となる。菌糸束が植物体上・地表面を伸延し、近隣株へ伝播する。土壌の高温多湿で蔓延が早まる。p *012* 参照。

◆地際部から褐変腐敗し、茶褐色の菌核を多数形成する　〔堀江〕

ギボウシ類 炭疽病

（*Colletotrichum dematium*）　子嚢菌類

〈症 状〉 梅雨期頃から、葉に灰褐色～褐色で円形・楕円形～不整形、周縁が明瞭な病斑を生じる。病斑は湿潤条件下で拡大融合して大型不整斑となり、のちに破れて崩壊し、孔の空くものが多くなる。病斑の表裏には、小黒粒点（分生子層）が多数形成される。

〈メ モ〉 コバノギボウシ（写真左）、オオバギボウシ（同右）などは感受性が高い。多犯性。罹病残渣（分生子層等）で越冬し、第一次伝染源となる。分生子粘塊が雨滴や灌水の飛沫により分散・伝播する。p *015* 参照。

◆葉に褐色の不整円斑を生じて、のちに孔が空く　〔堀江〕

ギボウシ類 灰色かび病

（*Botrytis cinerea*）　子嚢菌類

〈症 状〉 5～7月の湿潤期頃、花弁に水浸斑を生じ、病花弁や花殻が葉上に落下して密着し、その部位に褐色の水浸斑を生じる。病斑は速やかに拡大するとともに、しばしば輪紋を形成する。大型病斑はのちに崩壊する。患部上には、灰白色～灰色を呈した、粉状の菌叢（分生子柄・分生子の集塊）を生じる。

〈メ モ〉 やや冷涼な湿潤条件が続くと、蔓延しやすい。きわめて多犯性。罹病残渣（菌糸等）で越冬し、分生子が飛散・伝播する。病花・病葉は早めに取り除く。p *017* 参照。

◆葉に生じた、分生子飛散による小褐斑、ならびに崩壊した大型病斑；
右：花殻の付着部位を起点として発病した症例　〔堀江〕

◆株全体が葉枯れを起こし、多数の菌核を形成する 〔堀江，竹内〕

ジャノヒゲ 白絹病

(*Sclerotium rolfsii*) 担子菌類

〈症 状〉 6月頃から、株の一部の葉が褪色ないし黄変し、しだいに株全体の葉が軟化腐敗する。やがて患部や周辺の土壌表面には、白色・絹糸状で光沢のある菌糸束が伸延し、菌叢上に、はじめ白色（未熟）のち茶褐色、ナタネ種子状の菌核が多数形成される。植栽地では“坪枯れ”を呈することがある。写真はチャボリュウノヒゲの被害症状。

〈メ モ〉 きわめて多犯性。菌核が罹病残渣や土壌中で長期間生存し、伝染源となる。土壌の高温多湿で蔓延が早まる。p *012* 参照。

◆刈払いされた葉の切断面から褐変枯死が進行しやすい 〔堀江，竹内〕

ジャノヒゲ 炭疽病

(*Colletotrichum dematium*) 子嚢菌類

〈症 状〉 5月頃から、当年葉に灰褐色～褐色の、楕円形・紡錘形～不整形病斑を生じ、のち拡大融合して葉枯れを起こす。植栽地では刈払いによって生じた傷部から発病することが多く、病斑は切断面から基部へ向かって進展する。患部に黒色で、やや盛り上がった小黒粒点（分生子層）を多数形成する。

〈メ モ〉 多雨・多灌水などの湿潤条件で頻発する。多犯性。分生子層は周年形成されており、これが伝染源となる。分生子が雨滴や灌水の飛沫で分散・伝播する。p *015* 参照。

◆植栽地では集団的に発生して、葉枯れ・株枯れが目立ち、患部や周辺の地表面に白色菌叢と菌核を生じる 〔堀江〕

ドイツスズラン 白絹病

(*Sclerotium rolfsii*) 担子菌類

〈症 状〉 6月頃から、地際の葉柄や茎部に暗緑色～褐色、水浸状の不整斑を生じ、患部の上方は、葉脈に沿って黄変～褐変し、葉枯れを起こす。患部や周辺の土壌表面には、白色で絹糸状の菌糸束が伸延し、やがて菌叢上にはじめ白色（未熟）のち茶褐色、ナタネ種子状の菌核を多数形成する。植栽地では集団枯損を起こし、景観を著しく損ねる。

〈メ モ〉 きわめて多犯性。菌核が罹病残渣や土壌中で長期間生存し、伝染源となる。農薬登録（「花き類」）がある。p *012* を参照。

ドイツスズラン 赤斑細菌病

(*Burkholderia andropogonis*)　細菌

〈症 状〉 4月頃から、葉に中央部が赤色～赤褐色で、周縁部が水浸状の小斑を生じる。のちに拡大融合しつつ、赤褐色の大型水浸斑となり、やがて葉全体が褐変・枯死する。
〈メ モ〉 各所で常発し、湿潤状態が継続すると、集団枯損を起こすことがあり、年ごとに春季の芽吹きが衰退していく。多犯性。展葉後すぐに発病する所見から、地中の匍匐茎の組織内で越冬する可能性が示唆される。生育期には、病斑部から滲出した細菌が、雨滴や灌水の飛沫とともに飛び散って伝播する。

◆葉に赤褐色の水浸斑が拡がり、のち葉枯れを起こす〔堀江，中：吉澤〕

ノシラン 炭疽病

(*Colletotrichum dematium*)　子嚢菌類

〈症 状〉 5月頃から、葉に灰褐色～褐色、楕円形・紡錘形～不整形の病斑を生じ、のちに拡大融合し、葉枯れ症状を呈する。植栽地では、刈払いによる傷部から発病することが多く、病斑は葉の基部へ向かって進行する。病斑の表裏には、黒色でやや盛り上がった、小黒粒点（分生子層）を多数形成する。
〈メ モ〉 多雨・多灌水などの湿潤条件で頻発する。多犯性。分生子層は周年形成されており、これが伝染源となる。分生子が雨滴や灌水の飛沫で分散・伝播する。p *015* 参照。

◆葉に褐斑を生じ、その表裏に多数の分生子層を形成する 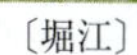〔堀江〕

ハラン 炭疽病

(*Colletotrichum dematium*)　子嚢菌類

〈症 状〉 梅雨期頃から、葉に淡褐色・円形～不整形、周縁部は明瞭で、黄色のぼかしをもつ、径 1‐2 cm 程度の病斑を生じる。葉先や葉縁を起点として進展する病斑も多い。やがて葉枯れ症状を呈する。病斑の表裏に、小黒粒点（分生子層）を散生～群生する。日焼け痕や、強風での葉擦れ痕から発病しやすい。
〈メ モ〉 多雨・多灌水などの湿潤条件で頻発する。多犯性。分生子層は周年形成されており、これが伝染源となる。分生子が雨滴や灌水の飛沫で分散・伝播する。p *015* 参照。

◆葉先・縁部や日焼け痕などから発病し、分生子層を多数生じる〔堀江〕

◆株全体に葉枯れを起こし、病斑上に分生子層を群生する 〔星〕

ヤブラン 炭疽病（たんそびょう）

（*Colletotrichum dematium*） 子嚢菌類

〈症 状〉 5月頃から、葉に淡褐色で、周囲が赤褐色に縁どられ、長径 4 - 10 mm 程度、楕円形～紡錘形の病斑を生じ、のち葉幅を被いつつ上下に長く、褐変腐敗が拡大する。やがて病斑上に、小黒粒点（分生子層）が同心輪紋状に形成される。多発した場合は、前年葉の被害も含め、株全体が褐色に見える。

〈メ モ〉 多犯性。病葉上の分生子層の形態で越冬後、春季に分生子塊が現れ、雨滴や灌水の飛沫によって分散・伝播する。生育期にも分生子が雨滴伝染する。p *015* 参照。

◆苗では隣接株に次々と地際感染して、倒伏枯死をもたらす 〔竹内〕

ツルニチニチソウ 立枯病（たちがれびょう）

（*Rhizoctonia solani*） 担子菌類

〈症 状〉 梅雨後期に発生が多い。はじめ茎の地際部に、褐色～暗褐色の病斑を生じ、拡大すると、茎の患部がくびれる。のちに地下部へも進展して、根部が褐変・腐敗する。このため茎葉は萎凋・枯死する。苗圃場や植栽地では、近隣株へ次々と蔓延し、ときに集団的な枯損を起こし、景観を著しく損なう。

〈メ モ〉 土壌の多湿条件で発生しやすい。多犯性。罹病残渣（菌核・菌糸塊）で土壌中に生存し、菌糸が伸延して感染・発病する。農薬登録（「花き類」）がある。p *007* 参照。

◆葉や茎に水浸斑を生じ、速やかに進行して茎・株枯れを起こす 〔堀江〕

ニチニチソウ 疫病（えきびょう）

（*Phytophthora nicotianae*） 卵菌類

〈症 状〉 6月頃から、茎の地際部・葉などに暗緑色～灰緑色の水浸斑を生じ、すぐに軟化腐敗する。茎では、患部から上方の枝葉が萎凋・褪色して枯れる。多湿時には、患部に無色ないし白色の薄い菌叢が拡がる。ついには株全体が萎凋・褐変し、株枯れを起こす。

〈メ モ〉 土壌水分が高いと発生しやすい。多犯性。卵胞子が罹病残渣・土壌中で長期間生存し、第一次伝染源となる。そして、遊走子嚢内で分化した遊走子が水媒伝染する。農薬登録（「花き類」）がある。p *005* 参照。

ニチニチソウ くもの巣かび病

(*Rhizopus stolonifer* var. *stolonifer*)　接合菌類

〈症 状〉梅雨期頃から、老化した花弁・花殻等が軟化腐敗し、葉や茎にも水浸斑が急速に進展する。茎の患部から上方は萎凋・枯死して、湿潤下では株枯れを起こす。患部には淡褐色で、くもの巣状の菌糸が蔓延し、黒色球状物（胞子嚢胞子）が豊富に散生する。
〈メ モ〉植栽内部が高温で蒸れると、発生が多い。多犯性。腐生性が高く、イチゴ熟果などにも腐敗を起こす。罹病残渣（菌糸・胞子など）で生存し、第一次伝染源になる。胞子嚢胞子が伝播し、菌糸でも近隣株へ拡がる。

◆患部を豊富な菌糸が被い、黒色球状物を生じる　〔堀江, 右下：星〕

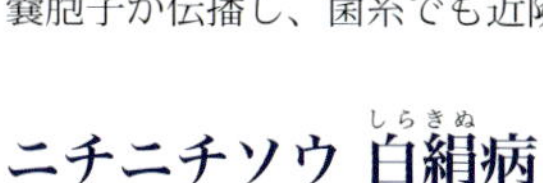

ニチニチソウ 白絹病

(*Sclerotium rolfsii*)　担子菌類

〈症 状〉6月頃から、地際の茎部に水浸斑を生じ、のち茎葉が萎凋・褐変して株枯れとなる。患部や周辺の土壌表面に、白色・絹糸状の菌糸束が伸延して、はじめ白色（未熟）のち茶褐色、ナタネ種子状の菌核を多数形成する。植栽地では集団で株枯れを起こす。
〈メ モ〉きわめて多犯性。菌核が土壌中で長期間生存して伝染源となる。生育期には、患部からも菌糸束が植物上・地表面、あるいは浅い土層を伸延し、近隣株へ伝播する。農薬登録（「花き類」）がある。p *012* 参照。

◆茎葉は萎凋枯死して、菌核を多数形成する　〔堀江, 右上：近岡〕

ニチニチソウ 灰色かび病

(*Botrytis cinerea*)　子嚢菌類

〈症 状〉梅雨期および秋雨期、葉や花器に水浸斑を生じる。とくに花殻が葉に落下して付着した部位から発病しやすい。茎へ進展した場合には、患部から上方の枝葉が萎凋枯死する。患部に灰褐色で粉状の菌叢（分生子柄・分生子塊）を豊富に形成する。集団で植栽された花壇では、多発することがある。
〈メ モ〉やや冷涼な湿潤条件下で拡がる。きわめて多犯性。罹病残渣など（菌糸他）で腐生的に越冬し、分生子が飛散・伝播する。農薬登録（「花き類」）がある。p *017* 参照。

◆葉茎や花冠が水浸状に腐敗し、灰色粉状物が被う　〔星, 右下：竹内〕

◆葉茎に菌糸が蔓延しつつ、患部は褐変腐敗を起こす　〔星，小野〕

ニチニチソウ 葉腐病（はぐされ）

(*Rhizoctonia solani*)　担子菌類

〈症 状〉梅雨期および秋雨期、はじめ地際の茎葉に暗灰色・水浸状の病斑を生じ、患部付近に、くもの巣状の菌糸が蔓延して、葉腐れ症状を呈する。また、茎葉上の病斑に隣接した健全部には、ベージュ色でマット状の子実層（有性器官）が観察されることがある。

〈メ モ〉多犯性。罹病残渣（菌糸・菌核）で生存して、第一次伝染源となる。生育期には菌糸が周辺の茎葉に伸延する。さらに、子実層上の担子器に形成される担子胞子は、雨風によって広範囲に伝播する。p *007* 参照。

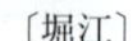

◆新葉および花弁にモザイクや奇形症状を発現する　〔堀江〕

ニチニチソウ モザイク病　ウイルス

（キュウリモザイクウイルス；CMV）

〈症 状〉初夏頃から発生する（時期は保毒アブラムシ類の飛来消長に左右される）。新葉には緑色・黄緑色・黄色等の濃淡があるモザイクや凹凸・波打ちを生じ、葉が細くなったり、よじれや奇形が現れる。花弁には濃淡の斑（ふ）が入り、花弁・花冠の奇形も起こる。栽培初期に発生すると、生育が阻害される。

〈メ モ〉きわめて多犯性。アブラムシ類により非永続伝搬される。ときには、タバコモザイクウイルス（TMV）、カブモザイクウイルス（TuMV）が検出される。p *020* 参照。

◆茎葉に褐色斑点を生じ、葉枯れ・株枯れ症状を呈する　〔竹内〕

ヒメツルニチニチソウ 黒枯病（くろがれ）

(*Phoma exigua* var. *inoxydabilis*)　子嚢菌類

〈症 状〉梅雨後期・秋季、葉では暗緑色、水浸状の不整円斑を生じ、やがて葉枯れを起こす。茎の病斑が進展すると、葉柄から葉身へも拡がり、かつ茎患部から上方は萎凋枯死する。茎病斑が匍匐茎から伸びた根に進展すると、株枯れを起こす。植栽地では茎葉・株の枯れが集団で発生する。病斑部に、褐色～暗褐色の小粒点（分生子殻）を散生する。

〈メ モ〉主に着生病葉（分生子殻）で越冬後に、分生子が雨滴や灌水の飛沫によって分散しつつ、伝播・蔓延すると思われる。

クレマチス“さび病”（赤星病）

（*Coleosporium clematidis*, *Puccinia recondita* など）　担子菌類

〈症 状〉 *C. clematidis*（夏・冬胞子；精子・銹胞子はアカマツ等）＝夏季、葉表に小黄斑が多数生じて、裏側に黄色・粉粒状の夏胞子堆を、秋季には、表皮下に橙赤色の冬胞子堆を生じる。*P. recondita*（精子・銹胞子；夏・冬胞子はイネ科）＝4月頃、葉表の小黄斑上に精子器を群生後、葉裏にカップ状の銹胞子堆が束生する。花器や蔓の患部は肥厚し、銹胞子堆が群生した部位の黄色が目立つ。

〈メ モ〉 伝染方法等の生態は p *011* 参照。

◆左・中：夏胞子堆と冬胞子堆；右：膨大した花器と銹胞子堆　〔柿嶌〕

シュウメイギク うどんこ病

（*Pseudoidium* sp.）　子嚢菌類

〈症 状〉 6月頃から、葉に白色粉状の菌叢が円形～不整形に生じ、しだいに伸延して葉の表裏や茎を被う。患部の植物組織はやや赤みを帯びる。病葉は生気を失い、しな垂れるようになり、のち黄変する。秋季（開花期）になると、菌叢が旺盛に拡がるので、遠くから認知できるほど、観賞性を著しく損ねる。

〈メ モ〉 閉子嚢殻の形成は未記録で、越冬形態についても詳細は明らかでない。生育期には分生子が空気伝染し、発病を繰り返す。農薬登録（「花き類」）がある。p *004* 参照。

◆葉および茎に白色粉状の菌叢が生じ、やがて全体を被う　〔星〕

シュウメイギク 白絹病

（*Sclerotium rolfsii*）　担子菌類

〈症 状〉 6月頃から発生し、梅雨後期以降に症状が顕著となる。地際の茎部に暗緑色～褐色の水浸斑を生じ、のち茎葉が萎凋し、下葉から黄変～褐変して枯れ上がり、茎・株枯れに至る。患部や周辺の土壌表面には、白色で絹糸状の光沢ある菌糸束が伸延して、菌叢上に、はじめ白色（未熟）のち茶褐色、ナタネ種子状の菌核が多数形成される。

〈メ モ〉 きわめて多犯性。菌核が罹病残渣や土壌中で長期間生存して、伝染源となる。農薬登録（「花き類」）がある。p *012* 参照。

◆患部とその周辺に菌核を多数生じ、茎・株枯れを起こす　〔堀江〕

◆葉に短冊形の黄褐斑を生じる；右：赤色に染色された線虫　〔牛山〕

シュウメイギク 葉枯線虫病

（イチゴセンチュウ）　線虫

〈症 状〉梅雨期頃から、葉が褪色・黄変～褐変し、やがて葉脈に区切られた、明瞭な不整角斑となる。多発した場合は葉枯れ症状が目立ち、とくに降雨が連続する湿潤条件下では葉が黒褐変して、萎凋・腐敗を起こす。

〈メ モ〉寄生性には品種間差異がある。土壌中の不定芽や、罹病残渣内で生存して、発生源になると思われる。生育期には、降雨・灌水等の水滴で跳ね上げられ、あるいは植物体の表面（降雨等で濡れた部位）を伝わって移動しつつ、葉の組織内に侵入する。

◆葉茎が萎凋・黄褐変して、株枯れとなる；右：菌糸束と菌核　〔堀江〕

チドリソウ 白絹病

（*Sclerotium rolfsii*）　担子菌類

〈症 状〉６月頃から、地際の茎部に暗緑色～褐色の水浸斑を生じ、すぐに茎葉が萎凋・褐変して、株枯れを起こす。患部や周辺の土壌には、白色・絹糸状の菌糸束が伸延し、菌叢上に、はじめ白色（未熟）のち茶褐色、ナタネ種子状の菌核を多数形成する。

〈メ モ〉地温が高く、土壌が湿潤な条件下で発生しやすい。きわめて多犯性。土壌中に菌核の形態で長期間生存し、伝染源となる。菌糸束が植物体上、地表面や浅い土層を伸延して、近隣株へ伝播する。p *012* 参照。

◆葉に白色粉状の菌叢を生じる；右：閉子嚢殻　〔佐藤，鍵和田研〕

デルフィニウム うどんこ病

（*Erysiphe aquilegiae* var. *ranunculi*）　子嚢菌類

〈症 状〉作型により、秋・春季～５月頃、葉の表裏に白色粉状の菌叢を生じ、しだいに伸展して茎葉を被い、かつ花器にも白粉状の菌叢が現れる。５月頃には、菌叢中に黒褐色の小粒点（閉子嚢殻）を散生～群生する。

〈メ モ〉閉子嚢殻が罹病残渣等に付着して越夏後、秋季の伝染源となる。生育期には分生子が空気伝染する。本種はキンポウゲ科植物を宿主とするが、相互の寄生関係は不詳。農薬登録（「花き類」）がある。p *004* 参照。

ニリンソウ 黒穂病（くろほ）

（*Urocystis pseudoanemones*）　担子菌類

〈症 状〉 4～5月頃、葉身・葉柄・花柄などに灰白色の膨らみを生じ、しばらくすると黒色・粉状の胞子（厚壁胞子；黒穂胞子ともいう）の集塊が現れる。溢れ出た黒粉は患部周辺にも付着する。その後、患部周辺から黄化して、葉枯れや地上部の枯れを起こす。

〈メ モ〉 胞子は風や雨で飛散後、発芽して担子胞子が頂生し、その担子胞子が互いに接合しつつ、冬芽などに感染・潜在し、翌春に発病すると考えられる。また、罹病組織内に菌糸で越冬して、全身発病する場合もある。

◆茎葉に灰白色の膨らみを生じ、内部に黒色の胞子が充満する　〔堀江〕

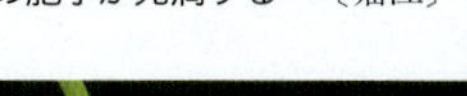

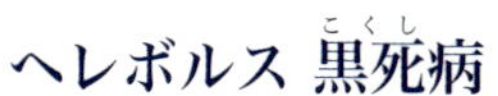

ヘレボルス 黒死病（こくし）

（クリスマスローズ網状えそウイルス；HeNNV）　ウイルス

〈症 状〉 新規症状は初夏頃に現れ、新葉・葉柄・花弁（萼片）・花柄に、通導器官に沿うようにして、壊疽斑・壊疽条斑を生じる。重症株では他に、葉のよじれ・波打ち・生育不均衡・変形などの症状を現す。とくに新葉展開期の被害は顕著で、診断の目安となる。

〈メ モ〉 アブラムシ類によって非永続伝搬される（接種約2か月で発症）。また、感染親株からの栄養繁殖（株分け）によって伝染する。自然宿主はクリスマスローズ属のみ。

◆葉・花弁等に際立った壊疽斑や萎縮などが現れる　〔星，鍵和田〕

ヘレボルス 白絹病（しらきぬ）

（*Sclerotium rolfsii*）　担子菌類

〈症 状〉 梅雨期頃、茎や葉柄の地際部に水浸斑を生じ、しだいに葉色が悪くなり、そして生育不良や株枯れを起こす。患部や周辺の土壌表面には、白色・絹糸状の光沢ある菌糸束が伸延し、菌叢上に、はじめ白色（未熟）のち茶褐色、ナタネ種子状の菌核を多数形成する。植栽地では "坪枯れ" をもたらす。

〈メ モ〉 きわめて多犯性。菌核が土壌中で長く生存し、伝染源となる。菌糸束が地表面や浅い土層を伸延して、近隣株へ伝播する。農薬登録（「花き類」）がある。p *012* 参照。

◆葉や葉柄が褐変枯死し、患部や株元に菌糸束と菌核を生じる　〔堀江〕

◆葉に淡褐色の不整斑を生じ、やがて葉枯れを起こす 〔堀江〕

ヘレボルス 炭疽病

（*Colletotrichum* sp.） 担子菌類

〈症 状〉梅雨期～秋季、はじめ葉身に褐色の小斑を生じ、のち淡褐色、周縁が黒褐色の円形～不整形病斑となる。葉先や葉縁を起点として、拡大することも多い。病斑上に黒色でやや盛り上がった小粒点（分生子層）が散生ないし輪生する。層は暗褐色・針状の剛毛をもち、湿潤時に淡橙色の分生子塊を現す。

〈メ モ〉主に着生病葉（分生子層や組織内菌糸）で越冬し、第一次伝染源となる。分生子が雨滴や灌水の飛沫で分散・伝播する。農薬登録（「花き類」）がある。p *015* 参照。

◆根部にまだら状の病斑を生じ、のち腐敗して株枯れに至る 〔竹内〕

ヘレボルス 根黒斑病

（*Cylindrocarpon destructans*） 子嚢菌類

〈症 状〉5月頃から、下位葉の葉先から褐変が拡大して、葉枯れを起こす。病勢は緩慢に経過して、頂葉はわずかに緑色を保ち、株枯れ寸前で小康状態を保つものも多いが、盛夏期には株枯れに至る。根部～茎の地際部には暗褐色～黒色の病斑がまだら状に生じ、のち根部は腐敗（細根は消失）する。植栽地ではしばしば集団株枯れをもたらす。

〈メ モ〉やや多犯性。病苗・保菌苗の持ち込みにより、植栽地が病土化する。罹病残渣や土壌中で厚壁胞子が生存し、伝染源となる。

◆茎葉に白色粉状の菌叢を生じ、のち当該茎葉の全面に拡がる 〔星〕

ラナンキュラス うどんこ病

（*Erysiphe aquilegiae* var. *ranunculi*） 子嚢菌類

〈症 状〉秋季、葉などに白色粉状の菌叢が円状～不整状に伸展し、のち全面に拡がる。菌叢痕は紅灰色に変わることが多い。葉縁が巻き、葉全体がよじれるものもある。春季の菌叢上に、小黒粒点（閉子嚢殻）を散生する。

〈メ モ〉閉子嚢殻や組織内菌糸が越夏し、秋季での第一次伝染源となる。生育期には分生子が空気伝染する。キンポウゲ科に広く発生するが、相互の寄生関係については不詳。農薬登録（「花き類」）がある。p *004* 参照。

ラナンキュラス 葉化病

(*Candidatus* Phytoplasma asteris)

ファイトプラズマ

〈症 状〉 花冠では、その中央部や全体が緑色の細かい花弁となって、本来の色調が発現しない（葉化症状）。また、株元および株の中間部位からは、細い茎枝が多数生じる（叢生症状）。さらには、生育不良や生育不揃いをもたらす。集団的に発生する事例が多い。

〈メ モ〉 ファイトプラズマの伝染方法は、ヨコバイ類による媒介・伝搬、あるいは増殖性伝染（栄養繁殖を介しての種苗伝染）が知られているが、本病の伝染環は不明である。

◆花弁が緑色で細く叢生し、葉も小型化して奇形を呈する　〔折原〕

プリムラ 灰色かび病

(*Botrytis cinerea*)

子嚢菌類

〈症 状〉 露地では４～５月頃、下葉に褐色不整斑を生じ、病斑上に灰色・粉状物（分生子柄・分生子の集塊）が密生する。葉柄や花茎の基部が侵されると、その上部は萎凋・枯死する。花弁では脱色した染み状斑が多数生じる。花殻が葉面に付着して発病・蔓延する。

〈メ モ〉 比較的冷涼な、湿潤条件下で発生が多い。きわめて多犯性。罹病残渣（菌糸・菌核等）で越冬し、周辺の他種罹病植物も伝染源となる。分生子が飛散して伝播する。農薬登録（「花き類」）がある。p *017* 参照。

◆花弁に染み状斑を多数生じ、葉の病斑は灰色粉状物に被われる〔堀江〕

ヤブコウジ 褐斑病

(*Guignardia ardisiae*)

子嚢菌類

〈症 状〉 梅雨期頃から、葉にはじめ淡褐色～褐色の小斑を生じ、のちに淡褐色～灰褐色で周縁が濃褐色、径 5 mm 程度の不整円斑を生じ、病斑周辺は紫色を帯びる。病斑上に、多数の小黒粒点（偽子嚢殻）を形成する。病葉は着生したまま越冬して、春季に当年葉が展開を始めた頃、落葉を起こす。

〈メ モ〉 越冬した着生病葉、または病落葉上に形成された偽子嚢殻（子嚢胞子）が第一次伝染源となる。生育期にも、当年葉の病斑に生じた子嚢胞子が、伝播すると思われる。

◆葉に不整円斑を生じ、病斑上に小黒粒点を多数形成する　〔堀江〕

◆葉は白色粉状の菌叢に被われる；右：分生子等の集塊　〔堀江〕

アジュガ うどんこ病

（*Podosphaera elsholtziae*）　子嚢菌類

〈症 状〉 5月頃から、葉の両面に白色粉状で円形の菌叢を生じ、伸展して株全体を被うようになる。葉は生気を失い、しな垂れる。古い菌叢上には、菌寄生菌が発生して、汚灰色を帯び、くすんで見える。秋季の菌叢上には小黒粒点（閉子嚢殻）が群生～散生する。

〈メ モ〉 閉子嚢殻が罹病残渣等に付着して越冬し、第一次伝染源になると思われる。加えて、病葉は周年見られ、春季に新生された分生子も、最初の伝染源として重要である。分生子は空気伝染する。p *004* 参照。

◆葉柄・茎が黒変腐敗し、葉・株枯れを起こす；右：分生子殻　〔竹内〕

アジュガ 株枯病（かぶがれ）

（*Phoma eupyrena*）　子嚢菌類

〈症 状〉 6月頃から、地際の茎部に暗緑色で水浸状の病斑を生じ、やがて下葉の葉柄基部や根部にまで進展しつつ、黒変腐敗を起こして、株全体が萎凋・枯死する。患部には、小黒粒点（分生子殻）を散生～群生し、多湿のとき、殻の頂部から糸状に巻いた、淡黄色の粘塊（分生子角）が押し出される。

〈メ モ〉 多雨・多灌水下で発生しやすい。罹病残渣（分生子殻）で越冬し、第一次伝染源となる。生育期にも、分生子が雨滴や灌水の飛沫によって分散し、伝播・感染する。

◆地際部から株枯れを起こし、菌核を多数形成する　〔堀江，右：竹内〕

アジュガ 白絹病（しらきぬ）

（*Sclerotium rolfsii*）　担子菌類

〈症 状〉 梅雨期頃、茎葉の地際部に水浸斑を生じ、のち株枯れを起こす。株元や周辺土壌には、白色・絹糸状の菌糸束が伸延し、菌叢上に白色（未熟）のち茶褐色、ナタネ種子状の菌核が豊富に形成される。植栽地ではしばしば枯死株（欠株）が集団発生する。

〈メ モ〉 きわめて多犯性。菌核が土壌中で生存し、好適な地温と湿潤条件で直接発芽して感染する。また、病株から菌糸束が地表面や浅い土壌中を伸延し、近接株へ伝染する。農薬登録（「花き類」）がある。p *012* 参照。

オレガノ 葉腐病

(*Rhizoctonia solani*)　担子菌類

〈症 状〉 梅雨・秋雨期頃、葉や茎に褐色の水浸斑を生じ、すぐに進展して、茎葉全体が褐変腐敗しつつ枯死に至る。病茎葉は、くもの巣状の菌糸によって綴られる。同じハナハッカ属のマジョラム（マヨナラ）にも、本菌に起因する“葉腐れ症”が被害を及ぼす。

〈メ モ〉 やや高温・湿潤状態が継続する時期に発生が多い。多犯性。罹病残渣または土壌中で菌核・菌糸が長期間生存して、伝染源となる。さらには、患部からも菌糸が伸延しながら、近隣株へ伝染する。p *007* 参照。

◆葉や茎が褐変して落葉し、着生・枯死葉は菌糸に綴られる　〔竹内〕

サルビア うどんこ病

(*Oidium hormini*)　子嚢菌類

〈症 状〉 6月頃から、はじめ葉表に、白色粉状の菌叢が円状～不整状に生じ、菌叢伸展と伝播を繰り返して、葉の両面・葉柄・茎・花穂などを被う。病葉はよじれたり、葉先を内側に巻き、患部は赤みを帯びる。のちに病葉は生気を失い、しな垂れる。集団的な植栽地では、全体が白っぽく見え、観賞性や景観を著しく損ねる。ブルーサルビアに多発する。

〈メ モ〉 閉子嚢殻は未確認で、越冬形態等も不詳。生育期には分生子が空気伝染する。農薬登録（「花き類」）がある。p *004* 参照。

◆葉茎に白色粉状物が生じ、やがて株全体を被う　〔堀江，星〕

サルビア 灰色かび病

(*Botrytis cinerea*)　子嚢菌類

〈症 状〉 露地では5～6月頃、まず盛期を過ぎた花冠が水浸状に褐変し、のち病花が葉上に落下・密着すると、その部位に褐色水浸斑を生じ、拡大しつつ輪紋斑を形成する。やがて患部には灰白色～灰色、粉状の菌叢（分生子柄・分生子の集塊）を密生する。

〈メ モ〉 やや冷涼な湿潤条件で発生する。きわめて多犯性。罹病残渣（菌糸・分生子）等で越冬する。周辺の他種の病植物も重要な伝染源である。分生子が飛散・伝播する。農薬登録（「花き類」）がある。p *017* 参照。

◆病花が落下付着した葉には大型病斑を生じ、のち破れる　〔堀江〕

◆葉が褐変腐敗し、患部やその周辺に白色の菌糸塊が散生する 〔堀江〕

サルビア 葉腐病

(*Rhizoctonia solani*) 担子菌類

〈症 状〉梅雨期、当初は株の内部で湿気がこもりやすい下葉に水浸斑が生じ、急速に拡大して葉腐れ・落葉を起こし、上位葉にも進展する。腐敗した茎葉を中心に、褐色・くもの巣状の菌糸が伸延し、患部や緑茎枝上の処々に、白色～淡褐色の菌糸塊が形成される。

〈メ モ〉やや高温、かつ高湿度条件下で多発する。多犯性。菌核・菌糸等が罹病残渣、または土壌中で長期間生存して、最初の伝染源となる。生育期には、患部からも菌糸が伸延し、近隣株へ伝播する。p *007* 参照。

◆葉および茎に白色粉状の菌叢が生じ、やがて株全体に拡がる 〔竹内〕

セージ うどんこ病

(*Euoidium* sp.) 子嚢菌類

〈症 状〉春季から、茎葉に白色粉状の菌叢が円状～楕円状に伸展する。また、伸育中の新梢・新葉に発生した場合は、よじれ・波打ち等の奇形を呈する。やがて菌叢は株全体を被い、茎葉は生気を失って黄変～褐変する。多発すると、遠くからも白っぽく目立ち、食用としての収穫もできなくなる。

〈メ モ〉病茎・病葉（菌叢）等で越冬後、春季には分生子を新生して、第一次伝染源となる。生育期にも分生子が空気伝染する。農薬登録（「ハーブ類」）がある。p *004* 参照。

◆茎に暗褐色の水浸斑を生じ、すぐに茎葉が萎凋枯死する 〔竹内〕

セージ 疫病

(*Phytophthora cryptogea*) 卵菌類

〈症 状〉梅雨期頃に発生が目立つ。はじめ地際の茎部から根部にかけて、暗褐色ないし黒色の水浸斑を生じる。病勢は急速に進展しつつ、茎葉が萎れて、のち褐変枯死する。とくに水はけが悪く、土壌水分が高い条件下においては、周辺株へも次々と感染し、ついには集団的な“坪枯れ”状態を呈する。

〈メ モ〉卵胞子が罹病残渣や土壌中で、長期間生存して、第一次伝染源となる。生育期には遊走子嚢内で分化し、嚢から遊出した遊走子が水媒伝染する。p *005* 参照。

バジル 萎凋病

（*Fusarium oxysporum* f. sp. *basilici*）子嚢菌類

〈症 状〉 初夏頃から、一部の地際茎に、褐色～黒色の壊疽斑が認められ、その茎患部から上方の茎葉は、萎凋しつつ黄褐変して、枯れ上がる。やがて株全体に萎凋が拡大し、ついには株枯れを起こす。萎凋した株では、茎の導管部が明瞭に褐変している。根は黒褐変・腐敗するとともに、細根が消失し、かつ根量もきわめて少なくなる。

〈メ モ〉 バジルのみを侵す。罹病残渣・土壌中（厚壁胞子）で長期間生存して、根から侵入・感染する。発生地は土壌消毒を行う。

◆根部および地際茎が侵され、茎葉は萎凋して株枯れを起こす 〔嶋田〕

バジル 褐斑病

（*Corynespora cassiicola*） 子嚢菌類

〈症 状〉 初夏頃から、葉に褐色の小斑点を生じ、のちに拡大して、周縁部が明瞭な暗褐色の不整円斑となる。病斑上には、黒褐色～灰色のすす状物（分生子柄・分生子塊）がまばらに現れる。また、小苗では茎の地際部が褐変・腐敗しつつ、生育が抑制され、ときには萎凋して、苗立枯れ症状を呈する。

〈メ モ〉 罹病残渣（子座・菌糸）とともに越冬後、春季に分生子を新生して、第一次伝染源となる。生育期にも、分生子が雨滴や灌水の飛沫で分散し、伝染する。

◆葉に明瞭な褐色小円斑を生じ、茎の地際も褐変枯死する 〔竹内〕

バジル 炭疽病

（*Colletotrichum gloeosporioides*） 子嚢菌類

〈症 状〉 6～10月頃、葉に褐色～暗褐色の円斑～不整円斑を生じる。葉縁から扇状～波状の病斑を形成する症例も多い。病斑はしだいに拡大融合して、葉枯れ症状を呈する。茎では、患部から上方の茎葉が萎凋し、やがて茎葉枯れを起こす。葉の古い病斑部は破れやすく、しばしば中央に孔が空く。茎葉の病斑上に、小黒粒点（分生子層）が散生する。多発すると、食用性や観賞性を損ねる。

〈メ モ〉 多犯性。分生子が雨滴によって分散し、伝播と発病を繰り返す。p *015* 参照。

◆褐斑を生じ、破れて孔が空く；病斑上に小黒粒点を散生する 〔竹内〕

◆葉表に淡い黄斑を生じ、裏側に灰褐色・霜状物を密生する 〔折原〕

バジル べと病

(*Peronospora belbahrii*) 卵菌類

〈症 状〉 春・秋季の頃、はじめ下位葉の表側に、褪緑色～黄色の斑点を生じ、その裏側に葉脈に区切られるようにして、灰褐色～暗灰褐色で、霜状の菌叢（分生子柄・分生子の集塊）が密生する。しだいに上方の葉にも進展しつつ、古い病葉から順次枯れ上がる。

〈メ モ〉 やや冷涼な湿潤期に発生する。罹病残渣（菌糸等）が越冬後、春季に分生子を生じて、伝染すると思われる。分生子が主に雨滴や灌水の飛沫で分散・伝播し、発病を繰り返す。農薬登録（「野菜類」）がある。

◆葉に白色粉状の菌叢がパッチ状に生じ、のち茎葉全体を被う 〔竹内〕

ミント類 うどんこ病

(*Euoidium* sp.) 子嚢菌類

〈症 状〉 初夏頃から、葉表に白色粉状の菌叢を円状に生じ、伸展して葉の両面や茎を広く被う。展葉時に罹病すると、茎葉は伸育が阻害され、波打ち・よじれ等を起こす。そして病葉は生気を失せ、黄変枯死する。多発したときは、植栽地全体が白っぽく見える。

〈メ モ〉 施設内や暖地においては、病植物の菌叢で越冬が可能と思われ、春季に分生子を新生して、第一次伝染源となる。生育期にも分生子が空気伝染し、発病を繰り返す。農薬登録（「野菜類」）がある。p *004* 参照。

◆多発すると葉枯れを起こす（中：夏胞子堆、右：冬胞子堆） 〔堀江〕

ミント類 さび病

(*Puccinia menthae*) 担子菌類

〈症 状〉 6月頃から、葉表に褪緑色～黄色の小斑点を生じ、その裏側に淡橙色～黄色の粉粒状物（夏胞子堆）が現れ、やがて葉裏全面や茎にも拡がる。9月下旬頃から、夏胞子堆に混在して、暗褐色～黒色で、表面がビロード状の冬胞子堆が発生し始め、しだいに夏胞子堆から冬胞子堆へ置き替わる。

〈メ モ〉 同種寄生種。伝染環は不詳。施設や暖地においては夏胞子が越冬して、春季の伝染源となる。夏胞子が雨風で伝染する。農薬登録（「野菜類」）がある。p *011* 参照。

ミント類 炭疽病

(*Colletotrichum gloeosporioides*)　子嚢菌類

〈症 状〉 6～10月頃、葉に暗褐色～紫褐色の円斑～不整斑を生じる。また、葉縁からは扇状～波状の病斑を形成する症例も多い。病斑はしだいに拡大融合して、黄変～葉枯れ症状を呈する。茎では、患部から上方の茎葉が萎凋し、のちに茎枯れを起こす。病斑上には小黒粒点（分生子層）が散生する。

〈メ モ〉 多犯性。罹病残渣（分生子層等）で越冬し、春季に新生した分生子が、雨滴や灌水の飛沫により分散・伝播する。生育期にも分生子での発病を繰り返す。p *015* 参照。

◆葉に褐色円斑を生じ、拡大融合して、黄変・葉枯れ状態となる〔竹内〕

モナルダ うどんこ病

(*Golovinomyces biocellatus*)　子嚢菌類

〈症 状〉 4月下旬頃から、葉に白色粉状の菌叢（菌糸・分生子柄・分生子）が円状に生じて、しだいに伸展しつつ、葉・茎を被う。やがて病葉は生気を失い、下葉から萎凋気味に黄変する。開花期には、花器へも白色菌叢が拡がる。患部の植物組織は、赤紫色に着色することが多い。晩秋になると、菌叢中に小黒粒点（閉子嚢殻）が散生ないし群生する。

〈メ モ〉 罹病残渣（閉子嚢殻）等で越冬して第一次伝染源になると思われる。生育期には分生子が空気伝染する。p *004* 参照。

◆葉が白色粉状物に被われ、晩秋に小黒粒点を生じる〔星，右下：堀江〕

ラベンダー 灰色かび病

(*Botrytis cinerea*)　子嚢菌類

〈症 状〉 やや冷涼で湿潤な5～6月頃、はじめ茎葉に暗褐色の水浸斑が生じ、速やかに拡大することが多い。茎の周囲を病斑が取り囲むと、患部から上方の茎葉が萎凋し、病勢が激しい場合には、株枯れを起こす。

〈メ モ〉 降雨が連続する多湿条件下で発生しやすい。きわめて多犯性。罹病残渣（菌糸・菌核）で越冬し、第一次伝染源となる。生育期には分生子が飛散・伝播する。また、他種罹病植物に生じた分生子も伝染源となる。農薬登録（「花き類」）がある。p *017* 参照。

◆茎葉に暗褐色の水浸斑を生じ、のち葉・株枯れを起こす〔竹内〕

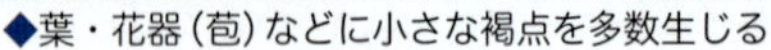

◆葉・花器(苞)などに小さな褐点を多数生じる　〔竹内，中：堀江〕

クルクマ さび斑病

(*Plectosporium tabacinum*)　子嚢菌類

〈症 状〉 6月頃から発生し、梅雨期・秋雨期に多い。はじめ葉・花弁(苞)・花茎に1‐2mm大で褐色〜暗褐色、鉄錆状の小斑点を多数生じ、その周辺部が褪色する。のち病斑は拡大融合しながら、褐色の不整斑となる。花蕾に多発した場合は、開花せずに枯れる症例が多い。湿潤時、患部に白色で粉状に見える菌体(分生子の集塊)が密生する。

〈メ モ〉 やや多犯性。罹病残渣(菌糸等)が第一次伝染源になると思われる。生育期には分生子が雨滴で分散し、伝播する。

◆葉に淡褐色の病斑を生じ、小黒粒点を多数形成する　〔竹内，右：小野〕

キキョウラン 炭疽病

(*Colletotrichum gloeosporioides*)　子嚢菌類

〈症 状〉 6月頃から、はじめ葉先や葉縁、あるいは葉身部分に、周囲が不明瞭な水浸斑が生じ、のちに拡大しつつ、淡褐色〜暗褐色で環紋をもつ不整斑となる。やがて病葉全体が乾固し、葉枯れ症状を呈する。患部には、小黒粒点(分生子層)が散生〜群生する。

〈メ モ〉 湿潤下で発生が多い。多犯性。罹病残渣(分生子層・菌糸)で越冬すると思われる。生育期には、分生子層から分生子の粘塊が押し出されて、雨滴や灌水の飛沫とともに分散し、伝播・蔓延する。p *015* 参照。

◆葉先・葉身に水浸斑を生じ、すぐに進展して褐変枯死する　〔竹内〕

キキョウラン 灰色かび病

(*Botrytis cinerea*)　子嚢菌類

〈症 状〉 5〜7月頃に、はじめ葉の先端部や中央部、地際茎に褐色〜暗緑色の水浸斑を生じる。湿潤下で急速に進展し、葉枯れを起こす。また、病斑が地際部で拡がると、株枯れ症状になる。患部には、局所的に灰白色〜灰色、粉状の菌叢(分生子等)を密生する。

〈メ モ〉 罹病残渣(分生子・菌核など)で越冬し、第一次伝染源となる。きわめて多犯性で、周辺の他種罹病植物上の分生子も重要な伝染源である。分生子が飛散・伝播する。多湿条件下で発生しやすい。p *017* 参照。

キキョウラン 紋枯（もんがれ）病

（*Rhizoctonia solani*）　担子菌類

◆葉に帯線をもつ不整斑が連続して生じ、菌糸が薄く拡がる　〔竹内〕

〈症 状〉 6～7月頃、葉に褐色～赤褐色の小斑点を生じ、拡大すると、葉脈に沿って縦長の紡錘形・長円形～不整形、灰白色で、周縁部が赤褐色の大型病斑となる。さらに、病斑が重なり合うような形状の帯線が生じ、変色部の色調に濃淡が現れるなど、いわゆる“紋枯れ症状”を呈する。湿潤時には、病斑周辺に無色～淡褐色の菌糸が薄く生じる。

〈メ モ〉 多犯性。罹病残渣（菌糸・菌核）や土壌中で長期間生存し、伝染源となる。菌糸が伸延して近隣株へ伝播する。p *007* 参照。

ニューサイラン 炭疽（たんそ）病

（*Colletotrichum gloeosporioides*）　子嚢菌類

◆葉に縦長の病斑を生じ、やがて小粒点を密生する　〔堀江，中：竹内〕

〈症 状〉 梅雨期頃から、葉先や葉縁を起点とし、あるいは葉身部分に、縦長の不整斑を生じ、のち患部から葉折れを起こす。日焼け痕から進展することも多い。病斑の表裏全面に褐色～黒褐色の小粒点（分生子層）が密生して、湿潤時には鮭肉色の粘塊が現れる。

〈メ モ〉 多雨・多灌水の条件下で発生しやすい。多犯性。主に着生病葉（分生子層）で越冬後、春季以降に分生子を新生し、第一次伝染源になると思われる。分生子は雨滴や灌水の飛沫で分散・伝播する。p *015* 参照。

ヘメロカリス さび病

（*Puccinia hemerocallidis*）　担子菌類

◆葉に小黄斑を多数生じ、その裏側には橙黄色（夏胞子堆；中）、のち茶褐色（冬胞子堆；右）の菌体が現れる　〔堀江，右：柿嶌〕

〈症 状〉 6月頃から、葉表に褪緑色～黄色の小斑点を多数生じ、その裏側は橙黄色にやや膨らみ、のち夏胞子堆が現れる。やがて葉枯れを起こして倒伏する。秋季には、夏胞子堆に隣接して冬胞子堆が形成され、徐々に置き替わる。冬胞子堆の表皮が破れて裸出すると茶褐色～黒褐色、ビロード状を呈する。

〈メ モ〉 異種寄生種で、精子・銹胞子世代をオミナエシ属で経過。発生実態から、ヘメロカリス残渣（夏胞子堆）で越冬し、夏胞子が伝染源になると思われる。p *011* 参照。

◆葉に不整斑を生じ、あるいはくさび状に枯れ込む　〔星，牛山〕

スミレ類 黒かび病

（*Cercospora violae*）　子嚢菌類

〈症 状〉 育苗後期～開花期、葉に淡灰褐色～淡褐色で、周囲が黄褐色～暗褐色に縁どられた不整円斑を生じ、拡大融合して大型不整斑となる。病斑の周辺は黄化し、のち葉枯れを起こす。また、葉縁部から、くさび形～扇形に進展する。病斑上に、すすかび状物（分生子柄・分生子の集塊）を密生する。

〈メ モ〉 罹病残渣（子座）で越冬後、春季以降に分生子を新生して、第一次伝染源になると思われる。分生子は雨滴や灌水の飛沫により分散・伝播する。p *010* 参照。

◆葉表に眼紋状の小斑を多数生じ、裏側では明瞭な染み状となる　〔高野〕

スミレ類 黒点病

（*Mycocentrospora acerina*）　子嚢菌類

〈症 状〉 3月下旬頃から発生し、葉では針頭大から径 1 - 2 mm 程度で、黒褐色・類円形の小斑が多数現れる。のち 3 - 4 mm 程度に拡大し、内部が淡褐色、周縁部が黒褐色～紫紅色で、眼紋状となる。葉裏では紫黒色・染み状を呈する。葉柄と茎部には、黒褐色～黒紫色の条斑が見られる。多発すると葉枯れを生じる。病斑部の他、無症状の枯死葉や花殻にも、分生子（無色）が多数形成される。

〈メ モ〉 腐生性が強い菌で、罹病残渣（菌糸等）で越冬後、分生子は雨風で伝播する。

◆葉に輪紋斑を生じ、すすかび状物に被われて腐敗する　〔星〕

スミレ類 黒斑病

（*Alternaria violae*）　子嚢菌類

〈症 状〉 主に秋季、葉に淡褐色で、周縁が暗褐色～紫褐色の明瞭な楕円斑を生じる。のち病斑は拡大して不整斑となり、しばしば病斑に輪紋を形成し、やがて葉枯れを起こす。病斑上には、すす状物（分生子柄・分生子の集塊）が豊富に生じ、それらはときに同心円状を呈する。湿潤下では病葉が腐敗する。

〈メ モ〉 罹病残渣（菌糸・子座）で越冬して第一次伝染源になると思われる。生育期には分生子が雨滴や灌水の飛沫により分散し、伝播する。農薬登録（「花き類」）がある。

スミレ類 そうか病

（*Elsinoë violae*）　子嚢菌類

〈症 状〉 春季、葉では濃緑色、水浸状の小点が、水滴のたまりやすい葉脈沿いや、葉の凹んだ部位に生じることが多い。やがて円形～不整形の小斑となり、中央部が白色でやや陥没し、のち孔が空いたり、縁が盛り上がって表皮が破れる。葉柄・茎・花茎にも、同様の症状が現れる。患部と健全部の生育差異が顕著で、よじれ・ひきつれなどを起こす。

〈メ モ〉 罹病残渣（子座）で越冬後、春季に新たに生じた分生子が、雨滴や水滴（灌水）によって伝播・蔓延すると思われる。

◆葉や茎に小斑が連続的に現れ、著しい奇形を呈する〔小野，右：牛山〕

スミレ類 根腐病

（*Thielaviopsis basicola*）　子嚢菌類

〈症 状〉 生育期を通して広く発生する。根部が水浸状に黒変し、細根は腐敗消失することが多く、根量は著しく減退する。また、茎の地際部も同様に黒変腐敗し、くびれる。このため、地上部の生育が阻害され、下葉は黄化して、かつ葉脈が淡い赤紫色を帯びる。そして株全体が萎凋・枯死する。幼苗では、胚軸の基部から倒伏して、集団枯損を起こす。

〈メ モ〉 厚壁胞子などが罹病残渣中、あるいは残渣崩壊後に土壌中で長期間生存して、最初の伝染源となる（土壌伝染）。

◆根部が侵されて黒変し、茎葉は生気を失って萎凋する　〔折原，高野〕

スミレ類 モザイク病　ウイルス

（キュウリモザイクウイルス；CMV）

〈症 状〉 秋季および春季、新出葉や上位葉に色調の濃淡のあるモザイク症状が現れて、葉面の凹凸・波打ち・よじれ・巻き込み・小葉化・萎縮などの奇形を呈する。ときには壊疽斑を生じることもある。花弁には明瞭な色割れを起こし、筋状の褪色斑が顕著に現れるとともに、花立ちが悪く、かつ花弁も不揃いとなる。さらには茎の節間が詰まり、株全体が矮化し、貧弱な草姿をもたらす。

〈メ モ〉 きわめて多犯性。アブラムシ類により、非永続的に伝搬される。p *020* 参照。

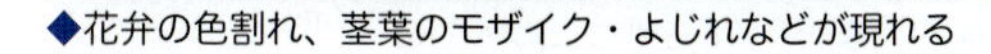

◆花弁の色割れ、茎葉のモザイク・よじれなどが現れる　〔堀江〕

◆葉に褐色～暗褐色の病斑を生じ、小黒粒点が多数形成される　〔竹内〕

フッキソウ 褐斑病

（*Phyllosticta* sp.）　子嚢菌類

〈症 状〉 6月頃から、葉にはじめ暗緑色水浸状の病斑が生じ、徐々に拡大融合して、周縁部が明瞭で、褐色～暗褐色、類円形～楕円形の病斑となり、葉縁部から発生すると、扇形を呈しつつ、のち葉枯れを起こす。古い病斑上には、やや盛り上がった、小黒粒点（分生子殻）が散生あるいは群生する。

〈メ モ〉 主に着生葉の病斑（分生子殻）で越冬し、第一次伝染源になると思われる。分生子は殻から粘塊として押し出され、雨滴や灌水の飛沫によって分散し、伝播する。

◆茎葉が黒褐変して腐敗・枯死し、病茎上には分生子層（右上）および子嚢殻（右下）を多数形成する　〔竹内，右上下：総診〕

フッキソウ 紅粒茎枯病

（*Pseudonectria pachysandricola*）　子嚢菌類

〈症 状〉 梅雨期頃から、茎に褐色～暗褐色で水浸状の病斑が拡がり、のち褐変～黒変して枯死する。そして病茎上に、梅雨末期には黄色～橙色の小粒（分生子層）を生じ、夏～秋季には、紅色の塊状物（子嚢殻）が形成される。葉では水浸状、灰緑色～灰褐色の大型不整円斑を生じ、やがて葉枯れを起こす。多発すると、茎葉が集団枯死する。

〈メ モ〉 罹病残渣（子座等）で越冬後、分生子が新生して、第一次伝染源になる。分生子は雨滴伝染する。子嚢殻の役割は不詳。

◆茎葉の地際部に白色の菌糸束が伸延し、集団枯死に至る　〔竹内〕

フッキソウ 白絹病

（*Sclerotium rolfsii*）　担子菌類

〈症 状〉 6～7月頃、茎の地際部に褐色～暗褐色、水浸状・不整形の病斑を生じ、拡大しつつ茎の維管束・根部が暗褐色に腐敗し、株全体が萎凋して、株枯れを起こす。患部と周辺土壌の表面に、白色・絹糸状の菌叢を豊富に生じたのち、ナタネ種子状の菌核を多数形成する。しばしば集団枯死を起こす。

〈メ モ〉 きわめて多犯性。菌核は土壌中で長期間生存し、第一次伝染源となる。生育期は菌糸束の伸延によって近隣株へ拡がる。農薬登録（「樹木類」）がある。p *012* 参照。

インパチエンス アルタナリア斑点病

(*Alternaria alternata*) 子嚢菌類

〈症 状〉 5月頃から、葉に暗褐色で染み状の斑点が生じ、のち中央部が灰白色、周縁が赤みを帯びた、黒褐色の小円斑となる。多発すると、病斑周辺から黄化して落葉する。花蕾や花弁にも、中央部が淡褐色、周縁が黒褐色で、外周は黒っぽく滲んだ斑点が現れる。

〈メ モ〉 多犯性。罹病残渣（分生子・菌糸）で越冬後、春季に分生子が新生し、雨滴や灌水の飛沫で伝播する。特定品種や、圃場の残留種子由来の幼苗において発症例がある。

◆葉や花弁に周縁が黒褐色、中央部が淡色の小斑が現れる 〔竹内, 星〕

インパチエンス 炭疽病

(*Colletotrichum acutatum*) 子嚢菌類

〈症 状〉 梅雨期・秋雨期の頃、茎では分岐部等に灰緑色・水浸状の、楕円斑～紡錘斑が生じる。その後、腐敗が上下に進展しつつくびれ、上方の茎葉が萎凋、枯死する。葉では輪紋をもった不整円斑が拡がる。とくに陥没した茎患部に、黒褐色の小粒点（分生子層）が群生し、湿潤時には、淡黄橙色～鮭肉色の粘塊（分生子塊）が豊富に現れる。

〈メ モ〉 多犯性。罹病残渣（子座等）で越冬する。生育期には分生子が雨滴伝染する。農薬登録（「花き類」）がある。p *015* 参照。

◆茎分岐部がくびれ、上方は萎凋し、分生子層が密生する〔高野, 堀江〕

インパチエンス べと病

(*Plasmopara obducens*) 卵菌類

〈症 状〉 春季～初夏の頃、葉表に褪緑色～黄色で、周縁が不明瞭な斑紋を生じ、すぐに葉身全体へ拡がる。その裏側には、葉脈を除いた部位に、白色・霜状の菌叢（分生子柄・分生子）が密生する。そして、病葉は葉先から葉裏側に巻き込みながら、黄変して早期落葉を起こす。湿潤時には、病勢の進展が顕著に早まるので、とくに蔓延・被害が激しい。

〈メ モ〉 罹病残渣（卵胞子）で越冬し、第一次伝染源になると思われる。生育期には胞子嚢から遊走子が遊出し、水媒伝染する。

◆葉裏に白色・霜状物が密生し、病葉は葉裏側に巻き込む 〔星〕

◆葉に輪紋をもつ褐斑が生じ、下葉から順次枯れ上がる 〔星〕

ペチュニア 褐斑病（かっぱん）

(*Alternaria longissima*) 子嚢菌類

〈症 状〉 梅雨明け前後から、下葉に褐色、類円形の小斑が生じ、徐々に周縁の明瞭な楕円形〜紡錘形に拡大して、粗い輪紋をもつ。水浸斑が拡大した場合には、下葉から枯れ上がる。また、葉縁部からも拡がる。患部にすす状物（分生子柄・分生子）を散生する。茎葉の枯れ込みが進むと、花着きが悪くなる。

〈メ モ〉 罹病残渣（子座・分生子等）で越冬し、第一次伝染源となる。生育期には分生子が雨風により伝播するが、梅雨期頃からの発病には、厚壁胞子の関与も考えられている。

◆花弁に脱色小斑を多数生じ、茎葉は腐敗して菌叢を密生する 〔堀江〕

ペチュニア 灰色かび病（はいいろ）

(*Botrytis cinerea*) 子嚢菌類

〈症 状〉 5〜6月および秋雨期、花弁に染み状斑や脱色斑を多数生じる。また、罹病・老化した花器や、花殻が付着した葉は水浸状に腐敗し、患部に灰色の菌叢や粉状物（分生子の集塊）を形成する。やがて茎も侵され、その上方の茎葉は萎凋・枯死する。

〈メ モ〉 開花期に、やや冷涼な高湿度条件下で多発する。きわめて多犯性。罹病残渣（菌糸・分生子）で越冬し、周辺の他種罹病植物も伝染源となる。分生子により伝播する。農薬登録（「花き類」）がある。p *017* 参照。

◆花冠に脱色・色割れ症状、葉にもモザイク・波打ちなどを現す 〔星〕

ペチュニア モザイク病 ウイルス

（キュウリモザイクウイルス；CMV）

〈症 状〉 発生時期は媒介虫（とくに有翅アブラムシ類）の飛来消長によって異なるが、ふつうは春季から、新葉に色調濃淡のモザイク症状が現れ、葉面の軽い凹凸・波打ち・よじれ・葉巻き・小葉などを生じる。加えて花冠には脱色斑・モザイク・色割れ・変形・奇形などの症状を呈する。重症株では花立ちが悪く、かつ花冠も不揃いで小型となる。

〈メ モ〉 アブラムシ類によって非永続的に伝搬される。きわめて多犯性で、花卉類・野菜類などに広く発生する。p *020* 参照。

ナデシコ類 黒点病

(*Mycosphaerella dianthi*)　子嚢菌類

〈症 状〉梅雨期と秋季の頃、葉身には、中央部がやや白っぽく、周辺部が紫色に濃く縁どられた、円斑～楕円斑を生じる。また、萼や茎にも同様の病斑が現れる。湿潤時には、病斑の中央部位、あるいは周縁に沿って環紋状に、すすかび状物（分生子柄・分生子）が散生～密生する。一旦発生し始めると、進展が速やかなため、大きな被害をもたらす。

〈メ モ〉病株や罹病残渣（菌糸塊）で越冬して、第一次伝染源となる。生育期には分生子が雨滴等で分散し、伝播・蔓延する。

◆葉や萼に灰白色で、紫色に縁どられた円斑～楕円斑を生じる　〔折原〕

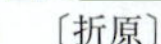

ナデシコ類 さび病

(*Uromyces dianthi*)　担子菌類

〈症 状〉春季～初夏頃から、葉および茎に褪緑色～黄緑色の円斑～楕円斑を生じ、その中央部が褐色にやや盛り上がり、のち表皮が破れ、栗褐色で粉粒状の夏胞子堆が輪状に現れる。秋季には、濃褐色で表面がビロード状の冬胞子堆が混在する。他種のさび病菌による褐さび病・黒さび病も発生する。

〈メ モ〉罹病残渣・罹病植物上で、夏胞子や菌体組織が生存し、春季の伝染源となる。生育期には夏胞子が雨風で伝播する。カーネーションに農薬登録がある。p *011* 参照。

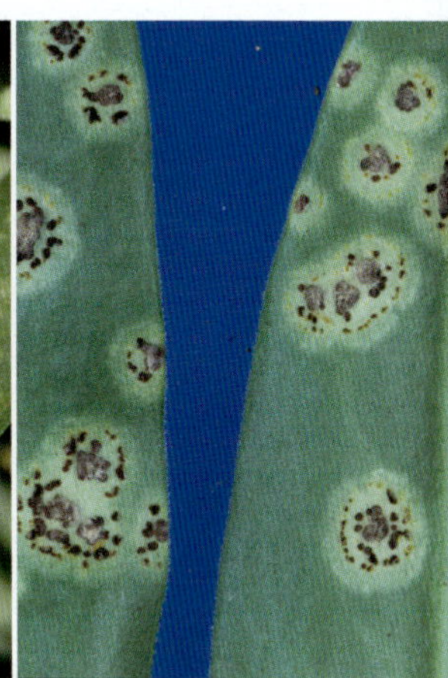

◆茎葉に栗褐色の夏胞子堆が多数形成される　〔堀江〕

ナデシコ類 斑点病

(*Alternaria dianthi*)　子嚢菌類

〈症 状〉梅雨期・秋季、葉に暗緑色・水浸状の小斑点を生じ、しだいに周囲が紫色を帯びつつ、中心部に黒粉（分生子など）を形成する。茎の患部から上方は枯れ、苗の茎に発生した場合は、定植後に苗腐れを起こす。集団植栽地で多発すると、景観を損ねる。

〈メ モ〉病株や罹病残渣とともに、菌糸などの形態で越年後、春季に新生された分生子が第一次伝染源となる。生育期にも、分生子が雨滴および水滴（灌水）によって分散・伝播する。農薬登録（「花き類」）がある。

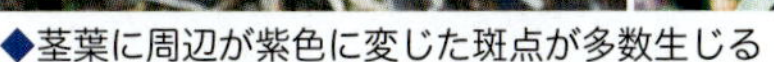

◆茎葉に周辺が紫色に変じた斑点が多数生じる　〔堀江，牛山〕

◆茎葉に菌糸が絡み付き、株全体が腐敗枯死する 〔竹内，総診〕

シバザクラ 株腐病（かぶぐされ）

(*Rhizoctonia solani*) 担子菌類

〈症 状〉 開花期後半～梅雨期頃、地面に接する茎葉に暗緑色、水浸状の不整斑を生じ、すぐに拡大して、腐敗を起こすとともに、近隣の茎葉や周辺株にも急速に蔓延する。患部には無色～褐色で、くもの巣状の菌糸が伸延して病茎葉を綴り合わせる。多発時には、集団的な欠株状態となって裸地化する。

〈メ モ〉 比較的地温が高く、土壌が湿潤な条件で発生する。多犯性。罹病残渣（菌糸・菌核）で越冬後、菌糸が伸延して伝播する。農薬登録（「花き類」）がある。p *007* 参照。

◆茎葉は腐敗し、患部と周辺に菌核を多数形成する 〔堀江，右下：総診〕

シバザクラ 白絹病（しらきぬ）

(*Sclerotium rolfsii*) 担子菌類

〈症 状〉 梅雨期の頃から、地際の茎葉に水浸斑を生じ、急速に拡大しつつ、病組織が軟化腐敗して、株枯れを起こす。患部や周辺土壌には、白色で絹糸状の菌叢を豊富に生じ、はじめ白色（未熟）のち茶褐色で、ナタネ種子状の菌核が多数形成される。植栽地では、欠株や立枯れ株が集団的に発生する。

〈メ モ〉 きわめて多犯性。冬～春季間をビニル等で被う管理法では、被覆資材の除去時にすでに発病後期となっている症例もある。農薬登録（「花き類」）がある。p *012* 参照。

◆花蕾・花茎に赤褐色の条斑、葉には楕円斑が現れる 〔高野，中：堀江〕

アマリリス 赤斑病（せきはん）

(*Stagonospora curtisii*) 子嚢菌類

〈症 状〉 夏～秋季、葉に類円形～長楕円形の褐斑を生じて、周辺には黄色のぼかしが現れる。大型の病斑では同心輪紋を形成する。花茎・苞、鱗茎にも、褐色～暗褐色の条斑や紡錘斑を生じるが、花茎では病斑部側に湾曲する症例が多い。病斑上には、褐色～暗褐色で半球状の小粒点（分生子殻）を散生する。

〈メ モ〉 着生病葉（分生子殻）で越冬し、第一次伝染源となる。生育期にも、分生子が雨滴や灌水の飛沫で、分散・伝播すると思われる。罹病・保菌鱗茎が伝染源となる。

アマリリス 炭疽病

(*Colletotrichum crassipes*)　子嚢菌類

〈症 状〉 梅雨期・秋雨期頃、葉に赤褐色で類円形〜紡錘形の斑点を生じ、徐々に縦長に拡大しつつ周辺が黄化し、患部から先は黄褐変して葉枯れを起こす。病斑上に、黒褐色〜黒色で不揃いの小粒点（分生子層）を散生。赤斑病と類似するが、標徴で区別できる。

〈メ モ〉 多雨あるいは多灌水条件下で発生しやすい。罹病残渣（分生子層）で越冬後、分生子を新生して第一次伝染源となる。生育期にも、分生子が雨滴や灌水の飛沫によって分散し、伝播・蔓延する。p *015* 参照。

◆葉に赤褐色の斑点を生じ、やがて分生子層を散生する　〔高野〕

アマリリス モザイク病　ウイルス

（アマリリスモザイクウイルス；HiMV）

〈症 状〉 HiMV の感染では、新葉に緑色・黄緑色の濃淡があるモザイクを生じ、その輪郭はやや不規則で、しばしば凹凸を伴う。他に CMV によるモザイク症状が、葉脈に沿って現れる。両者とも、生育がやや抑制される傾向であるが、開花にはほとんど影響しない。

〈メ モ〉 両ウイルスとも、新規の発生時期は媒介虫（アブラムシ類）の飛来消長により異なる。感染株由来の鱗茎を植え付けると、萌芽時から発症する。HiMV の宿主範囲は比較的狭い。CMV については p *020* 参照。

◆葉にモザイク症状や条斑が現れる症例が多い　〔星〕

アリウム さび病

(*Uromyces* sp.)　担子菌類

〈症 状〉 3〜4月頃、葉の表裏に褪緑色〜黄色の小斑が多数生じ、のち表皮が破れ、黄橙色の夏胞子の集塊が現れる。5〜6月頃には暗褐色〜黒褐色で、縦長の冬胞子堆が夏胞子堆に混生し、連続すると長さ 1 - 2 cm に及ぶ。冬胞子堆は表皮に被われたまま裂開しない。病葉は胞子堆周辺から黄変し、多発した場合は葉枯れを起こす。

〈メ モ〉 伝染環の詳細は不明であるが、罹病残渣で夏胞子堆等が越冬後、春季には新生した夏胞子が雨風で伝播する。p *011* 参照。

◆葉に夏胞子堆（黄橙色）、次いで冬胞子堆（黒褐色）が生じる　〔堀江〕

◆患部と地表面に白色の菌糸束が伸延し、菌核が生じる 〔総診、堀江〕

アリウム 白絹（しらきぬ）病

（*Sclerotium rolfsii*） 担子菌類

〈症 状〉梅雨期頃、地際の茎葉・花茎部に暗緑色〜褐色、水浸状の不整斑を生じ、のちに茎葉が萎凋・褐変・軟腐して、株枯れを起こす。患部や周辺土壌には、白色・絹糸状の菌糸束が伸延し、はじめ白色（未熟）のち茶褐色、ナタネ種子状の菌核を多産する。鱗茎も罹病して、子球の形成が阻害される。

〈メ モ〉きわめて多犯性。開花盛期後に発病する品種が多いが、遅咲きの種類は開花期と重なるために、観賞性を著しく損なう。農薬登録（「花き類」）がある。p *012* 参照。

◆葉身・葉鞘が菌糸に綴られて貼り付き、褐変・枯死する 〔堀江〕

アリウム 葉腐（はぐされ）病

（*Rhizoctonia solani*） 担子菌類

〈症 状〉梅雨期頃、下葉に水浸斑を生じ、すぐに拡大して葉腐れを起こすとともに、近接株の葉や葉鞘（偽茎）へ急速に進展する。激しい場合は、患部が暗緑色〜黒色、水浸状に腐敗して、茎葉・葉鞘の枯れに至る。病葉はくもの巣状の褐色菌糸で綴られて、重なり合い、葉鞘に貼り付く形で腐敗し、乾固する。

〈メ モ〉多犯性。罹病残渣（菌核・菌糸）や土壌中で長期間生存して、第一次伝染源となる。また、生育期には患部からも菌糸が伸延して、近隣株へ伝播する。p *007* 参照。

◆茎の地際部が侵され、萎凋・倒伏や株枯れを起こす 〔堀江〕

ケイトウ 茎腐（くきぐされ）病

（*Rhizoctonia solani*） 担子菌類

〈症 状〉夏季、育苗期から開花期頃まで発生する。茎の地際部に水浸斑を生じ、のちくびれて上方の茎葉が萎凋し、地際部から倒伏する。茎の地際部が腐敗して、千切れることもある。定植直後に、強風で株が揺さぶられると、地際部が付傷・発病して、被害が植栽地全体、または集団的に拡がることがある。

〈メ モ〉多犯性。罹病残渣（菌糸・菌核）などで越冬し、第一次伝染源となる。生育期には菌糸が伸延して、近隣株へ伝播する。農薬登録（「花き類」）がある。p *007* 参照。

ケイトウ 黒斑病

（*Alternaria tenuissima*） 子嚢菌類

〈症 状〉 梅雨期・秋雨期の頃、主に下葉から褐色で類円形の小病斑を生じ、のち楕円形や紡錘形～不整形に、あるいは先端部・縁部を起点として、くさび形～扇形に拡大する。さらには同心輪紋をもつ、暗褐色の大型病斑となる。やがて病斑上には、すす状物（分生子柄・分生子）が散生～群生する。

〈メ モ〉 罹病残渣（菌糸・子座など）で越冬後、春季に分生子を新生して第一次伝染源となる。分生子は雨風によって伝播・発病を繰り返す。農薬登録（「花き類」）がある。

◆葉に褐色輪紋斑を生じ、すす状物が現れる 〔堀江，右上下：高野〕

ケイトウ 立枯病

（*Fusarium lateritium* f. sp. *celosiae*） 子嚢菌類

〈症 状〉 初夏以降、茎では葉柄の基部や分岐部に暗褐色、紡錘形で、やや凹んだ病斑を生じ、やがて患部がくびれつつ、上方の茎葉全体が萎凋し、立枯れ症状や、倒伏・枯損をもたらす。葉では中肋や葉縁に沿って褐斑が拡がり、花序が侵されると“芯止まり”症状を呈する。患部には、白色～淡桃色の菌叢（菌糸と分生子の集塊）が伸展する。

〈メ モ〉 罹病残渣（菌核・厚壁胞子）で越冬して、第一次伝染源となる。土壌伝染の他に患部に生じた分生子が、空気伝染する。

◆茎の地際部や葉柄が侵され、萎凋・茎枯れを起こす 〔高野，近岡〕

コキア 立枯病

（*Rhizoctonia solani*） 担子菌類

〈症 状〉 6月頃から、茎の地際部に淡褐色～褐色の水浸斑が生じ、のち患部の表皮は粗くなって、細くくびれ、同時に根部も褐変腐敗する。その結果、茎葉全体が萎凋するとともに、枝単位で、あるいは株全体が黄化し、やがて枝枯れ・株枯れ症状を起こす。感染（保菌・無症状）苗を植え付けると、まもなくして萎凋症状を発症するケースが多い。

〈メ モ〉 多犯性。罹病残渣・土壌中で菌糸等が永存し、伝染源になると思われる。菌糸が伸延して近隣株へ伝播する。p *007* 参照。

◆茎の地際部が褐変腐敗し、やがて萎凋・株枯れを起こす 〔堀江〕

◆茎葉に水浸斑を生じ、拡大しつつ褐変腐敗を起こす 〔堀江，高野〕

アサガオ 灰色かび病

(*Botrytis cinerea*) 子嚢菌類

〈症 状〉 梅雨期・秋雨期の頃、葉では水浸斑が生じ、拡大して褐変腐敗する。大型病斑は不規則な同心輪紋をもつ。葉柄や蔓（茎）に生じると、患部から上方の蔓・葉は萎凋、褐変枯死する。花冠では水浸斑を生じて、のち腐敗する。病斑上には、灰色粉状物（分生子柄・分生子の集塊）が形成される。

〈メ モ〉 きわめて多犯性。罹病残渣（菌糸・分生子）で越冬し、他種の罹病植物ともども伝染源となる。分生子が飛散・伝播する。農薬登録（「花き類」）がある。p *017* 参照。

◆葉脈間が“かすり状”に褪色し、激しいと黄褐変・壊死する 〔堀江〕

アサガオ“褪緑症状”

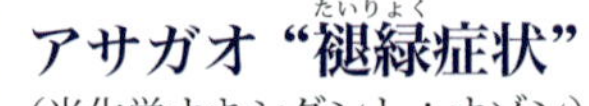

（光化学オキシダント；オゾン） 生理病

〈症 状〉 原因物質の濃度にもよるが、通常は晴天・高温の続く夏季に発生しやすい。主に成熟葉の葉脈間が、かすれ模様の褪緑色・黄白色～白色を呈し、激しい場合は褐色に壊死する。葉肉部の柵状組織が選択的にダメージを受け、葉表の症状は曝露１～２日後に、可視的な被害として認められる。

〈メ モ〉 1960年代後半～70年代に、被害が全国的に確認された。現在では被害が減少しているが、海外からの大気汚染物質の長距離飛散・流入による被害も問題とされる。

◆葉に類円形の褐斑を生じ、その周辺から黄化が進展する 〔星〕

ゼラニウム 褐斑病

(*Alternaria alternata*) 子嚢菌類

〈症 状〉 梅雨期頃から、葉に褐色、類円形でわずかに輪紋のある病斑を生じる。葉緑部からは、くさび状に拡大する。病葉全体が黄化した場合は、しばしば落葉を起こす。病斑上には、すす状物（分生子柄・分生子）が形成される。なお、ツタバゼラニウムでは褐色の小斑がほとんど拡大しない（写真左）。

〈メ モ〉 主に着生病葉（菌糸・子座等）で越冬後、春季に分生子を新生して、第一次伝染源となる。生育期にも、分生子が雨滴や灌水の飛沫によって分散し、伝播・蔓延する。

ゼラニウム 灰色かび病

(*Botrytis cinerea*) 子嚢菌類

〈症 状〉 5月頃から、まず盛期を過ぎた花弁が水浸状に褐変腐敗しつつ枯死する。葉では罹病した花弁が落下・付着した部位を起点として、暗緑色〜褐色の水浸斑が拡がり、その周辺は黄化し、のち葉枯れ・早期落葉を起こす。多湿時には、患部に灰色粉状物（分生子柄・分生子の集塊）が豊富に形成される。

〈メ モ〉 きわめて多犯性。罹病残渣（菌糸・分生子）で越冬し、他種罹病植物ともども伝染源となる。分生子が飛散して伝播する。農薬登録（「花き類」）がある。p *017* 参照。

◆葉や花弁に水浸斑・褐斑を生じ、灰色粉状物を産生する〔堀江，高野〕

ゼラニウム 葉枯病

(*Stemphylium lycopersici*) 子嚢菌類

〈症 状〉 初夏頃から、葉に類円形〜紡錘形の褐斑を生じ、あるいは葉縁部を起点に拡大して扇状となる。病斑には同心輪紋が現れ、ときには黒色のすすかび状物（分生子柄・分生子）を形成する。病斑周辺から黄化し、やがて葉全体が黄変しつつ、早期落葉する。土壌の湿潤状態が続くと、下葉に発生が多い。

〈メ モ〉 着生病葉（菌糸・子座など）で越冬後、春季に分生子を新生して、第一次伝染源となる。生育期にも、分生子が雨風や灌水の飛沫によって分散し、伝播・蔓延する。

◆葉に大型の褐斑を生じ、周辺が黄変して落葉を起こす 〔高野〕

シャクヤク うどんこ病

(*Erysiphe paeoniae*) 子嚢菌類

〈症 状〉 5月頃から、葉の表裏に白色粉状の菌叢（分生子柄・分生子）を円状に生じ、のち茎葉全面を被う。開花期頃には、花茎や蕚へも白色菌叢が拡がり、遠くからも白っぽく目立つ。やがて菌寄生菌が二次発生し、菌叢全体が灰色を帯びる。晩秋になると、菌叢内に、小黒粒点（閉子嚢殻）を群生する。

〈メ モ〉 品種間に発病の差異がある。閉子嚢殻が罹病残渣等に付着して、最初の伝染源になると思われる。分生子は空気伝染する。農薬登録（「花き類」）がある。p *004* 参照。

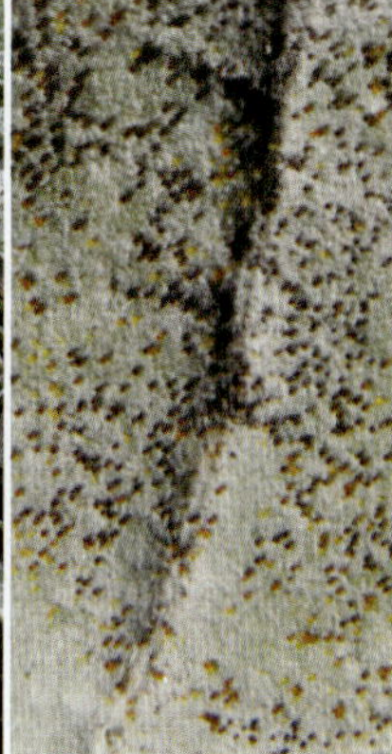

◆茎葉は白色粉状物に被われ、閉子嚢殻が密に形成される 〔堀江〕

◆葉に褐斑を生じ、拡大融合して葉枯れを呈する 〔牛山〕

シャクヤク 褐斑病

(*Pseudocercospora variicolor*) 子嚢菌類

〈症 状〉 5月頃、葉に淡褐色、周縁が褐色～濃褐色で、同心輪紋をもつ、楕円斑～不整斑が生じ、しばしば拡大融合して、葉枯れを起こす。病斑の表側に、暗オリーブ色～黒褐色のすすかび状物（子座と分生子の集塊）が形成される。病斑は乾固し、中央部が破れて孔が空く。多発すると観賞性を損ねる。

〈メ モ〉 罹病残渣（子座・菌糸）で越冬後に分生子を新生し、第一次伝染源となる。生育期にも、分生子が雨滴や灌水の飛沫によって分散し、伝播・蔓延する。p *010* 参照。

◆株全体に黄変や生育不良が現れ、根部は黒変・腐敗する 〔堀江，牛山〕

シャクヤク 根黒斑病

(*Cylindrocarpon destructans*) 子嚢菌類

〈症 状〉 梅雨期頃から、株全体に葉の褪色や黄褐変、萎凋、生育不良等が現れる。被害株の根は、先端部または皮目部付近から暗褐色～黒褐色で、やや凹んだ病斑を断続的かつ帯状に生じ、患部の表面には縦横の亀裂ができる。そして細根は腐敗消失する。見本園等でしばしば集団的な被害をもたらす。

〈メ モ〉 病根残渣（厚壁胞子など）で、長期間生存して伝染源になる（土壌伝染）。また罹病親株（保菌親株）から株分け増殖した場合は、苗伝染する確率がきわめて高い。

◆葉に明瞭な輪紋斑を生じ、すすかび状物を密生する 〔堀江〕

シャクヤク 斑葉病 子嚢菌類

(*Graphiopsis chlorocephala*)

〈症 状〉 梅雨期頃から、葉に暗褐色で周縁が紫褐色の明瞭な楕円斑～不整斑を生じる。病斑上には数層の輪紋を形成する。さらに拡大融合して、しばしば葉枯れを呈する。葉柄や緑茎枝にも暗褐色～黒褐色で、紡錘形～楕円形の病斑ができる。湿潤時、病斑上に暗緑褐色のすすかび状物が群生～密生する。

〈メ モ〉 同属のボタンでは「すすかび病」と呼称される。罹病残渣（菌糸・子座）で越冬後、春季に分生子を新生し、第一次伝染源となる。分生子は雨風によって伝播する。

スイートピー 炭疽病（たんそびょう）

（*Colletotrichum acutatum* など）　子嚢菌類

〈症 状〉秋季、葉では水浸斑が進展して、褐変腐敗・乾固する。茎では中間部や分岐部に淡褐色～褐色、楕円形～紡錘形で、やや凹んだ水浸斑を生じ、患部から上方の茎葉が萎凋枯死する。地際茎が侵されると、株枯れになる。複数の菌種が関与するが、分生子粘塊の色調や剛毛の有無で、目視的に判別できる。
〈メ モ〉多犯性。罹病残渣（菌糸・子座）で越冬後に分生子を新生し、雨滴や灌水の飛沫により分散・伝播する（生育期も同様）。農薬登録（「花き類」）がある。p *015* 参照。

◆左 = *C. acutatum*：葉の水浸斑と茎葉に生じた橙色の分生子粘塊
右 = *C. trancatum*：茎葉の患部に黒色の剛毛が毛羽立つ　〔堀江〕

スイートピー 灰色かび病（はいいろかびびょう）

（*Botrytis cinerea*）　子嚢菌類

〈症 状〉秋～春季（生育期間中）、花弁には白色～淡褐色、または色抜けした水浸状の小斑が生じる。茎葉では、地際部や軟弱な部位が水浸状に腐敗し、茎患部の上方は萎凋して早期落葉を起こす。病斑上に、灰褐色の粉状物（分生子柄・分生子）が密生する。
〈メ モ〉やや冷涼な湿潤条件で発生する。きわめて多犯性。罹病植物（菌糸等）で越冬するが、周辺の他種罹病植物上の分生子も、伝染源となる。分生子が飛散・伝播する。農薬登録（「花き類」）がある。p *017* 参照。

◆花弁に小脱色斑を生じ、茎の患部は褐変して株枯れを起こす　〔堀江〕

カタクリ さび病

（*Uromyces erythronii*）　担子菌類

〈症 状〉開花終期頃（4月）、葉表に淡黄色の小円斑を生じ、黄橙色で蜜状、のち褐色の微小点（精子器）を群生する。次いで、主にその裏側に、黄橙色でカップ状の銹胞子堆が密生する。やがて冬胞子堆が成熟し、葉両面で表皮を破り、黒褐色の集塊として現れる。
〈メ モ〉花の観賞適期後に発病が目立ち、また、自然群落の衰退にも影響は少ないとみられる。同種寄生種で、精子・銹胞子・冬胞子世代をカタクリ上で経過する。冬胞子が越冬して、春季の伝染源となる。p *011* 参照。

◆葉裏の銹胞子堆（黄橙色；右は拡大）と冬胞子堆（黒褐色）　〔堀江〕

◆葉では葉肉部が露出し、奇形となる（右は鱗茎の症状）　〔牛山〕

チューリップ かいよう病　細菌

（*Curtobacterium flaccumfaciens* pv. *oortii*）

〈症 状〉 春先の萌芽時～第１葉展開期に病勢が進む。葉では表皮に無数の亀裂を生じ、内部の葉肉組織が盛り上がって、亀裂部から露出しつつ、発病部位は海綿状に崩壊する。また、花弁は火膨れ状になり、開花不良を起こす。鱗茎ではやや盛り上がるが、のち凹んだ黄褐色の染み状となって亀裂ができる。

〈メ モ〉 品種間に発病の差異がある。球根伝染し、萌芽時に感染・発病する。その後、病斑上で増殖した細菌が、雨滴や灌水の飛沫によって伝播する。農薬登録がある。

◆花弁や葉に、褪色した微小な水浸斑が多数現れる　〔堀江〕

チューリップ 褐色斑点病（かっしょくはんてん）

（*Botrytis tulipae*）　子嚢菌類

〈症 状〉 展葉～開花期に、葉では暗緑色のち褪色した微小な水浸斑が群生する。花弁にも褪色小斑点が多数現れ、やがてかすり状の大型斑点となって、腐敗・枯死する。患部には灰白色・粉状物（分生子柄・分生子）を生じる。鱗茎には同様の小斑点と、黒色・ごま粒状の菌核を形成する。球根伝染株は、萌芽時に芽・葉・茎の一部が褐変腐敗する。

〈メ モ〉 罹病残渣・病鱗茎・保菌鱗茎・菌核などが、第一次伝染源となる。分生子は雨風によって伝播する。農薬登録がある。

◆葉にかさぶた状の不整斑を生じ、ねじれ・奇形を伴う　〔堀江，牛山〕

チューリップ 葉腐病（はぐされ）

（*Rhizoctonia solani*）　担子菌類

〈症 状〉 萌芽～展葉期に、重症株は土中で芽全体が褐色に腐敗し、萌芽できない。軽症株は初出葉に褐色で不規則な、かさぶた状の不整斑を生じ、葉のねじれや奇形を呈する。のち病斑部が崩壊して、食害痕のような孔が空く。茎では第一節間に淡褐色～黄白色の病斑が、鱗茎では褐色の病斑が現れる。

〈メ モ〉 多犯性。主な伝染源としては、土壌中の罹病残渣（菌核・菌糸など）、および病鱗茎（無症状の保菌鱗茎を含む）が知られている。農薬登録がある。p *007* 参照。

チューリップ モザイク病　ウイルス

（チューリップモザイクウイルス；TulMV）

〈症 状〉花蕾～開花期の症状が顕著で、花冠では、赤色など有色品種に、色割れ・斑入りや、かすりなどが顕著に現れ、花弁の不揃いとともに、よじれ・花姿の乱れを示す。葉ではモザイク・よじれ・波打ち・褪色などを呈して、株の生育や子球の肥大も抑制される。
〈メ モ〉品種間の発病差異が大きい。アブラムシ類により非永続伝搬される。感染親株からの子球も高率に保毒する。他に、キュウリモザイクウイルス（CMV；p *020* 参照）などが、病因ウイルスとして記録されている。

◆花弁に色割れを生じ、葉にもモザイクが現れる〔牛山，中・右：堀江〕

ホトトギス 炭疽病

（*Colletotrichum acutatum*）　子嚢菌類

〈症 状〉梅雨期頃から、葉に淡褐色～褐色で輪紋を含んだ類円斑～楕円斑を生じ、周囲に黄色のぼかしをもつ。葉先・葉縁からは半円形～扇状に拡がる。病斑の表裏には、褐色～黒褐色の小粒点（分生子層）が散生し、湿潤時に黄橙色の分生子粘塊が現れる。
〈メ モ〉多犯性。罹病残渣（子座・菌糸）で越冬後、春季に分生子を新生して、第一次伝染源となる。生育期にも、分生子が雨滴や灌水の飛沫によって分散し、伝播する。連続降雨が発病・蔓延を助長する。p *015* 参照。

◆葉に淡褐色の輪紋斑を生じ、小粒点を散生する　〔牛山，堀江〕

ホトトギス 葉枯線虫病

（イチゴセンチュウ）　線 虫

〈症 状〉梅雨期頃、葉に褪色または黄変～褐変した部位が現れ、のちに葉脈で区切られた明瞭な不整角斑となる。発生が多い場合には萎れや腐敗を呈し、その後も葉枯れ症状が目立ち、花着きも悪い。降雨が連続すると、黒褐変した葉が激発し、景観を損ねる。
〈メ モ〉土壌中の不定芽や、罹病残渣内で生存して発生源になる。生育期には、降雨・灌水等の水滴で跳ね上げられ、あるいは植物体の表面（降雨等で濡れた部位）を伝わって移動し、葉の組織内に侵入して加害する。

◆葉は葉脈に沿って褪色～褐変し、のち乾枯する〔鍵和田，牛山，堀江〕

◆葉にモザイク、萎縮・波打ち等の奇形症状が現れる 〔牛山，堀江〕

ホトトギス モザイク病 ウイルス

（キュウリモザイクウイルス；CMV）

〈症 状〉 感染株では萌芽まもなくから、新規感染では初夏頃から、葉身にモザイク症状と凹凸・波打ち・細葉・よじれなどの奇形が複合的に現れる。激しい場合には、淡黄色～暗褐色の壊疽斑・壊疽条斑を生じる。また、萎縮症状を呈して生育が抑制され、花弁や花冠全体の小型化・奇形化も起こる。

〈メ モ〉 きわめて多犯性。アブラムシ類により非永続的に伝搬される。また、感染親株からの栄養繁殖（株分け・挿し芽）によっても高率に伝染する。p *020* 参照。

◆頂葉や茎が水浸状に腐敗し、患部に無色菌糸が伸延する 〔堀江〕

ユリ類 疫病（えきびょう）

（*Phytophthora* spp.） 卵菌類

〈症 状〉 菌種により症状が異なるが、概観すると、梅雨期頃から、茎の地際部や下葉、頂葉・花蕾に水浸斑を生じ、のちに軟化腐敗する。患部には薄い無色の菌糸、白色の粗い菌叢、あるいは白色で綿毛状の菌叢が被う。鱗茎・根部等に腐敗を生じる菌種もある。

〈メ モ〉 罹病残渣（卵胞子・厚壁胞子）で土壌中に生存して伝染源となる。高率に種苗伝染する。生育期には、遊走子嚢内で分化した遊走子が遊出後、雨水等で水媒伝染する。農薬登録（「花き類」）がある。p *005* 参照。

◆葉は黄化・離脱し、株元や周辺に菌糸束・菌核を豊産する 〔堀江〕

ユリ類 白絹病（しらきぬびょう）

（*Sclerotium rolfsii*） 担子菌類

〈症 状〉 梅雨期頃に、地際茎・鱗茎に水浸斑を生じ、速やかに拡大しつつ、患部組織が軟化腐敗する。このため茎葉は黄褐変して、落葉・株枯れを起こす。株元や周辺の土壌表面には、白色・絹糸状の菌糸束が伸延し、菌叢上に、はじめ白色（未熟）のち茶褐色、ナタネ種子状の菌核が多数形成される。

〈メ モ〉 きわめて多犯性。菌核は土壌中で長期間生存し、最初の伝染源となる。また、患部からも菌糸束が隣接株へと伸延する。農薬登録（「花き類」）がある。p *012* 参照。

ユリ類 葉枯（はがれ）病

（*Botrytis elliptica*）　子嚢菌類

〈症 状〉 春季の出芽直後から発生し、5月～梅雨期の連続降雨下で蔓延する。葉に赤褐色で円形～楕円形、輪紋のある斑点を生じ、のち葉枯れを起こす。花蕾には赤褐色～淡褐色の染み状、あるいは明瞭な楕円斑～不整斑を生じ、花蕾は褐変枯死する。患部に菌叢（分生子柄・分生子）が薄く生え、罹病残渣上には、黒色・ごま粒大の菌核を散生する。

〈メ モ〉 罹病残渣（菌糸・菌核）で越冬して第一次伝染源となる。生育期には分生子が雨風により伝播する。農薬登録がある。

◆葉や蕾に褐斑を生じ、罹病残渣に菌核を形成する〔堀江，右下：牛山〕

ユリ類 モザイク病

（ユリ微斑ウイルス；LMoV）　ウイルス

〈症 状〉 感染鱗茎では出芽まもなくから症状が現れるが、新規感染の場合は5月頃から見られる。葉ではモザイクが条線状に生じ、波打ち・よじれを呈し、茎もよじれて、著しい生育阻害を起こす。花着きも悪く、有色花弁では斑入りやよじれが目立つ。CMV が重複感染すると、被害が増幅する傾向にある。

〈メ モ〉 種・品種によって、症状に違いがある。アブラムシ類によって非永続的に伝搬される。罹病親株から増殖した鱗茎により高率に継代伝染する。CMV は p *020* 参照。

◆葉に条線状のモザイク、茎葉のよじれなどが現れる　〔鍵和田，堀江〕
左：LMoV 検出（ヤマユリ）；右：CMV 検出（オニユリ）

エビネ 炭疽（たんそ）病

（*Colletotrichum dematium*）　子嚢菌類

〈症 状〉 梅雨期以降、葉先や葉縁部からは扇形～波形、葉身中央部には紡錘形～不整形で暗褐色～灰黒色の病斑を生じる。さらに拡大融合すると、葉枯れを起こす。病斑の表裏に小黒粒点（分生子層）が現れ、湿潤時に層から鮭肉色の分生子粘塊が押し出される。

〈メ モ〉 罹病残渣（分生子層）で越冬後、春季に分生子を新生して、第一次伝染源になると思われる。多犯性。生育期には、分生子が雨滴や灌水の飛沫で分散・伝播する。連続降雨が発病・蔓延を助長する。p *015* 参照。

◆葉に褐色不整斑を生じ、拡大融合して葉枯れを起こす　〔堀江〕

◆根が侵されて断続的に黒褐変するため、葉も枯れ込む 〔堀江〕

エビネ 根黒斑病

(*Cylindrocarpon destructans*) 子嚢菌類

〈症 状〉 梅雨期頃から、はじめ下位葉の先端部や縁部から黄変し、進展すると、淡褐色〜褐色に枯れ込みつつ、生育は著しく抑制される。また、根部に暗褐色〜黒色・帯状を呈して、やや凹んだ病斑が断続的に生じ、先端部が黒変し、かつ細根は腐敗・消失する。

〈メ モ〉 土壌水分過多・施肥過剰は発病を助長する。罹病残渣および土壌中の厚壁胞子が長期間生存して、第一次伝染源となる(土壌伝染)。さらに、罹病(保菌)親株からの栄養繁殖(株分け)によっても苗伝染する。

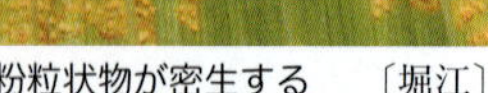

◆葉表に小黄斑が多発し、葉裏に黄橙色の粉粒状物が密生する 〔堀江〕

シラン さび病

(*Coleosporium bletiae*) 担子菌類

〈症 状〉 6月頃から、葉表に褪緑色〜黄色の小斑点を多数生じ、その裏側に黄橙色の粉粒状物(夏胞子堆)が現れる。秋季には、夏胞子堆の周辺の表皮下に、赤みを帯びた橙色の膨らみ(冬胞子堆)が群生し、やがて夏胞子堆と置き替わる。病葉は枯れが激しい。

〈メ モ〉 精子・銹胞子世代をアカマツ・クロマツなど(葉さび病)で経過する、異種寄生種。近年の発生地域の拡大状況から、シランのみで伝染環を全うできると思われる。夏胞子が雨風によって伝播する。p *011* 参照。

◆日焼け痕などに不整斑が生じ、葉脈に沿って枯れが進む 〔星, 堀江〕

シラン 炭疽病

(*Colletotrichum* sp.) 子嚢菌類

〈症 状〉 梅雨期頃から、葉先や葉縁あるいは葉身の中央部に、淡褐色〜暗褐色の不整斑が拡がる。また、日焼け痕等から病斑が生じたり、葉脈に沿って急速に拡大するケースも多い。病斑の表裏に、やや盛り上がった、小黒粒点(分生子層)が散生して、湿潤時にはそこに朱色〜桃色の分生子塊が現れる。

〈メ モ〉 罹病残渣(分生子層)で越冬後、春季には分生子を新生して、第一次伝染源となる。分生子は雨滴により分散・伝播する。農薬登録(「花き類」)がある。p *015* 参照。

Ⅳ

病害診断および対処の実践

病害診断および対処の実践

前述してきたように、病害編「Ⅰ」～「Ⅲ」では、共通的に発生する病害および個別病害の診断（症状・標徴など）、伝染環、発病条件などの、対処に必須なポイントを解説したが、紙面の制約により、各論（「Ⅰ～Ⅲ」）の掲載項目およびその内容については、厳選・簡略化せざるを得なかった。ここでは、私たちが現地において、植物の生育障害に遭遇した際に、どのような見方をし、診断および対処すべきなのか、さらには、各論での用語を理解するためにも、病気や病原体の発生生態、対処の方策などを改めて類型化しつつ、それらの概要を解説した。そして、本書に未記載の病害を診断する際にも、病名や病因について一定の類推や、その対処が可能となるような内容としたものである。「はじめに」などでも紹介したように、本書は携帯できる小型本を目指していることから、それぞれのポイントを要約して解説を行い、かつ図表は省略し、写真も症状（病徴）・標徴に絞って掲載した。以上のような編者らの意図であるが、「診断と対処」の詳細に関しては、樹木類・木本植物を対象とした「花木・緑化観賞樹木の病害虫診断図鑑」（植物医科学叢書 No. 6；2020 年）および、草花・草本植物を対象とした「花壇・緑地草本植物の病害虫診断図鑑」（同・No. 7；2023 年）（以下、両図鑑を「図鑑」と称する）の各論・解説を追読願うとともに、本書において記述の足りない点は、幸いに読者の「図鑑」活用によって補っていただければ、より理解が深まるものと期待している。

〔生育障害の要因および病原体の種類〕

01 生育障害の要因

植物の生育障害は伝染病（伝染性病害）と非伝染病（非伝染性病害）に大別されるが、それらの原因を分類する際には生物的要因と非生物的要因に区分される。生物的要因としては微生物病の直接的な原因となる菌類・細菌などの病原微生物（本来は無生物であるウイルスおよびウイロイドも伝染性や感染力を有することから、この要因に含めることが多い）のほかに、昆虫・ダニ・線虫などの害虫、鳥獣、雑草・寄生植物など、きわめて広範な種類が含まれる。また、植物の個体に生じる突然変異などの遺伝的障害も、非伝染性ではあるが、生物的要因のひとつに挙げられている。他方、非生物的要因は物理的要因（気象・水管理による障害など）と化学的要因（土壌の化学性・肥料・農薬による障害など）に大別される。

02 病原体の種類

前記した生物的要因のうち、菌類・細菌（ファイトプラズマ・放線菌を含む）・ウイルス・ウイロイドを病原体（病原微生物）と総称する。なお、微小動物である、フシダニ類・線虫類なども病原体として扱われ、その被害症状に対応して、病名を付すケースもある。

食用作物（イネ・ムギ類など）・野菜・果樹・樹木・草花・野草など、全植物における病名登録件数は１万１千件（病名未提案を含む）を超える。一方、主要病因別で見ると、菌類（登録件数約８千５百件、76％）、細菌（6.7％）、ウイルス（6.5％）、線虫（7.2％）である。

a. 菌　類

菌類は、多様な分類群から構成されるが、一般に器官の形態的特徴、および遺伝子解析手法を併用して同定される。形態やサイズも多様であり、分生子・胞子は光学顕微鏡でおおむね観察でき、目視できる大型の器官（腐朽菌類の子実体（キノコ）など）も多々ある。菌群別では子嚢菌類または担子菌類に所属する菌類が圧倒的に多い。各論では学名に添えて、これら大分類の名称を付記したが、さらに目・科・属レベルでは、形態的特徴、発生生態（伝染環・伝染方法・発病環境条件等）、有効農薬の種類などが似通う場合が多く、これらの情報は対処の仕方とその選択に、きわめて重要な知見を提供してくれる。同様に学名は、相互の近縁性を知る上からも確認しておくとよい。菌類による病害の特徴は、原因となる菌類の器官が植物の表面に現れ、目視で、あるいはルーペ観察で認識できることである。これらを標徴（後出）と呼び、菌類病診断の有力な指標となる。

菌類は分類群ごとに、器官の形態および役割、生活様式・伝染経路・侵入方法・防除薬剤などの種類・区分が異なる場合が多く、それらは対処法の選択にも影響するので、詳細は本書の当該項目（後述）を、または本叢書シリーズ（「図鑑」など）を参照いただきたい。

b. 細　菌

植物病原細菌は、細胞膜および細胞壁に被われた桿状（短円筒状）の構造をもち、大きさは長さ 0.5 - 5 μm（多くは 1 - 数 μm）、幅 0.5 - 1 μm である。主に DNA-DNA ハイブリダイゼーションに基づいた DNA レベルの類似度によって分類されるが、他に各種生化学的な性質も重視される。また、同種であっても寄生性が異なり、病原型（pv. と略記される）が分化している。細菌（細菌病）に有効な薬剤は共通的で、その多くは銅剤または抗生物質剤の系統である。目視的には菌泥として患部に現れることがある（標徴の一種；後述）。

c. ファイトプラズマ

ファイトプラズマは真正細菌に含まれるが、一般細菌と比較した場合には、人工培養が不可能で、虫媒伝染するなど、性格が大きく異なることから、ふつうは細菌とは区別して扱われる。宿主植物の篩部細胞に多く増殖し、独特の病徴を発現する病気（ファイトプラズマ病と総称される）を引き起こす。菌体（粒子）の大きさは 0.1 - 1 μm で、他の原核生物と比べて小さく、一層の細胞膜（厚さ 8 - 10 nm）に包まれ、細胞壁を欠くことから、球形を基本としているが、実際は多形性である。実用的な効果を示す登録薬剤はない。

d. ウイルス

植物ウイルス（以下、ウイルスと表記）の基本的な構造は、DNA もしくは RNA のどちらか一方の核酸ゲノムをもち、それを外被タンパク質が被う、核タンパク質である。ウイルスは宿主細胞の中でのみ増殖が可能であり、次々と他の植物細胞に移行し、感染を繰り返すという共通した特徴をもっている。分類には、形状・ゲノム核酸の種類・血清学的性状・伝搬様式・宿主範囲・病徴・病原性などが主要な基準となるが、主に遺伝子解析によって同定される。ウイルスないしウイルス病に対して実用的な効果を示す登録薬剤はない。

e. 線　虫

植物寄生性線虫の形態的特徴は、種類・性別・発育段階などで異なるが、一般的な体形はひも状～円筒状で細長く（あるいは糸状・針状・ウナギ様とも表記される）、横断面は円形となる。体長は最小値が 0.1 mm、最大値が 12 mm 程度であるが、一般には 1 mm 以下の種が多い。本書の各論ではネコブセンチュウ・ハガレセンチュウによる被害を紹介した。

〔病徴の類型および標徴〕

03 症状（病徴）

微生物病の病名の付け方にはいくつかのパターンがあるが、その多くは、その病気の症状に由来している。そこで、当事者が症状を的確に認識できれば、病名の検索も容易となるだろう。症状は多様であり、病気の進行過程、あるいは環境の状況等によっても、大きな変異が認められるが、その一方で、それらは病気の種類ごとに、共通的・普遍的な特徴も合わせてもっている。本章では症状を類型化して、その要点を解説する。なお、各症状の推定原因については、紙面の関係から割愛したので、「図鑑」を参照いただきたい。

図 1　変　色　〔堀江〕
①シャガさび斑病（p *098*）= 病斑そのものの変色に加えて、病斑周辺に黄色のぼかしが現れる
②シモツケうどんこ病（p *059*）= 菌叢発生痕が紅化する　③クチナシ根こぶ線虫病（p *016*）= 葉が褪色・黄化する

a. 変　色（図 1）

植物の代謝機能に何らかの変調が起こり、茎葉・花器・果実・根部等において局部的あるいは全体的に、本来の色調が褪色（たいしょく）したり、黄変・褐変・紅変など様々に変色（へんしょく）する。

b. モザイク・かすり（図 2）

本来「変色」の一種であるが、主にウイルス病に特異的な症状として表現される。双子葉植物では、葉などに緑色・黄色などの濃淡がパッチ状に現れ、単子葉植物では葉脈に沿い、あるいは葉脈間に同様の濃淡が生じる（これらの症状をモザイクという）。また、単子葉植物では、葉身や葉鞘などの全面に、しばしばかすりが併発する。なお、本症状には、健病部位における生育の差異から、波打ちやよじれ等の奇形症状を伴うことが多い。

c. 萎　凋（図 3）

根部および茎枝・葉（葉柄・葉脈）などの通導組織（導管部など；「k. ④内部病徴」参照）

図 2　モザイク・かすり　〔①③堀江　②鍵和田〕
①ジニアモザイク病（p *123*）＝葉のパッチ状の濃淡・よじれなどを発現する
②ヤマユリモザイク病（p *167*）＝葉脈に沿って濃淡の条線を現し、よじれ等の奇形を呈する
③フリージアモザイク病（p *101*）＝葉脈に沿ってかすり斑を点状もしくは筋状に生じる

図 3　萎凋・枯死　〔①②堀江　③竹内〕
①マリーゴールド青枯病（p *128*）＝茎葉が急激に萎凋して青枯れ状を呈し、すぐに枯死する
②トウカエデ首垂細菌病（p *080*）＝枝葉が褐変して萎れ、やがて集団的な枝枯れをもたらす
③ヘリオプシス白絹病（p *012*）＝激しい茎葉枯れ・株枯れを起こし、近隣株へ次々と拡がる

が侵され、もしくは皮層部から内部に向かって侵害された結果、水分の吸収・転流・上昇が妨げられることにより、葉や茎枝に萎凋(いちょう)・萎れ(しお)を起こす。

d. 枯　死（図3）

　植物の株全体、ないし一部の組織が枯れ、その部位における色調が褐色・黒色・白色・灰色や、またはそれらの中間色などに変じる。局部的な枯死症状は、壊死(えし)・壊疽(えそ)・焼け(や)などと表現される。加えて、枯死した部位に応じて、株枯れ(かぶがれ)・立枯れ(たちがれ)・胴枯れ(どうがれ)・枝枯れ(えだがれ)・葉枯れ(はがれ)・葉先枯れ(はさきがれ)（先葉枯れ(さきはがれ)）・茎枯れ(くきがれ)・つる（蔓）枯れ・花枯れ(はながれ)などと呼ばれる。

e. 斑点（病斑）（図4）

　植物の組織が部分的にダメージを受け、変色あるいは枯死し、外観的に定形斑・不整斑や

図4　斑点（病斑）　　　　　　　　　　　　　　　　　　　　　　　　　　　　　　〔堀江〕
①ジニア斑点細菌病（p 122）＝葉に褐色の角斑を生じ、その周辺が黄化する
②アマドコロ褐色斑点病（p 130）＝葉に褐色の楕円斑を生じ、葉脈に沿って黄褐変する
③シロヤマブキ円斑病（p 061）＝葉に褐色の不整円斑を生じ、周囲が明瞭に縁どられ、その周辺は黄化する
④ウメ環紋葉枯病（p 053）＝葉に輪紋のある褐色の円斑を多数生じ、やがて病斑部が脱落して孔が空く

図5　膨大・過度発育　　　　　　　　　　　　　　　　　　　　　　　　　　〔①②④堀江　③星〕
①ニリンソウ黒穂病（p 139）＝葉柄が肥厚・肥大し、内部に黒穂胞子が充満する
②サザンカもち病（p 048）＝葉が肥厚・肥大する　③サクラ類'ソメイヨシノ'てんぐ巣病＝小枝・小葉を叢生する
④カシ類ビロード病（p 068）＝フシダニ類の吸汁によって葉組織が増生する（虫えいの一種）

174　【病害編】Ⅳ 病害診断および対処の実践

斑紋状となる。これらを斑点・病斑などと呼び、病気の種類によって、特徴的な表現であるとともに、かなり安定して発現するため、診断の重要なポイントとなる。病斑はその形状や色調などによって、以下のような様々な呼び名があり、病名にも採用されている。

病斑＝斑点・斑紋・褐斑・黒斑・紫斑・白斑・紅斑・黄斑・灰斑・汚斑・円斑・角斑・条斑・黒点・赤星・黒星・灰星・白星・褐紋・黒紋・輪紋・環紋・輪　斑・輪点・さび・そうか（瘡痂）・とうそう（痘瘡）・かいよう（潰瘍）・すす斑・染み斑など。

f. 膨大・過度発育（図 5）

植物体の一部が異常に膨れて、肥大・肥厚を呈したり、瘤・癌腫を形成し、あるいは結節として目視的に現れる。また、ひこばえが多数発生したり、腋芽や細い茎枝、小型化した葉などを多数生じて、叢生・てんぐ巣などの症状となる。さらには、植物体の草丈・枝などが異常に伸長する、徒長も過度発育の典型例である。

g. 奇形・発育不全（図 6）

植物体の一部ないし全部が正常な形態・大きさにならず、萎縮・矮化・巻葉（葉巻き）・糸葉・縮葉・変形・湾曲・屈曲などの症状を発現する。ときには、「縮葉・糸葉」「膨大・過度発育」のように、異常な形態を複合的に発現する症例もある。他には、とくに外観上の特徴的な形態変化などの異常を現さず、生育不良・生育遅延を起こすものがある。

h. 腐　敗（図 7）

植物の組織が崩壊して、部分的に、ないし植物株全体が腐敗したり、変形する。腐爛（主に樹木類等の木本植物で使用）ともいう。腐敗した組織がのちに乾燥した状態は、乾腐・

16　奇形・発育不全　〔堀江〕
アスターうどんこ病（p *004*）＝新葉が小型化するとともに、萎縮・奇形化する
ナンテンモザイク病（p *082*）＝葉が細くなる；糸葉症状　③ハナモモ縮葉病＝葉が肥厚・縮れる

乾固と呼び、一方で柔らかく崩れた状態は軟腐と称する。また、腐敗した組織部位により、株腐れ・芯（心）腐れ・根腐れ・葉腐れ・茎腐れ・花腐れなどと呼称し、それぞれ病名の由来ともなっている。

i. 空洞・す入り（図 8）

茎枝・果実・塊茎・いも・幹などの内部に、当該植物には本来存在しない空洞（空胴）・空隙や、す入りを生じる。

図 7　腐　敗　〔①堀江　②近岡〕
①テーブルヤシ類茎腐病 = 茎が腐敗する
②ツツジ類花腐菌核病（p *046*）= 花蕾が腐敗する

図 8　空　洞　〔堀江〕
サクラ類こふきたけ病（p *021*）= ①心材部が腐朽して空洞となる　②内部に子実体が発生する

図 9　欠　損　〔堀江〕
降雹によりサトイモ葉に破れや損傷被害を生じる

図 10　落　葉　〔堀江〕
①セイヨウフウチョウソウ“葉腐れ症”= 激しく落葉する
②カナメモチごま色斑点病（p *056*）= 葉の新生と発病・落葉の繰り返しによって、枝枯れや株枯れを起こす

図 11　ミイラ化　〔堀江〕
サザンカもち病（p *048*）= 膨大化した患部が乾燥枯死の状態で、長く株上に着生している

図 12　内部病徴　〔①堀江　②④星　③竹内〕
①シクラメン萎凋病＝球茎の導管部が褐変腐敗する　②同・軟腐病 ＝球茎の内部組織が軟化腐敗する
③ベニバナ半身萎凋病（p *018*）＝地際茎の導管部が淡く褐変している
④ミヤコワスレ萎黄病＝茎の導管部が明瞭に褐変している

j. 欠損・裂傷（図 9）

芽・葉や茎枝などが部分的に消失（欠損）、あるいは裂傷（破損・損傷）したり、果実や根に亀裂を生じる。なお、本症状は降雹など物理的要因に拠って発症するような、生理障害のケースも多いが、伝染性病害に起因する場合は、広義の病徴として含める。

k. その他の症状

前記（a～j）のほかに、罹病植物が現す特異的な症状として、①分泌・漏出＝患部から、崩壊した組織や樹脂などが滲み出る。②落葉（図 10）＝病気や障害の種類によって特徴的な症状として発現する。③ミイラ化（図 11）＝肥大・肥厚した患部が長期間株上に着生したまま残り、干からびた状態を指す。④内部病徴（図 12）＝外部病徴以外にも、茎や球茎等を切断すると、導管部の褐変ないし内部組織の腐敗・壊死が見られる。

04 標　徴

菌類病では、患部に病原体の子実体・胞子等の集塊などが現れることも多く、それぞれが病原体固有の特徴を有しており、診断の重要なポイントなる。これらを標徴と称する。以下に主要な器官を挙げ、ルーペ観察を含めた目視の留意点を解説してみよう。

a. 菌糸・菌叢・菌糸束・菌糸膜（図 13）

① **菌糸・菌叢**＝多くの菌類は栄養体として、糸状の細い器官（菌糸；菌糸体ともいう）を形成し、菌類の属・種によっては、特徴的な菌糸が患部の表面を伸延し、また、茎葉間に伸張する。菌叢は、菌糸・分生子柄・分生子などの集合体で、目視やルーペ観察も可能である。菌種にもよるが、色調や質感・量感などに大きな特徴があり、診断の要点となる。

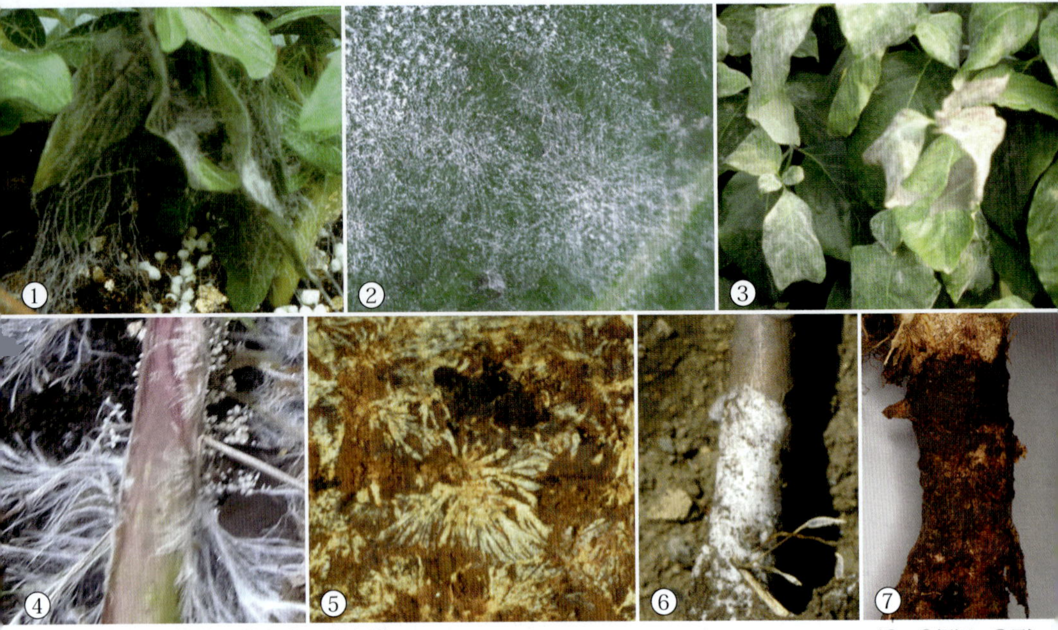

図 13　菌糸・菌叢・菌糸束・菌糸膜　〔①-⑥堀江　⑦星〕

①ニチニチソウくもの巣かび病（p *135*）＝茎葉間に菌糸の伸張するのが目視でも確認できる
②ツワブキうどんこ病（p *125*）＝白色粉状の菌叢（菌糸・分生子柄・分生子）が葉上を伸展する
③ハナミズキうどんこ病（p *078*）＝葉に厚い白色菌叢が伸展する
④メランポジウム白絹病（p *012*，*129*）＝患部から周辺の地表面に白色・絹糸状の菌糸束が放射状に伸延する
⑤ナシ白紋羽病（p *014*）＝病根に鳥の羽状の菌糸束が生じる
⑥ジンチョウゲ白紋羽病（p *014*）＝地際付近の幹周囲に、ビロード状で厚い白色の菌糸膜が伸延する
⑦アシタバ紫紋羽病（p *019*）＝地際付近の茎周囲に、ビロード状で厚い赤紫色の菌糸膜が拡がる

図 14　菌　核　〔①②④堀江　③竹内〕

①ビデンス菌核病＝患部表面の白色菌叢内に黒色の大型菌核が生じる
②トマト菌核病＝茎の髄部に形成された黒色の大型菌核；①②については p *006* 参照
③サンダーソニア白絹病＝初期には白色球状の菌糸塊（未熟菌核）が形成される
④ムラサキバレンギク白絹病＝成熟すると淡褐色で堅牢な菌核となる；③④については p *012* 参照

② **菌糸束**（図 13 ④⑤）＝菌糸が束になったものを菌糸束と呼び、目視でも認識しやすい。色調は菌糸単体よりも明確で、白色・褐色・紫色など。形状は鳥の羽・掌状、網目状、放射状ほか。光沢の有無にも特徴がある。患部表面・表皮下、土壌表面・土壌中を伸延する。

③ **菌糸膜**（図 13 ⑥⑦）＝菌糸・菌糸束が集合して、密で厚く膜状になったものを菌糸膜と称する。各種植物のこうやく病（p *008*）・白紋羽病（p *014*）・紫紋羽病（p *019*）などの目視観察においては、とくに決定的な診断ポイントとなる。

b. 菌　核（図 14）

菌糸が分化・集合して、堅牢な塊状組織になったものを菌核と呼び、越冬・越夏などを可能にする耐久生存器官としてきわめて重要である（第一次伝染源となる）。その大きさは肉眼で容易に確認できるものから、ルーペを使用したり、さらには検鏡を要するものまで種々あるが、ルーペ観察で特徴を覚えておくと、診断の有力な手掛りが得られる。

c. 分生子殻（図 15）

分生子果の一形態で、分生子を内生する、球形ないし類球形の器官を分生子殻と呼ぶ。分生子殻は、ふつう茎葉および枝幹の組織内に形成されるが、のちに殻の頂部が患部・病斑の表面に現れ、黒色・暗褐色などの微小な盛り上がりとなって目視できる検体が多い。これらの形状は菌種にもよるが、ほぼ一定した半球形の小粒点として目視可能である。

d. 分生子層・胞子堆（図 16）

分生子果の一形態で、皿状〜レンズ状の器官を分生子層という。分生子殻と同様、ふつうは罹病部の表皮下に、褐色〜黒色の微小な膨らみとして認められる。上部から見た形状は不

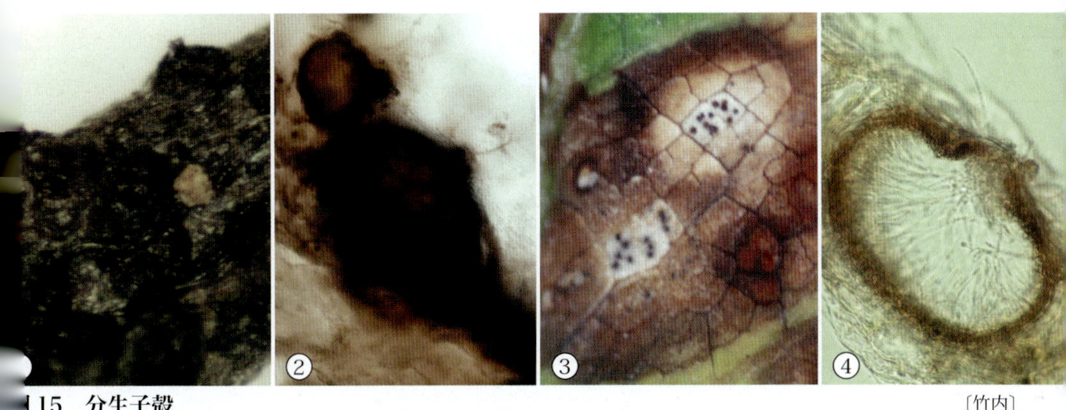

15　分生子殻　〔竹内〕

ジュガ株枯病（p *142*）＝①病斑上の分生子殻（丘状の盛り上がりが見られる）　②分生子殻の断面

シタバ葉枯病＝③病斑上の分生子殻（小黒粒点として目視できる）　④分生子殻の断面

図 16　分生子層・胞子堆　〔①②⑥堀江　③竹内　④⑤総診　⑦柿嶌〕

カナメモチごま色斑点病（p *056*）＝①病葉（病斑上に分生子層を生じる）　②分生子層の断面
グミ類炭疽病（p *037*）＝③病斑上に形成された分生子層（小粒点）　④分生子　⑤分生子層の断面
ヤブヘビイチゴさび病（p *011*）＝⑥葉裏に形成された夏胞子堆　⑦夏胞子堆の断面

円形、楕円形または不整形であり、均一的ないし規則的な形態は示さない種類が多い。そして、菌体が増殖・成熟すると、表面に亀裂が入って破れ、内部から白色・鮭肉色・淡黄色・黒色など、各病原菌特有の色調をもった分生子の集塊または粘塊が表面に現れる。観察に慣れれば、分生子層と、分生子殻・子嚢殻とは容易に区別できることが多い。なお、さび病菌（p *011*）の胞子堆（ほうしたい）は多様、かつそれぞれが特異的で、標徴からさび病菌・さび病であることが推測され、また、宿主名から、しばしば菌種や胞子世代も特定できる。他に、各種炭疽病（たんそびょう）（p *015*）などの病斑上には、種類によるが、分生子層が豊富に形成されることが多い。

e. 子座・分生子柄・分生子（図 17）

子嚢菌類の無性器官として、明確な分生子殻あるいは分生子層を形成せずに、罹病部位の表面に子座・分生子柄・分生子を生じる種類においては、それら器官の形成形態・色調、な

図 17　分生子座・分生子柄・分生子集塊　〔①-④堀江　⑤⑥総診〕
イチョウすす斑病（p *027*）= ①病葉（病斑上に形成されたすすかび状物）　②同・拡大
③すすかび状物の断面（子座・分生子柄・分生子）
シクラメン灰色かび病（p *017*）= ④花柄の腐敗部に生じた灰色粉状の菌叢（分生子柄および分生子の集塊）
ジギタリス灰色かび病（p *017*）= ⑤⑥分生子柄と分生子の集塊（顕微鏡観察）

らびに集塊様相などの特徴は、多くの病害や病原菌の診断・同定のきわめて有力な識別点となっている。例：サーコスポラ病（p *010*）・灰色（はいいろ）かび病（p *017*）など。

f.　分生子角・菌泥（図 18）

菌類病では分生子殻や分生子層の上部から、分生子が粘塊となって現れたり、巻き髭状・角状（分生子角（ぶんせいしかく）・胞子角（ほうしかく）という）に押し出されるものがあり、いずれも目視・ルーペ観察できる。また、細菌病では、患部組織内の病原細菌が罹病部表面に滲み出て、粘質の塊（菌泥（きんでい）や細菌泥（さいきんでい）・細菌塊（さいきんかい）ともいう）が形成される場合がある。例えば、マリーゴールド・トマト青枯病などでは、病茎枝の切断面に乳白色〜黄白色の粘質物が染み出して粘塊となり、水差しすると、白濁した何条もの筋となって流れ落ちる（写真③④）。キュウリ斑点細菌病では葉裏に菌が染み出し、乾燥すると光沢のある、薄く白い膜状物が貼り付いて見える。これらの所見は、菌類病と細菌病を判別する標徴としての特徴点でもある。

図 18　分生子角・菌泥　〔①竹内　②総診　③④近岡〕
分生子角 = ①アシタバ葉枯病（分生子殻から、白色・角状に押し出される分生子の粘塊）
②シャリンバイ白斑病（分生子層から、黒色・ひも状に押し出される分生子の粘塊）
青枯病菌の検出 = ③トマト病株の茎切断面から溢出する病原細菌の粘塊　④水差しすると細菌の集塊が流れ落ちる

g. 子嚢果・子実層（図 19，20）

うどんこ病菌（p *004*）では、多くの種類で、菌叢が患部の表面に形成され、ふつうは秋遅く、種類によっては夏季から、菌叢上に微細な球状の黒粒点（閉子嚢殻（へいしのうかく））として現れ、殻の表面（赤道面か上部ないし下部）に形成される付属糸（ふぞくし）の基部や、その先端部分の特徴的な形状をルーペ観察することによって属を特定したり、特定できない場合でも数属に絞り込むことができる。さらには顕微鏡を用いて、類別ポイントとなる部位・形態等をあらかじめ確認

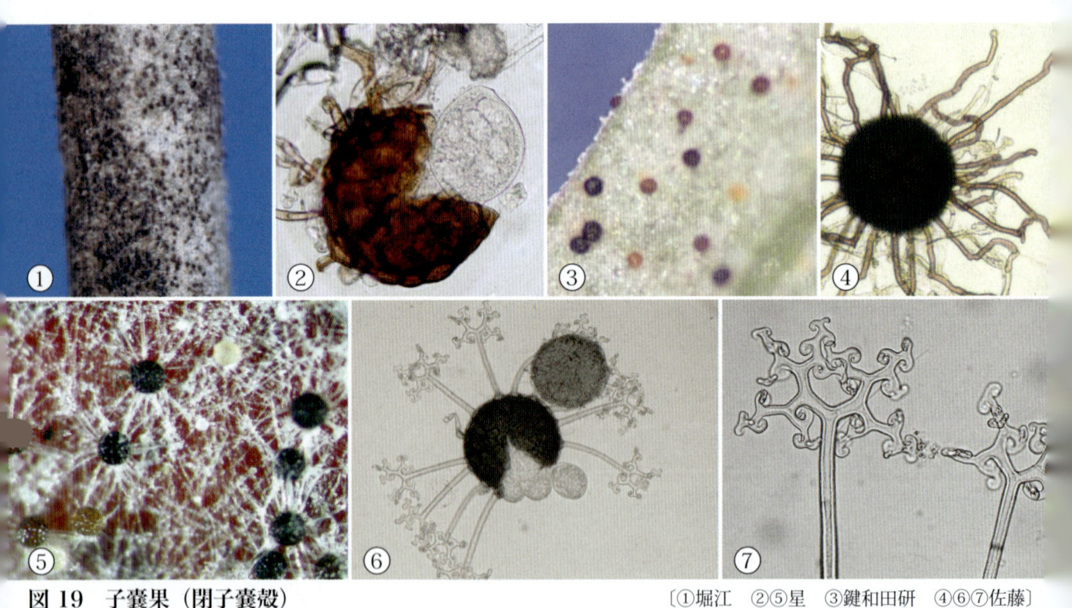

図 19　子嚢果（閉子嚢殻）　〔①堀江　②⑤星　③鍵和田研　④⑥⑦佐藤〕
コスモスうどんこ病（p *120*）= ①病茎上に密生する閉子嚢殻　②子嚢と子嚢胞子
デルフィニウムうどんこ病（p *138*）= ③菌叢上に散生する閉子嚢殻　④閉子嚢殻と菌糸状の付属糸
ハナミズキうどんこ病（p *078*）= ⑤紅葉上に生じた菌糸と閉子嚢殻　⑥閉子嚢殻　⑦付属糸の先端部の形態

図 20　子嚢盤・子実層・造卵器　〔①②小野　③‐⑤星　⑥竹内　⑦堀江〕

菌核病菌の子嚢盤（p *006*）＝①菌核から子嚢盤が伸育する　②子嚢盤上の子嚢（内部は子嚢胞子）
キャベツ株腐病＝③葉裏に子実層を生じる　④子実層上の担子器
アブラナ科植物白さび病＝⑤花茎が肥大する　⑥肥大部位の内部に造卵器（内部は卵胞子）が形成される
疫病菌の卵胞子（p *005*）＝⑦造卵器内に形成され、長期間土壌中などで生存できる（写真は培養）

しておけば、野外におけるルーペ観察がより容易になることは間違いない。

各種植物の葉腐病（p *007*）・キャベツ株腐病などでは、患部表面に担子器・担子胞子を密生した、ベージュ色・粉状の子実層を形成することがあり、これらは診断の重要なポイントとなる。茎葉などの患部表面に頂部を突出する子嚢殻・偽子嚢殻を形成する種類では、これらの標徴もまた診断の確かな指針である。卵菌類の白さび病菌では、茎や葉が膨らみ、その組織内に有性器官を形成する場合は、菌体の成熟期（例：アブラナ科野菜白さび病では結実期頃）に外観的異常（肥大・肥厚）部位を見つけ、内部組織を検鏡すると、有性器官が観察できる。疫病では卵胞子が越冬器官として重要であるが、野外では観察の機会が少ない。

〔微生物病および生理障害の診断ポイント〕

05　植物の部位別の異常確認（現地での診断）

生育障害の診断に際しては、まず現下の圃場や植栽地で全体の発生状況を把握しつつ、以下に列記した項目に関して、植物個体の症状を確認する。そして、圃場・植栽地と植物個体の観察は、適宜並行して実施するのが効率的かつ現実的であると思われる。

① **異常が生じる植物の部位**＝病気の種類により、発生部位が限定されることが多い。葉・

茎などの区別、株の先端部・上位部・中間部・下位部、地際部か、株全体（全身）か、もしくは不規則か、などを確認する。以下、部位別に観察の要点を示す。

② **葉** ＝ 新葉か、中位葉・古葉か、または株全体の葉位か、不規則か。葉では、葉脈上・葉脈沿い・葉脈間・葉身・周縁・先端・葉柄近く、あるいは全体か、不規則か。異常部位の色調は、黄色・褐色・紫色・赤色・黒色・灰色などか、ないし特定の傾向はないか。異常部の形態は、斑点・斑紋・腐敗・モザイクや斑(ふ)入り、壊死(えし)・縮れ・カップリング（内側または外側に巻く）・矮小化・かすり斑・さび斑・ひきつれ・光沢・穿孔、形の均一・不均一性、さらには混在して不規則か。異常部に菌叢や胞子堆、分生子果または子嚢果の小粒点などの菌体があるか。微小害虫（アザミウマ類・ダニ類など）の食害痕があるか。

③ **花器・果実** ＝ 異常部の色調や形状に均一性があるか。奇形や腐敗が見られるか。異常部に胞子堆などの菌体があるか。異常落花・落果があるか。微小害虫の食害痕があるか。

④ **茎・枝** ＝ 異常部表面の色調や太さに変化があるか。部分的に肥大や瘤、あるいは亀裂などがあるか。維管束部（導管部）・髄部・材部に変色・壊死・腐敗があるか。異常部位に小粒点などの菌体があるか。害虫の摂食痕・食入痕があるか。

⑤ **根** ＝ 根の全体量や細根の発生は正常か、根の色調や生気はどうか。腐敗や脱落・消失を起こしていないか。部分的に肥大・瘤・亀裂があるか。異常部に菌糸体や小粒点、菌核などの菌体があるか。維管束部・中心柱に変色があるか。被害根の周辺に害虫がいるか。

⑥ **その他** ＝ 経過観察および聞き取り調査（問診）を随時行い、初発時期、ならびに症状が進行性か、一過性かを把握する。また、症状に応じて、立地条件を確認し、発生前から行われていた栽培・植栽管理状況を問診する。

06 微生物病の診断ポイント

03・04で概観した病徴や標徴は、菌類・細菌・ウイルスなど病原体の各所属種に特有の所見でもある。したがって、それぞれの特徴をあらかじめ把握しておくと、現地診断や植物診断の際に、ある程度の目途を付けることができる。言い換えれば、現地において病因の大枠を把握できないと、その後の診断作業の進め方に支障をきたすのである。本章では、各微生物病の診断ポイントとなる所見の特徴を部位別に列記してみよう。

a. 菌類病の診断（図 21）

① **全身** ＝ 萎凋・矮化・生育不良・株枯れなど。

② **葉** ＝ 斑点の大きさ・形状・部位（株内・葉内）・葉あたりの個数および色調、葉脈・葉身の黄化、腐敗、萎れ、健病の境界、病斑部の破れあるいは脱落、病斑の形成状況、早期落葉の程度、病斑上の標徴（小粒点・菌叢・すす状物などの菌体）など。

③ **茎・枝** ＝ 内部組織や導管部の褐変、腐敗・斑点・亀裂・陥没・くびれ・肥大・瘤・空洞

図 21　菌類病の症例　〔①③④堀江　②竹内〕
①ストック苗立枯病 = 地際部が褐変する　②アスター萎凋病（p *117*）= 根・茎が侵され、下葉から枯れ上がる
③リモニウム褐斑病（p *101*）= 葉に円斑を生じる　④バラ黒星病（p *062*）= 葉脈に沿って病斑が拡大する

化、叢生・てんぐ巣症状；患部の標徴（小粒点・菌叢・すす状物・菌核）など。

④ **花器** = 花弁の小斑点・染み斑・腐敗・奇形・変色、病斑上の標徴（小粒点・菌叢・すす状物・菌核）、異常落花の有無、着蕾不良・開花不良など。

⑤ **果実** = 果面にかさぶた様の盛り上がりや染み斑、変色・壊疽・凹凸・陥没斑、果肉部の腐敗、奇形、異常落果、患部の標徴（小粒点・菌叢・すす状物・菌核）など。

⑥ **その他** = とくに標徴が認められない場合には、細菌病・線虫病・生理障害などの症状と類似することがあるので、その点にも注意して診断を進めたい。

b. 細菌病の診断（図 22）

① **全身** = 萎凋・生育不良・青枯れ・株枯れなど。

② **葉** = 水浸状の斑点の有無と拡大の様相、葉脈に沿った褐変やそれらの周囲から油が滲むように拡大、萎れ、かさぶた様の盛り上がり、変色、白色～黄色の染み斑、病斑部の破れや脱落、腐敗、異臭、強風後の葉縁枯れなど。

③ **茎・枝** = かさぶた様の盛り上がり・変色・やに状物の滲出、表面が粗な瘤・癌腫、新梢の萎凋・首折れ、皮層部の腐敗、変色条斑・陥没斑、髄部の黒褐変・腐敗・空洞化、導管部の黒褐変、茎からの菌泥の滲出（あるいは水差しによる菌泥の流れ落ち）など。

④ **花器** = 花弁の小斑点・染み斑・腐敗、着蕾・開花不良など。

⑤ **果実** = 果面にかさぶた様の盛り上がり、軟化腐敗・変色・陥没斑・やに状物など。

⑥ **根** = 皮層部の褐変・黒褐変、導管部の褐変、軟化腐敗・異臭など。

⑦ **その他** = 病原細菌は雨滴・水滴や灌水などの水系によって移動し、傷痕から侵入することが多いので、とくに土壌の排水条件および灌水方法、台風や強風を伴った降雨など、気

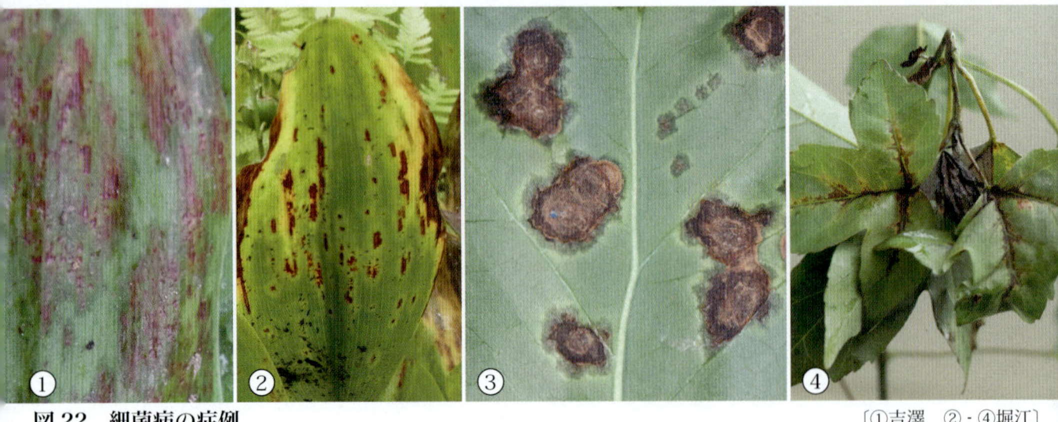

図 22　細菌病の症例　〔①吉澤　②-④堀江〕
①②ドイツスズラン赤斑細菌病（p *133*）＝赤みを帯びた水浸斑が拡がり、のち褐変し、周辺が黄化する
③ヘデラ斑点細菌病（p *110*）＝水浸斑が点在し、拡大病斑の周囲も水浸状となる（写真は葉裏）
④トウカエデ首垂細菌病（p *080*）＝新葉の葉脈に沿って水浸斑が連続的に進展し、やがて褐変枯死に至る

象経過と発病状況との関連を考慮すること、また、収穫・摘葉・芽かき・移植・株分けなどの管理作業の際、手指や刃物類に付着した病原細菌によって、周辺株に高率伝染することを知っておけば、診断上の参考になるだろう。

c. ファイトプラズマ病の診断（図 23）

① **全身** = 萎縮・叢生・矮化、生育不良、黄変・枯死など。
② **葉** = 褪色・黄化・赤化、小型化、よじれ・奇形、落葉など。
③ **花器** = 葉化（花弁が葉状に変貌・奇形化・緑色（本来の着色せず）など。

図 23　ファイトプラズマ病の症例　〔①折原　②鍵和田　③堀江〕
①ラナンキュラス葉化病（p *141*）＝花弁が奇形・叢生を呈して品種固有の色調に着色せず、緑色を残す
②アジサイ葉化病（p *026*）＝花（萼）が小型・奇形化し、本来の色調に発色しない
③ホルトノキ萎黄病（p *072*）＝株全体の葉が黄変・紅化し、やがて激しい落葉・枝枯れ・株枯れを起こす

④ **茎・枝** = 徒長・矮化・叢生・ひこばえの発生など（写真 ①③）。

⑤ **その他** = 罹患植物の種類によっては、ヨコバイ類による虫媒伝染が実証されており、集団感染の可能性がある。また、感染・無病徴種苗の移動により、植栽地で発症した事例も多いので、その可能性について、状況証拠を検証する。

d. ウイルス病の診断（図 24）

① **全身** = 矮化・萎凋・萎縮・徒長・褪色・黄変・生育不良・株枯れなど。

② **葉** = 葉色に濃緑部分と退緑部分が入り混じったモザイク（双子葉植物ではパッチ状の濃淡、単子葉植物では葉脈に沿った条斑・条線状の濃淡）・モットル（斑紋）、輪紋（同心円状にモザイクや壊疽を生じる）、褪緑斑点、葉脈透化（葉脈に沿って褪緑・黄変する）、葉脈緑帯（葉脈沿いに濃緑色を呈する）、糸葉（葉が細くなってよじれる）、ひだ葉（局部的に増生した葉の組織が突起してひだ状を呈する）、火ぶくれ・波打ち（葉の表面に変色を伴った凹凸を生じる）、壊疽・黄化ないし白化・萎縮、葉の小型化など。

③ **茎** = 縦方向の黄化・壊疽条斑、凹凸など。

④ **花器** = 花弁のモザイク・色抜け（白化・褪色・脱色など）・萎縮・萎凋・凹凸、生育の不均衡などの奇形、着蕾・開花不良など。

⑤ **果実** = 果面の凹凸・モザイク・輪紋斑、生育不良・奇形、果色・光沢の不良など。

⑥ **その他** = ウイルスを伝搬する害虫（アブラムシ類・コナジラミ類・アザミウマ類など；虫媒伝染）の発生状況を実在する虫体・吸汁痕などから確認する。ウイルスが植物の生育途中に感染した場合は、通常感染部位より上方の、新しい組織にのみ病徴を現すので、症状を発現している葉位（部位）も診断の目安になる。「モザイク病」参照（p *020*）

図 24　ウイルス病の症例　〔①星　②③堀江〕

①アオキ輪紋病（p *033*）= 葉に黄色の輪紋斑を生じ、葉面は波打ち症状を呈する

②ジンチョウゲモザイク病（p *040*）= 葉にモザイク・褪色・壊疽・よじれを生じ、かつ生気を失ったようになる

③フリージアモザイク病（p *101*）= 花蕾にモザイク・壊疽・奇形等を生じ、葉にもモザイク症状が現れる

図 25　線虫病の症例　〔堀江〕

①ヒマワリ根こぶ線虫病（p *016*）＝手前の集団が罹患しており、生育遅延で草丈が伸びない
②③コクチナシ根こぶ線虫病（p *016*）＝葉は黄変し、激しい落葉を起こすとともに、当該株の根部は瘤状に膨らむ
④ホトトギス葉枯線虫病（p *165*）＝葉に葉脈に沿って赤みを帯びた腐敗斑を生じ、長く着生している

e. 線虫病の診断（図 25）

① **根に寄生して症状を現すもの** ＝ 根の褐変腐敗・枯死および消失（根腐線虫病）、根の表面に平滑な瘤を形成（根こぶ線虫病）、根にシストを形成（シスト線虫病）。これら 3 種はいずれも根のみが侵されるため、茎葉の症状は土壌伝染性の菌類病ときわめて類似しており、地上部の外部観察だけに頼った診断は不可能である。

② **葉に寄生して症状を現すもの** ＝ 葉脈に囲まれた暗緑色の水浸斑（初期症状は比較的特徴のある診断ポイント）・褐斑・条斑、葉枯れ、落葉など（葉枯線虫病）。

③ **芯部に寄生して症状を現すもの** ＝ 芯葉付近の萎縮・奇形・変色、あるいは葉先枯れ、黒点米など（イネシンガレセンチュウ・イチゴメセンチュウなど）。

④ **その他** ＝ 根腐線虫病・葉枯線虫病・心枯線虫病などは、とくに他の伝染性病害や生理障害と類似した症状を発現することが多く、目視のみの診断は避ける（患部を水中に浸して虫体の遊出を検鏡確認する方法などを用いる）。また、線虫寄生痕から土壌病原菌が感染しやすくなり、その結果、フザリウム病やバーティシリウム病などが集団で多発することがある。診断にあたっては、このような複合的な原因（相乗作用）の可能性も考慮し、対策に活かす必要がある。「根こぶ線虫病」参照（p *016*）

07 生理障害（生理病）の診断（図 26）

生理障害の多くは、栽培・植栽環境および管理方法、土壌条件、気象条件などが、当該植物の生育適応範囲を超えて、著しく不適となるような場合に起こり、その原因にも様々な要素がある。原因の種類によっては、例えば、土壌・植物体の栄養分析を行い、養分欠乏症や過剰症を科学的に証明できる場合もあるが、ほとんどの例では実証や再現の手段がなく、症状の観察と発生状況の把握、的確な聞き取り調査（問診）を行って、総合的な観点から妥当性のある原因を推察し、適応可能な対応策を講じる。原因把握には以下の項目に留意するとともに、必要と思われるものを確認・精査しなければならない。

① **植栽地の概要把握** ＝ 圃場・植栽地の類別；地面の傾斜；土壌の硬度・水分条件；土壌養分；気象障害・薬害の可能性；障害の発生地点（植栽地全体か局所か）；異常症状の進展状況（一斉・進行性・停滞性・一過性などの推定）；植物個体の観察（異常症状の発生部位など；当該症状が初発か、複数回発生か（施肥・農薬散布・栽培管理などの、平年比や場所による相違の有無など）；播種後・定植後日数、植物の生育ステージなど。

② **栽培・植栽状況についての情報把握** ＝ 連作・輪作とその植物種・年限（栽培体系）、植付け時期・年次、および障害発生時期・年次など）；種苗の来歴、植物の品種・系統、単植もしくは混植（宿主・非宿主）か、栽植密度（標準あるいは密植か疎植か）、水・温度管理（とくに施設栽培；適正な範囲か否か）など。

③ **化学肥料や堆肥などの施用記録の確認** ＝ 化学肥料（種類・商品名・成分の種類および含有率、施用時期と回数、施用量、施用方法など）；堆肥・土壌改良資材の使用状況。

④ **農薬の散布・処理記録の確認** ＝ 農薬の種類と使用状況；近接した植物、ならびに近隣場所での使用状況；植物の生育状況；気象など。

⑤ **気象情報の把握** ＝ 気温・地温；低温障害・高温障害、降霜害・凍寒害・冷害など、気象データ・微気象的観察も考慮；降水量、乾燥害（干ばつ）・土壌の過湿害、冠水害（停滞水の深度とその期間）など；日照＝好光性植物における日照不足の障害、あるいは弱光性植

図26　生理障害の症例　〔①牛山　②③堀江〕
①要素欠乏の症例＝カンキツ類のマンガン欠乏症（とくに新葉・中位葉の葉脈間が黄化する）
②除草剤ドリフトによる薬害＝ユリ類の症例（葉の被害症状が明瞭で、一斉に発生し、その後の新規発現はない）
③着色不良＝アジサイ花弁（萼片）の着色が妨げられる（萼片展開時の連続的な高温・乾燥によると推定）

物における日焼けなど；大気汚染（p *160*）＝ SO_2・O_3・PAN などの発生の有無；その他：降雹・強風・落雷のような物理的（気象）要因による枯損など。

〔発病の要素および伝染環〕

08 発病要素および発生要因

植物の病気（微生物病）が発生するためには、以下の三つの要素が必要である。

「**主因**」＝病原体の存在およびその性質（病原力の強さ・環境適応性など）

「**素因**」＝遺伝的にその病原体に侵されやすい植物の種類（宿主植物・宿主）

「**誘因**」＝病気の発生を成立させる環境条件（基本的には気象・土壌・植栽環境を中心とした自然・人為的要因を指すが、広義には、商品としての需要・生産に関わる経営・流通課題など、多くの社会的要因を含む）

これらの主因・素因・誘因は、単独で機能するのではなく、相互かつ密接に関わり合うことで、病気の発生・消長・蔓延および流行の程度が決定的に支配される。これを病気のトライアングル（三角形）と称し、これに被害量を意味する時間軸を、高さとして与えたものが病気のピラミッドである。また、三つの要素をそれぞれ「輪」に喩え、それらの重なる部分が病気の発生、あるいはその被害（程度・量）とみなす考え方もある。さらに、微生物病の発生・流行（蔓延）に関与する環境条件（広義）には、上記した複雑かつ多岐にわたる要因も含まれており、これらは相互に関連し合いながら、病害の発生・蔓延と衰退に至るまでの経過、およびそれらの規模・範囲に大きく影響しているといえるだろう。

09 伝染環および伝染方法

病害に的確に対処するためには、もちろん、当面する病気の特性を理解し、病原体の伝染環および伝染方法等の発生生態を知ることが何よりも大切である。後述するように、病気の発生（初発時期・発生量）を抑制し、かつ拡大を阻止するためには、伝染源を質・量ともに減退させ、かつ伝染経路を遮断することが、対策の基本となるからである。

a. 伝染源と伝染環

伝染源のうち、その年の最初の発病（第一次発病）を起因する伝染源を第一次伝染源、初発病後に蔓延・流行（第二次発病）するための伝染源は第二次伝染源という。また、病原体の侵入によって、ある病気が初めて発生し、さらにその病原体が伝播を繰り返したあと、やがて当年次の収束を迎え、そして翌年に再び発生するまでの一連の流れ（過程）を伝染環と呼んでいる。伝染環を断つことは対策の基幹で、管理上の最重要課題となるため、Ⅱ・Ⅲに掲載した個別病害のメモ欄に、推定を含め、第一次伝染源について記述した（ただし、伝染環の遮断は、ほぼ全病害共通の対処法なので、敢えて記さなかった）。

① **主な第一次伝染源**＝罹病残渣（菌糸・子座・分生子果・子嚢果・菌核・卵胞子・厚壁胞子など）、汚染土壌（土壌伝染性病害；残渣崩壊後に残った各種耐久生存器官）、ウイルス感染株、着生病葉・病茎枝上の菌体。越冬芽内の菌糸、閉子嚢殻（うどんこ病菌＝子嚢胞子）、子嚢盤（菌核病菌＝子嚢胞子）、中間宿主上の菌体（さび病菌＝担子胞子・銹胞子）、汚染種子、汚染資材、罹病繁殖用親株、周辺の同種・異種の罹病植物など。
② **主な第二次伝染源**＝第一次発病株、その患部等に生じる菌体。分生子（子嚢菌類など）・胞子嚢（白さび病菌・べと病菌など）・夏胞子（さび病菌）・菌糸・菌糸束など。

b. 伝染方法の種類

病気が蔓延・流行するのは、病原体が、ある地点（罹病宿主）から、別の地点（健全な宿主）へ様々な方法で、伝染（伝播・伝搬ともいう）が繰り返されるからである。病原体の種類によって、伝染経路がおおよそ決まっており、大多数の病原体は複数の伝染経路をもつとともに、宿主・病原体グループ間では、その組み合わせと個別経路の重みが異なる。ただしそれぞれの伝染方法は独立している訳ではなく、しばしば相互に関連あるいは並行することで、伝染の機会を増やし、かつ各伝播機能も増幅するように見える。このため、各病原体の伝染方法を知ることは、微生物病の発生動向を把握し、防除対策を立案するためのきわめて重要な知見となる。以下に、伝染方法を類別して解説する。なお、各論の「メモ」欄には防除上とくに重要と思われる伝染方法を記した。

① **空気伝染**＝病原体（胞子など）が、空中を飛散して伝播する方法を空気伝染（風媒伝染ともいう）と呼んでいる。地上の患部に生じた胞子の飛散によって蔓延する病気では、とくに重要な伝染方法である。例えば、うどんこ病菌・灰色かび病菌の分生子は、主に風のみで伝播が可能である。しかし、炭疽病菌・サーコスポラ病菌などの多くの菌類の分生子は、集塊あるいは粘塊として患部表面に現れ、このままでは分生子が分散するのが困難であり、雨滴や灌水の飛沫によって、分生子塊が叩かれるようにして分生子が単独で、または小さな塊となって分散し、もしくは分生子柄から分離した後、雨風に乗って周辺エリアの宿主へと伝播する（雨滴伝染・水滴伝染と称することもある）。
② **水媒伝染**＝灌漑水や雨水、さらには養液栽培の培養液などによる分生子・遊走子等の移動を伴う伝染方法である。地表面の水の流れに沿って伝搬されるものを流水伝染ということもあるが、これも水媒伝染に含まれる。例として、疫病菌、*Pythium* 属菌などの卵菌類では鞭毛をもつ遊走子が形成され、水中を泳ぐようにして、宿主に到達する。他方、同じ卵菌類の白さび病菌分生子（胞子嚢）は容易に風によって空気伝染し、到達場所で水湿を

得ると遊走子が分化・放出され、遊泳しつつ伝播する。また、ほとんどの菌類の分生子は雨水や灌水中を漂って、物理的（他動的）な移動・伝播が可能である。

③ **土壌伝染** ＝ 土壌伝染性病害（土壌伝染病ともいう）では、病原体が土壌中に生息しており、そこに宿主となる植物が栽培されると、宿主の生産する物質や分泌物などにより、病原菌が覚醒・誘引される。そして、植物体の根や茎の地際部から侵入・感染して発病に至り、次々と伝染が継続される経過をたどることが多い。このような伝染方法を土壌伝染といい、フザリウム病（各種萎凋病などの総称；p *095*, *117*, *145* など）、バーティシリウム病（半身萎凋病などの総称；p *018*）などが挙げられる。なお、大多数の地上部病害の病原菌は、茎葉・果実などの罹病部内外にあって、その植物組織とともに地表に落下したあと、残渣が崩壊して土壌中に混在する。このように、罹病部位が残渣として植栽場所に放置された場合には、土壌中で越冬あるいは越夏後、病原菌が土壌とともに雨滴に叩かれて跳ね上がり、伝染源になり得るので、ほぼすべての菌類・細菌類がもっている当伝染方法も、見かけ上（広義）の土壌伝染に含めることができる。

④ **種苗伝染** ＝ 種子や塊茎、花苗・植木苗などに病原体が付着・潜在して伝染する方法。保菌（ウイルスでは保毒という）部位や栽培形態により、種子伝染・球根伝染・種球伝染なども呼ばれる。株分け・挿し木などの栄養繁殖する植物では、土壌伝染病の過半（地下部を繁殖源とするもの；導管病は地上部を繁殖源とするものも該当）の種、ならびにウイルス病（地上部・地下部を繁殖源とするもの）のほとんどが、罹病親株から子苗に伝染するとみられる。栄養繁殖植物の地上部病害についても、親株が罹病していれば、その子苗が感染している確率はきわめて高くなる。また、穂木・台木のいずれかが、ウイルスに汚染されていると、接ぎ木部位を通してもう一方に伝染し、さらには、その苗木移動によって広域に拡散する（接ぎ木伝染と呼び、種苗伝染の一形態でもある）。

種苗伝染のもうひとつの様態として、上述の、病原体が罹病親株を経由して、種子・子苗に伝播する。生産地から、罹病あるいは無病徴感染している苗が流通した場合には、当然のことながら、感染苗が新たな緑地や、生産圃場に植栽されてから、発病・拡大する事例（ホルトノキ萎黄病（p *072*）・ヤマモモこぶ病（p *090*）など）も多い。近年は草花や緑化樹は、購入苗に頼って栽培・植栽することが大半を占めるケースもあり、健全種苗の導入は植え付け後の管理や、病害虫対策においてもきわめて重要である。

⑤ **接触伝染・汁液伝染** ＝ 病株と隣接している健全株で、茎葉・根などが直接触れ合っていると、そこを経由して病原体が移動し、感染・発病することがあり、これを接触伝染という。また、ウイルス病・細菌病の中には、病株（病汁液）に触れた手指、もしくは鋏などの器具を用いて管理作業を行うと、高率に汁液伝染するものがある。

⑥ **虫媒伝染** ＝ 昆虫・ダニなどに病原体が付着したり、それらの器官内部に保持されて伝搬する方法を虫媒伝染と呼称する（このうち、昆虫によるものを昆虫伝染ともいい、さらに

ダニ類・線虫類による伝搬も虫媒伝染に含める)。この伝染方法は、とくにウイルス病ではきわめて重要な伝染方法である。非永続性伝搬とは、罹病植物吸汁後に、数時間程度しかウイルスを伝搬できないような伝搬様式を指す(多くのアブラムシ類)。これに対して吸汁・ウイルス獲得後、ふつう 3 日間以上ウイルスの伝搬能力を有する様式を永続性伝搬という(ウンカ類・アザミウマ類・コナジラミ類など)。なお、ファイトプラズマは農作物では、主にヨコバイ類によって永続伝搬されるが、樹木・草花類ではいまだ媒介虫が特定されていないものが多い。また、実証・報告例は多くないが、ある種の病原体、とくに菌類(うどんこ病菌・胴枯病菌など)は、患部表面に現れた胞子が、かなり高率に昆虫等の体表に付着して、近隣場所あるいは遠隔地に運ばれる可能性が示唆される。

⑦ **その他(人為的伝染)**:農業機械・器具類、支柱・マルチフィルムなどの管理機器・資材は、作業の際に罹病植物・残渣(汚染土壌)が付着し、別圃場が病土化したり、他の緑地や圃場に伝播する事例が頻繁にあり、汚染資材の再利用による発病も軽視できない(資材伝染と呼ぶことがある)。それらに加えて、作業・管理する人の履物・着衣に病原体が付着し、発生地域を拡大させることも想定されるので、十分な配慮や対策が必要である。

10 宿主への侵入方法

病原体が宿主に侵入する方法にも、それぞれの病原体によって特徴的な共通点、もしくは相違点があり、植物種によっては、対策上からも軽視できないテーマである。以下に、各病原体の主な侵入門戸および侵入方法を挙げてみることにしよう。なお、この項では、侵入から感染までを連続した、一体的なものとして取り扱った。

① **角皮**(クチクラ)**侵入** = 多くの病原菌類に見られる侵入方式で、直接侵入ともいう。分生子などが飛散し、植物体に付着すると、適度な水分や湿度を得て発芽する。発芽管の先端は付着器(ふちゃくき)と呼ばれる扁平状、丸い膨らみをもった形状、もしくは拳状など、それぞれ菌種に特徴的な形状を呈し、粘着物質により宿主細胞に固定される。付着器は侵入部位に左右されることなく固定できるので、病原菌の自力侵入にもっとも効率的な器官と考えられている(うどんこ病菌・炭疽病菌など)。

② **気孔侵入**(自然開口部侵入)= 宿主植物の組織表面には、組織細胞内の呼吸・生理機能を安定に保つために、空気・水分・水蒸気などを取り入れたり、あるいは排出するための自然開口部(気孔・水孔・皮目など;開孔部ともいう)がある。そして、病原菌類(病原細菌を含む)の中には、これらの自然開口部を利用して、植物体内に気孔侵入などを行う種が存在する(さび病菌(夏胞子世代)・べと病菌、各種病原細菌など)。

③ **傷侵入**(傷口侵入)= 台風・強風等による擦れ傷痕、害虫の食害痕、管理作業(移植・整枝・摘葉・芽かき・剪定など)の際に生じる傷痕などから侵入・発病する菌種は多く、こ

れを傷侵入と称する。とくに、菌類では腐生性の高い灰色かび病、樹木類の枝幹性病害や土壌伝染性病害（ナス半身萎凋病など）で実証されている。また、病原細菌の多くは、傷痕から侵入することが知られている（ハボタン黒腐病；p *097*）。ウイルスのうち、汁液伝染が容易な種類は、罹病植物との接触時に隣接植物の微細な傷痕から、さらには手指や鋏などに病汁液が付着し、整枝・収穫作業ほかで生じた傷痕から高率に侵入する。

④ **昆虫の吸汁による侵入** = 09 b. ⑥ 参照。

11 宿主範囲

病原体は、同一種が多数の植物を侵すもの（多犯性という）と、特定の寄生植物一種のみか、あるいはその植物種にごく近縁な植物のみを侵し、他の植物種には寄生・感染し得ないものがある（単犯性という）。また、病原菌の種類によっては、同一種に属する菌で形態的には差異が認められないにもかかわらず、植物・品種間で寄生性が異なっているものがあってこれらの病原体は系統・レース・生態種などと呼称され、菌類では分化型（f. sp.）、細菌では病原型（pv.）として、学名に表記される。したがって、圃場管理や、展示する植物・品種等の選定、植栽予定図の作成・実際の植栽などにあたっては、各種病原体がもっている属性の一種、すなわち植物種・系統・品種に対する病原性を考慮する必要がある。

病原体の宿主範囲を知ることは、病害対策上の必須事項でもある。ある病原体がどの植物種に病原性を示すかは、「病名目録」あるいは本叢書の「図鑑」からも検索できる。ただし種類によるが、同種の病原体であっても、宿主範囲が同じであるとは限らないので、宿主範囲を確定するためには、広範な植物種を対象とした接種試験を行い、その結果を解析しなければならない。しかし、樹木・花卉類等における知見は多くないことから、対象の病原体に記録された宿主は共通的に扱った方が、対策を立案する上で有利と思われる。

〔病害の対処およびその実践〕

12 緑地・花壇における病害防除の考え方

上記したように、病気の発生は主因・素因・誘因が複相的に影響し合いながら、この３種類の要素が好適な発病条件下に揃ったとき、はじめて感染が成立する。そして、多発環境が継続された場合には、蔓延・流行を起こして深刻な被害をもたらすことになる。したがって病気の発生に対処するためには、それら発病好適条件となる要素のひとつ、双方あるいはすべてに働きかけ、現実に即した形で、可能な限り被害を低減させる作業が基本となる。もちろん、緑地・花壇等における病害防除のあり方は、農作物のそれとは大きく異なる。基本的な防除技術の内容は変わらないだろうが、労力・経費の面からみて、それらを現場で適用できるか否かを含め、その対応には地道でかつ現場に即した発想が必要であろう。

a.「予防・防除計画」の策定

公園や緑地、あるいは圃場等において、多彩な植物の様々な生育障害に接したとき、私たちはまず普段の管理を通して対応を講じることになる。もちろん、どの管理作業も行き当たりばったりであってはならないが、病害に関していえば、作業計画の中に植物種ごとの既往病害を反映させた、防除計画を組み込んでおくとよい。さらに、その内容は予防（発生前の対策）と治療（発生後の対策）の両面からあらかじめ立案しておく必要がある。当然のことながら、前者は、これまでの植栽地・圃場・施設における各病害の発生実態から、発生が予想される主な病気をピックアップし、それらを未然に防ぐ手立てを講じることであり、後者は、万一発生して被害の急増が想定される際の防除のあり方を事前に立案し、かつ実施段階においては、当面する病気の進展状況に臨機応変で対処する作業までを含む。

b. 予防の徹底と早期発見・適期防除の遂行

植物の病気を防除するには、第一にその病気を発生させない要件、すなわち、植栽エリアにおける病原体を低減・根絶し、かつ新たな侵入を可能な限り阻止するか、侵入しても発病させないことが、理想的な予防対策であろう。そのために、次項に挙げる個別技術を組み合わせて総合的に活用し、植栽地・圃場等において病気が発生しにくいか、または発生しても蔓延・流行に至らないような環境条件を作り出す計画・配慮が不可欠である。

その端緒として、植栽地・圃場の整備・衛生管理、健全種苗の導入、さらには日常管理など、発生病害虫を念頭に置いて、効率的な作業が必要となる。具体的には、対象植物や植栽全体について、主要な病害虫の発生時期・防除対策などを把握した上で、早期発見を心掛けるとともに、適期防除を実行したい。例えば、発生初期に罹病部位を摘除するだけで、病勢の拡大を大幅に遅らせたり、被害が激減するケースも多いのである。

なお、現場で調査・観察・実施した内容は、具体的データや記録（野帳の記述や写真を含む）を、関係者間で閲覧・共有できるように、保管・データベース化する日常業務が肝要であり、それらの知見は新たな対応を求められた際にも、有意義な情報を提供してくれる。

13 「総合的な病害管理」に向けて

環境保全型農業の推進が提唱されて久しいが、公園・緑地等の植栽現場においても、農薬の偏重は厳しく制限され、多様な防除技術を組み合わせた、持続可能な総合的病害管理のシステム構築は喫緊の課題で、まさに時代の要請でもある。

防除の手段はその内容によって、耕種的・物理的・化学的・生物的の防除法に集約されよう。対象の植物・植栽地の病害対策としては、前項に示したように、主要発生病害の事前把握や、日常管理における早期発見・的確な診断・適期防除を励行し、景観や観賞性を一定レベルに維持することを目指すべきではないだろうか。以下に類別ごとの対策項目を列記するが、現地の状況に応じて、実現可能な予防対策を計画的に立案・選別し、かつそれらを遂行するとともに、不測の病害発生時にも迅速に対処し得るような体制の整備が望まれる。

a. 耕種的防除法

① **植栽地の整備** = 植栽計画をもとに造成・整地を行い、土壌・水環境を整える；とくに気候変動が大きい昨今では、乾燥・水分過剰対策（灌水・排水設備など）を施工する必要がある（例えば、簡易な溝切りでも病害を大幅に減少させた事例も多い）、など。

② **植物の植栽** = ①と対をなす対処課題には、植栽地の環境・土壌等に適合した植物を選択する；植物の特性・植栽の目的に沿って、マルチ・べたがけ・雨除け等の資材を活用する；健全種苗・良苗を用いる；抵抗性品種・系統を活用する；濡れ時間の短縮を図る管理対策を行う（密植を避ける、内部の茎葉・枝を整理して通風・通光を改善する、など）；適正な施肥管理を行う；輪作または草種変更による病害回避を実施する、など。

③ **圃場衛生** = 罹病残渣を丁寧に処分し、かつ生育期には罹病部位を早めに除去して、伝染源・越冬源の排除と低減を図る；周辺の罹病植物等の除去対策を図る、など。

b. 物理的防除法

① **土壌消毒** = 太陽熱利用土壌消毒（空の肥料袋を利用した、鉢土の簡易消毒から、植栽予定地をフィルムで被覆する広域の消毒まで、目的や場所を考慮した方法がある）；蒸気・熱水利用土壌消毒（設備費用や燃費が高いのが難点であるが、確実な方法である）；その他に各種の方法が開発されているので、導入可能なものを選択する。

② **光質・色の利用**（フイルム）= 特定病原菌の胞子形成および増殖の防止（施設栽培に限定される）；防虫資材・光反射資材を利用したウイルス媒介虫の飛来防止、など。

c. 生物的防除法

① **天敵微生物の利用** = 菌類病に関しては、特定の病原菌に対する他の微生物の寄生・抗生もしくは競合や、宿主の抵抗性誘導（交叉防御）などを利用して、生物防除の試みが検討され、これまでに農作物（花卉類を含む）の灰色かび病・うどんこ病・根頭がんしゅ病などを対象として、微生物農薬として登録され、実用化に至った。

② **対抗植物・緑肥植物の利用** = 線虫密度の積極的な低減効果をもたらす対抗植物（捕獲植物）、あるいは休閑と同等程度の効果であるが、土壌改良・肥効を兼ねた、緑肥植物が花卉類の大型花壇で利用されている（農作物では有効事例が多数実証されている）。

③ **ウイルスフリー株の利用** = 栄養繁殖性植物のウイルス病にあっては、他の有望な防除手段がほとんど見当たらないので、成長点組織培養によるウイルスフリー株の作出・利用は不可欠の重要課題である。花卉類では、カーネーション・キク・ラン類など、相当数の種

で実用化・市販されている。さらには、貴重品種の保存などにも活用される。

d. 化学的防除法

① **農薬使用にあたって** ＝ 微生物病の化学的防除は、農薬を使用して行う方法である。農薬は他の病害虫防除手段に比べ、効果・省力・コストの、いずれの面においても概して優れており、安定的な防除対策には、欠くことのできない資材といえるだろう。一方で、農薬の多くは有効成分が化学物質であることから、農薬は製造・販売・購入・使用などについて、農薬取締法等に基づき、厳格に規制されており、使用者は当然のことながら、それらの法令等を遵守しなければならない（次項）。また、緑地の植栽や露地花壇は、ほとんどが隔離された閉鎖系ではなく、農薬施用にあたっては、人畜や生態系・環境などに対して不断かつ十分な注意が必要である。

② **農薬の選択と使用基準の遵守** ＝ 登録農薬の使用基準は病害対策上のみならず、農薬使用者・周辺住民・周辺環境・対象植物や周辺の植物等の安全性を考慮して、必ず遵守すべきものである。さらに、使用する農薬は、病気と病原体の種類はもちろん、発病時期、薬剤の特徴、使用場面等をも見定めて、適切に選択する必要がある。個別農薬の最新の使用基準は、農林水産省・（独法）農林水産消費安全技術センター（FAMIC）、ならびに農薬の製造・販売企業のウェブサイトなどから検索できる。加えて、都道府県における関係機関から、作物（樹木・草花等を含む）の種類ごとに登録農薬を挙げた、病害虫防除指針が発行されている（病害虫防除所等のウェブサイトで公開していることも多い）。使用基準の変更もあり得ることから、使用にあたっては適時、確認しておきたい。

③ **効果判定・薬害の回避** ＝ 植物病害の場合は、使用する農薬が有効であっても、医療での服薬や軟膏の塗布などのように、自覚症状や痕跡などがなくなるのとは異なり、病斑などすでに発生している症状が消える（治癒する）ことはない。したがって、施用後に病気がさらに拡大・伝染・蔓延していくかどうか、あるいは年をまたいで（次年以降に）発病が拡大するか収まるか、などを効果判定の指針として、予後の対応を考える。

個別植物の農薬登録に際しては、当該植物に対する薬害試験が実施されている。しかしながら、とくに花卉類は品種が多い品目もあって、薬害の調査結果がすべての品種に当てはまるとは限らない。また、「樹木類」「花き類・観葉植物」などの作物群登録では、該当植物に対する薬害試験が未了のままの可能性も少なからずある。そこで、自身が過去に使用経験のない薬剤を処理する場合には、少数個体・小面積を対象に当該薬剤を基準どおり処理し、薬液散布では数日～1週間程度経過後に、土壌施用では説明書に従って薬害の有無を把握してから、全体使用の可否判断を行う。なお、花冠は登録農薬であっても薬害を起こしやすいので、原則的には開花・観賞期の薬剤散布を控えるのが望ましい。

〔1〕植物別の病名索引

本書II（花木・緑化樹）および III（草花・地被類）において、個別項目に掲載された植物種ごとの病名（病名のないものは症状名）を五十音順に配列し、該当のページ番号を斜体で示した。それに加えて、本書I（共通病害）の〈被害植物〉の項目に記述してある植物名（網掛けした植物を除く）、ならびにII・III およびIV（対処法）を通して、写真のキャプション・本文中の病名はそのままに、また、病名が略されている植物で、寄生関係が実証済のものは該当の病名を付し、個別項目の病名（上記）とともに配列したが、そのページ番号は立体として区別した。

【あ】

アイスランドポピー萎縮病……018
アオキうどんこ病……*032*
　白星病……*032*
　白藻病……013
　炭疽病……*032*
　斑点病……*033*
　星形すす病……*033*
　輪紋病……*033*, 187
アオギリ根頭がんしゅ病……009
アオトドマツさび病……024, 029
アオハダ黒紋病……*087*
アカシデすす紋病……031
アカトドマツさび病……024
アカマツすす葉枯病……073
　葉さび病……116, 117, 168
アサガオ“褪緑症状”……*160*
　灰色かび病……*160*
アザミ類 半身萎凋病……018
アジサイそうか病……*025*
　炭疽病……*025*
　モザイク病……*025*
　葉化病……*026*, 186
　輪斑病……*026*
　輪紋病……*026*
アシタバ紫紋羽病……178
　葉枯病……179, 182
アジュガうどんこ病……*142*
　株枯病……*142*, 179
　白絹病……*142*
アスター萎凋病……*117*
　うどんこ病……175
　さび病……074, *117*
アスパラガス紫紋羽病……019
アセビ褐斑病……*043*
アブラナ科 黒腐病……097
　黒斑病……096
　炭疽病……096
アベリアうどんこ病……*041*
　くもの巣病……*041*
　斑点病……*041*
アマドコロ褐色斑点病……*130*, 174
アマリリス赤斑病……*156*
　炭疽病……*157*
　モザイク病……*157*
アメリカイワナンテン褐斑病……*043*
　紫斑病……*043*
アラカシ白斑病……067
　紫かび病……068
アリウムさび病……*157*
　白絹病……*158*
　葉腐病……*158*
アリッサムべと病……*095*
アワブキさび病……067
アンズ属 輪紋病……055
イチゴノキ褐斑病……*044*
イチョウすす斑病……*027*, 181
　ペスタロチア病……*027*
イトスギ類 くもの巣病……007
イヌシデすす紋病……031
イヌビワ白藻病……013
イヌワラビ葉枯線虫病……*109*
イモカタバミさび病……114
イリス類 紋枯病……100
インパチエンス
　アルタナリア斑点病……*153*
　白紋羽病……014
　炭疽病……*153*
　葉腐病……007
　べと病……*153*
ウグイスカグラ黄褐斑病……*042*
ウツギさび病……028
ウバメガシ白藻病……013
ウメうずらたけ病……055
　うどんこ病……*052*
　かいよう病……*052*
　褐色こうやく病……008
　環紋葉枯病……*053*, 174
　黒星病……*053*
　根頭がんしゅ病……009
　縮葉病……*053*
　白さび病……*054*
　白紋羽病……014
　炭疽病……015
　灰色こうやく病……008
　灰星病……*054*
　変葉病……*054*
　“木材腐朽病”……*055*
　輪紋病……*055*
ウメモドキ斑点病……*087*
　黒紋病……087
ウリ科うどんこ病……113
エゴノキ褐色こうやく病……008
　褐斑病……*029*
　さび病……*029*
エノキうどんこ病……004

裏うどんこ病……004
エビネ炭疽病……*167*
根黒斑病……*168*
エンジュさび病……*074*
オーニソガラム疫病……005
オオバギボウシ炭疽病……131
オオムラサキもち病……047
オキザリスさび病……*114*
オクラ半身萎凋病……018
オタカンサス立枯病……*110*
オミナエシ褐斑病……*113*
半身萎凋病……*113*
オモダカ類 さび斑病……*114*
オモト炭疽病……*130*
オレガノ葉腐病……*143*

【か】

カーネーション根頭がんしゅ病……009
ガーベラ疫病……005
菌核病……006
紫斑病……010
根腐病……005
根こぶ線虫病……016
半身萎凋病……018
カエデ類 うどんこ病……004
裏うどんこ病……004
表うどんこ病……004
黒紋病……*081*
根頭がんしゅ病……009
小黒紋病……*081*
炭疽病……015
胴枯病……*081*
ビロード病……068, *081*
紫紋羽病……019
カキノキ角斑落葉病……*030*
円星落葉病……*030*
ガザニア葉腐病……*118*
カザンデマリ褐斑病……063
カシ類 毛さび病……*068*, 072
白藻病……013
白紋羽病……014
白斑病……*067*
葉ぶくれ病……*067*
ビロード病……*068*, 174
紫かび病……*068*
カタクリさび病……*163*
カナメモチ疫病……005
ごま色斑点病……*056*, 176, 180
根頭がんしゅ病……009
白紋羽病……014
紫紋羽病……019
カナリーヤシ黒つぼ病……089
カマツカ赤星病……011
カミツレうどんこ病……*118*
カモミールうどんこ病……*118*
カラスザンショウさび病……077
カラマツ葉さび病……089, 090
カランコエ疫病……005
カリン赤星病……*057*
ごま色斑点病……056
根頭がんしゅ病……009
白かび斑点病……*057*
カルミア褐斑病……*044*
根頭がんしゅ病……009
カンキツ類 炭疽病……015
カンナ茎腐病……*114*
芽腐細菌病……*115*
モザイク病……*115*
カンパニュラ褐斑病……*115*
さび病……*116*
灰色かび病……*116*
カンバ類 ビロード病……036
キキョウ茎腐病……*116*
根こぶ線虫病……016
半身萎凋病……*117*
キキョウラン炭疽病……*148*
灰色かび病……*148*
紋枯病……*149*
キク褐さび病……*118*
褐斑病……*119*
菌核病……006
黒さび病……*119*
根頭がんしゅ病……009
白さび病……011
白紋羽病……014
根こぶ線虫病……016
半身萎凋病……018
紋々病……*119*
キケマン類 さび病……076, 090
キチジョウソウ炭疽病……*130*
キハダさび病……074
ギボウシ類 白絹病……*131*
炭疽病……*131*
灰色かび病……*131*
キャベツ萎黄病……095
キュウリうどんこ病……113
根こぶ線虫病……016
斑点細菌病……181
キョウガノコうどんこ病……059
キョウチクトウ雲紋病……*034*
根頭がんしゅ病……009
炭疽病……*034*
紫紋羽病……019
キリさめ肌胴枯病……035
てんぐ巣病……*034*
胴枯病……*035*
とうそう病……*035*
キンギョソウうどんこ病……*111*
疫病……005
菌核病……006
茎腐病……*111*
さび病……*111*
灰色かび病……*112*
モザイク病……020
キングサリ褐斑病……*075*
キンセンカうどんこ病……*120*
疫病……005
菌核病……006
半身萎凋病……018
キンポウゲ科 うどんこ病……140
キンマサキうどんこ病……049
キンモクセイ褐色こうやく病……008

(キンモクセイ) 先葉枯病......*083*
クコ ビロード病..................036
クサボケ褐斑病....................064
クスノキ褐色こうやく病........008
　炭疽病.........................*035*
　ビロード病....................*036*
クチナシ褐色円星病.............*024*
　白紋羽病.......................014
　根こぶ線虫病.......... 016, 172
クヌギすす葉枯病.................069
クマシデ葉枯病....................031
グミ類 褐色こうやく病..........008
　さび病..........................*037*
　炭疽病.................. *037*, 180
　円星病..........................*037*
グラジオラス球根腐敗病........ 100
　首腐病.................. *099*, 100
　モザイク病....................*099*
クルクマさび斑病.................*148*
クレマチス根頭がんしゅ病..... 009
　“さび病”(赤星病) *137*
クロキ白藻病.......................013
クロッカス球根腐敗病........... 100
クロマツ褐斑葉枯病.............. 072
　赤斑葉枯病....................073
　葉さび病.......................168
クロモジ紫紋羽病.................019
クワ赤渋病.........................*038*
　裏うどんこ病.................*038*
　汚葉病..........................*038*
ケイトウ茎腐病....................*158*
　黒斑病..........................*159*
　立枯病..........................*159*
ケシ類 白紋羽病...................014
ケヤキ褐色こうやく病...........008
　褐斑病..........................*050*
　こふきたけ病.......... 021, *051*
　白星病..........................*051*
　白紋羽病.......................014
　とうそう病....................*051*
　べっこうたけ病....... 021, *051*
　“木材腐朽病”.................*051*
コウヤマキ黄葉病.................*039*
コキア立枯病.......................*159*
コクチナシ褐色円星病...........024
　根こぶ線虫病.......... 016, 188
コゴメウツギ褐斑病..............*057*
コスモスうどんこ病..............*120*
　そうか病.......................*120*
　炭疽病..........................*121*
　葉枯病..........................*121*
　半身萎凋病....................018
　モザイク病....................020
コデマリ炭疽病....................*060*
コトネアスター褐斑病...........*058*
　くもの巣病....................007
コナラ萎凋病.......................070
　すす葉枯病....................069
コバノギボウシ炭疽病...........131
コブシうどんこ病.................*086*
　斑点病..........................*086*

【さ】

サイゴクミツバツツジ黒紋病.. 045
ザイフリボクごま色斑点病..... 056
サカキ白藻病.......................013
サキワケシモツケ炭疽病........060
サクラ類 褐色こうやく病.......008
　黒色こうやく病..............008
　こふきたけ病.................176
　根頭がんしゅ病..............009
　白紋羽病.......................014
　せん孔褐斑病..................*058*
　てんぐ巣病....................*058*
　ならたけもどき病...........022
　根こぶ線虫病..................016
　灰色こうやく病..............008
　灰星病..........................*059*
　紫紋羽病.......................019
　幼果菌核病....................*059*
ザクロ褐斑病.......................*079*
　斑点病..........................*079*
ササ類 赤衣病......................*027*
　さび病..........................*028*
サザンカ炭疽病....................*047*
　もち病........... *048*, 174, 176
　輪紋葉枯病............ *047*, 078
サジオモダカさび斑病...........114
サツマイモ紫紋羽病..............019
サルココッカ白絹病..............012
サルスベリうどんこ病...........*080*
　褐斑病..........................*080*
　根頭がんしゅ病..............009
サルビアうどんこ病..............*143*
　灰色かび病....................*143*
　葉腐病..........................*144*
サワラさび病.......................011
サンシュユうどんこ病...........*077*
サンショウさび病.................*077*
サンダーソニア白絹病...........178
シイ類 萎凋病......................*070*
　褐色こうやく病..............008
　灰色こうやく病..............008
　“ナラ枯れ”....................*070*
シオンうどんこ病.................*121*
　黒斑病..........................*122*
ジギタリス灰色かび病...........181
シクラメン萎凋病.................177
　炭疽病..........................015
　灰色かび病....................181
シダレヤナギ葉さび病...........090
シデ類 すす紋病...................*031*
　葉枯病..........................*031*
シナノキ類 さび病................*024*
　そうか病.......................*024*
　半身萎凋病....................018
ジニアうどんこ病.................004
　菌核病..........................006
　黒斑病..........................*122*
　斑点細菌病............ *122*, 174
　モザイク病............ *123*, 173
シバ カーブラリア葉枯病...... *103*
　疑似葉腐病....................*104*

さび病........................ *105*
“象の足跡”.................. *104*
葉腐病........................ *106*
フェアリーリング病........ *107*
ほこりかび病................ *108*
“ラージパッチ”............ *106*
シバザクラ株腐病................ *156*
白絹病........................ *156*
シモツケ類 うどんこ病... *059*, 172
炭疽病........................ *060*
ジャーマンアイリス黒斑病..... *097*
さび斑病........................ 097
ジャーマンカモミールうどんこ病
.... 118
シャガさび斑病............ *098*, 172
白絹病........................ *098*
葉枯線虫病.................. *098*
シャクナゲ類 根頭がんしゅ病
.... 009
根腐病........................ 005
シャクヤクうどんこ病.......... *161*
褐斑病........................ *162*
菌核病........................ 006
根頭がんしゅ病.............. 009
白紋羽病........................ 014
根黒斑病........................ *162*
葉枯線虫病.................. 109
斑葉病.................. 071, *162*
シャスターデージー半身萎凋病
.... *123*
ジャノヒゲ白絹病................ *132*
炭疽病........................ *132*
シャリンバイごま色斑点病..... 056
さび病........................ *060*
白斑病........................ 182
紫斑病........................ *060*
シュウメイギクうどんこ病..... *137*
白絹病........................ 137
葉枯線虫病............ 109, *138*
シュッコンアスター菌核病..... 006
白紋羽病........................ 014
シュロ炭疽病...................... *088*
シュンラン白紋羽病............ 014
シラカシ紫かび病................ 068
シラカンバ灰斑病................ *031*
シランさび病...................... *168*
炭疽病........................ *168*
シロヤマブキ円斑病....... *061*, 174
ジンチョウゲ疫病................ 005
菌核病........................ 006
黒点病........................ *040*
白絹病........................ 012
白紋羽病............... 014, 178
モザイク病............ *040*, 187
シンノウヤシ褐紋病............ 088
炭疽病........................ 088
シンビジウム灰色かび病........ 017
スイートピー炭疽病............ *163*
灰色かび病.................. *163*
スイセン白紋羽病................ 014
スギ赤枯病........................ 010
溝腐病........................ 010
スズカケノキ類 うどんこ病.... *042*
スダジイ白藻病.................. 013
炭疽病........................ *071*
“木材腐朽病”................ *071*
ストック萎凋病.................. *095*
菌核病........................ *096*
黒斑病........................ *096*
炭疽病........................ *096*
苗立枯病........................ 185
半身萎凋病.................. 018
ストランベイシアごま色斑点病
.... 056
スミレ類 疫病.................... 005
黒かび病........................ *150*
黒点病........................ *150*
黒斑病........................ *150*
そうか病........................ *151*
根腐病........................ *151*
モザイク病.................. *151*
セイヨウキョウチクトウ雲紋病
.... 034
セイヨウキンシバイくもの巣病
.... 007
さび病........................ 030
セイヨウサンザシごま色斑点病
.... 056
すすかび病.................. 010
セイヨウシデ葉枯病............ 031
セイヨウシナノキそうか病..... 024
セイヨウシャクナゲ炭疽病..... *044*
葉斑病........................ *045*
セイヨウフウチョウソウ
“葉腐れ症”.................. 176
セイロンニッケイ炭疽病........ 015
セージうどんこ病................ *144*
疫病........................ *144*
セダム白絹病...................... 012
セッカヤナギ葉さび病.......... 090
ゼラニウム褐斑病................ *160*
灰色かび病.................. *161*
葉枯病........................ *161*
セントポーリア疫病............ *109*
褐斑病........................ *109*
ソメイヨシノてんぐ巣病........ 058
ソヨゴ白藻病...................... 013
ソリダスターさび病............ *123*

【た】

タイサンボク白藻病............ 013
タチアオイさび病................ *094*
斑点病........................ *094*
タチバナモドキ褐斑病.......... 063
タニウツギ灰斑病................ *042*
タブノキ褐色こうやく病........ 008
さび病........................ *036*
白藻病........................ 013
ならたけ病.................. 022
灰色こうやく病.............. 008
白粉病........................ *036*
ダリアうどんこ病................ *124*
菌核病........................ 006

(ダリア) 炭疽病 …… *124*
　半身萎凋病 …… 018
　モザイク病 …… *124*
チドリソウ白絹病 …… *138*
チャノキ白紋羽病 …… 014
チャボリュウノヒゲ炭疽病 …… 132
チャンチンさび病 …… 011
チャンチンモドキさび病 …… 027
チューリップかいよう病 …… *164*
　褐色斑点病 …… *164*
　褐色腐敗病 …… 100
　球根腐敗病 …… 100
　菌核病 …… 006
　葉腐病 …… *164*
　モザイク病 …… *165*
ツタ褐色円斑病 …… *066*
　褐斑病 …… *066*
　さび病 …… *067*
ツタバゼラニウム褐斑病 …… 160
ツツジ類 うどんこ病 …… 004
　褐斑病 …… *045*
　黒紋病 …… *045*
　白紋羽病 …… 014
　さび病 …… *046*
　花腐菌核病 …… *046*, 176
　ペスタロチア病 …… *046*
　もち病 …… *047*
ツバキ褐色こうやく病 …… 008
　菌核病 …… *048*
　白藻病 …… 013
　根こぶ線虫病 …… 016
　もち病 …… *048*
ツルニチニチソウ立枯病 …… *134*
ツルマサキうどんこ病 …… 049
ツワブキうどんこ病 …… *125*, 178
　褐色円星病 …… *125*
テーブルヤシ類 茎腐病 …… 176
テマリシモツケ類 褐斑病 …… *061*
デルフィニウムうどんこ病 …… *138*
ドイツスズラン白絹病 …… *132*
　赤斑細菌病 …… *133*, 186
トウカエデうどんこ病 …… 004
　首垂細菌病 …… *080*, 173, 186
トウゴクミツバツツジ
　ペスタロチア病 …… 046
トウチクラン炭疽病 …… *102*
　灰色かび病 …… *102*
トウネズミモチ斑紋病 …… 084
トキワサンザシ褐斑病 …… 063
トキワマンサク“斑点症” …… *076*
トサミズキ斑点病 …… *076*
トネリコ褐斑病 …… *084*
トマト青枯病 …… 181
　菌核病 …… 178
　根こぶ線虫病 …… 016
　半身萎凋病 …… 018
ドラセナ疫病 …… 005
トルコギキョウ炭疽病 …… 015

【な】

ナキリスゲさび病 …… 037
ナシ赤星病 …… 011
　白紋羽病 …… 014, 178
ナシ亜科 ごま色斑点病 …… *056*
ナス半身萎凋病 …… 018
ナツシロギクさび病 …… *125*
ナツツバキ紅斑病 …… *049*
　葉枯病 …… *049*
ナデシコ類 褐さび病 …… 155
　菌核病 …… 006
　黒さび病 …… 155
　黒点病 …… *155*
　さび病 …… *155*
　根こぶ線虫病 …… 016
　斑点病 …… *155*
　モザイク病 …… 020
ナラ類 萎凋病 …… *070*
　褐色こうやく病 …… 008
　毛さび病 …… *068*, 072
　白紋羽病 …… 014
　すす葉枯病 …… *069*
　“ナラ枯れ” …… *070*
　円斑病 …… *069*
　紫かび病 …… *069*
ナンテン紅斑病 …… *082*
　モザイク病 …… *082*, 175
ニチニチソウ疫病 …… *134*
　菌核病 …… 006
　くもの巣かび病 …… *135*, 178
　白絹病 …… *135*
　灰色かび病 …… *135*
　葉腐病 …… *136*
　モザイク病 …… *136*
ニューサイラン炭疽病 …… *149*
ニリンソウ黒穂病 …… *139*, 174
ニワトコ斑点病 …… *092*
ネズミモチ斑紋病 …… *084*
ノイバラ斑点病 …… 062
ノウゼンカズラ“斑点症” …… *052*
ノシラン炭疽病 …… *133*

【は】

バーベナうどんこ病 …… 004
　菌核病 …… 006
ハイビスカス紫紋羽病 …… 019
ハシドイ属 うどんこ病 …… 085
　褐斑病 …… 085
ハシバミ類 すす紋病 …… 031
バジル萎凋病 …… *145*
　褐斑病 …… *145*
　炭疽病 …… *145*
　べと病 …… *146*
ハナカイドウ赤星病 …… *063*
ハナショウブモザイク病 …… *099*
　紋枯病 …… *100*
ハナズオウ角斑病 …… *075*
ハナノキ褐色円斑病 …… *082*
ハナミズキうどんこ病 …… *078*, 178
　白紋羽病 …… 014
　とうそう病 …… *078*
　灰色かび病 …… 017
　紫紋羽病 …… 019
　輪紋葉枯病 …… *078*

ハボタン黒腐病……………… *097*
ハマナスさび病……………… 011
バラ類 うどんこ病…………… *061*
　疫病…………………………… 005
　黒星病……………………… *062*
　根頭がんしゅ病…………… 009
　白紋羽病…………………… 014
　根こぶ線虫病……………… 016
　灰色かび病………………… 017
　半身萎凋病………………… 018
　斑点病……………………… *062*
　モザイク病………………… *062*
ハラン炭疽病………………… *133*
ヒイラギナンテン炭疽病…… *083*
ヒサカキ褐紋病……………… *039*
　白藻病……………………… 013
ビデンス菌核病………… 006, 178
ヒトツバタゴ斑点病………… *084*
ヒナゲシうどんこ病………… 113
ヒノキ属 樹脂胴枯病………… 066
ヒペリカムくもの巣病……… 007
　さび病……………………… *030*
ヒマワリうどんこ病………… *126*
　褐斑病……………………… *126*
　菌核病……………………… *126*
　根こぶ線虫病……… 016, 188
　半身萎凋病………………… 018
　べと病……………………… *127*
ヒメウズ白さび病…………… 054
ヒメシャラ紅斑病…………… 049
ヒメツルニチニチソウ黒枯病.. *136*
ヒメユズリハ裏すす病……… 091
　褐斑病……………………… 091
ヒメリンゴ赤星病…………… *063*
ビャクシン属 樹脂胴枯病…… 066
ビャクシン類 さび病
　………………… 011, 057, 064
　白紋羽病…………………… 014
ヒュウガミズキ斑点病……… 076
ピラカンサ疫病……………… 005
　褐斑病……………………… *063*
ブーゲンビレア疫病………… 005
　円星病……………………… *029*
フェニックス類 褐紋病……… *088*
　黒つぼ病…………………… *089*
　炭疽病……………………… *088*
フジこぶ病…………………… *075*
　さび病……………………… *076*
フジバカマ白絹病…………… *127*
　根こぶ線虫病……………… *127*
フッキソウ褐斑病…………… *152*
　紅粒茎枯病………………… *152*
　白絹病……………………… *152*
ブッドレア褐斑病…………… *039*
ブドウ毛せん病……………… 068
ブナ科 毛さび病…………… 011
フヨウ灰色こうやく病……… 008
フリージア菌核病…………… 006
　球根腐敗病………………… *100*
　首腐病……………………… *100*
　モザイク病…… *101*, 173, 187
プリムラ菌核病……………… 006
ブルーサルビアうどんこ病…. 143
フロックスうどんこ病……… 004
ヘクソカズラさび病………… 105
ベゴニア炭疽病……………… 015
　根こぶ線虫病……………… 016
ペチュニア褐斑病…………… *154*
　灰色かび病………………… *154*
　モザイク病………………… *154*
ヘデラ疫病…………………… 005
　炭疽病……………………… *110*
　斑点細菌病………… *110*, 186
ベニカナメモチごま色斑点病.. 056
ベニシタン褐斑病…………… 058
ベニバナ半身萎凋病……… 018, 177
ヘメロカリスさび病………… *149*
ヘリオプシス白絹病………… 173
ヘリクリサム菌核病………… 006
　半身萎凋病………………… 018
ヘレボルス黒死病…………… *139*
　白絹病……………………… *139*
　炭疽病……………………… *140*
　根黒斑病…………………… *140*
ペンステモン菌核病………… 006
　灰色かび病………………… *112*
　葉腐病……………………… *112*
ペンタス葉腐病……………… *095*
ホオズキうどんこ病………… 004
　葉腐病……………………… 007
　半身萎凋病………………… 018
ボケ赤星病…………………… *064*
　褐斑病……………………… *064*
　根頭がんしゅ病…………… 009
　白紋羽病…………………… 014
　斑点病 ……………………… *064*
ホソバヒイラギナンテン
　うどんこ病………………… *083*
ボダイジュそうか病………… 024
　ビロード病………………… 036
ボタン白紋羽病……………… 014
　すすかび病………… *071*, 162
　紫紋羽病…………………… 019
ホトトギス炭疽病…………… *165*
　葉枯線虫病………… *165*, 188
　モザイク病………………… *166*
ポピーマロー白絹病………… *094*
ポプラ葉さび病……………… *089*
　マルゾニナ落葉病………… *089*
ホルトノキ萎黄病……… *072*, 186

【ま】

マーガレット菌核病………… 006
　根頭がんしゅ病…………… 009
マオラン炭疽病……………… *149*
マサキうどんこ病…………… *049*
　褐斑病……………………… *050*
　白紋羽病…………………… 014
　炭疽病……………………… *050*
マジョラム“葉腐れ症”……… 143
マツバギク根こぶ線虫病…… 016
　葉腐病……………………… 007
マツ類 褐斑葉枯病………… *072*

（マツ類）こぶ病............072
材線虫病........................073
すす葉枯病....................073
赤斑葉枯病....................073
葉さび病........................074
葉ふるい病....................074
紫紋羽病........................019
マテバシイ萎凋病................070
白藻病..........................013
“ナラ枯れ”....................070
マヨナラ“葉腐れ症”............143
マリーゴールド青枯病.... 128, 173
灰色かび病....................128
半身萎凋病....................018
マルバアキグミさび病..........037
マルメロごま色斑点病..........056
マンサク葉枯病....................077
マンリョウ半円病................040
ミズキ類 灰色こうやく病.......008
斑点病..........................079
ミズナラ萎凋病....................070
すす葉枯病....................069
ミヤギノハギさび病.............011
ミヤコワスレ萎黄病.............177
ミント類 うどんこ病............146
さび病..........................146
炭疽病..........................147
ムクゲ白紋羽病....................014
ムシトリナデシコ菌核病........006
葉腐病..........................007
ムベうどんこ病....................004
ムラサキカタバミさび病........114
ムラサキハナナ黒斑病..........097
ムラサキバレンギク白絹病.....178
メランポジウムうどんこ病.....128
白絹病.................. 129, 178
モクレンうどんこ病.............004
モチノキ黒紋病....................087
モナルダうどんこ病.............147
モモ白さび病......................054
モントレイイトスギくもの巣病
................................007

【や】

ヤグルマギク菌核病.............006
ヤツデそうか病....................028
炭疽病..........................028
ヤナギ類 黒紋病..................090
葉さび病......................090
ヤブコウジ褐斑病................141
ヤブデマリ褐斑病................092
ヤブニッケイさび病.............036
ヤブヘビイチゴさび病..........180
ヤブラン炭疽病....................134
ヤマアジサイそうか病..........025
ヤマカシュウさび病.............054
ヤマモミジ半身萎凋病..........018
ヤマモモこぶ病....................090
ヤマユリ モザイク病............173
ユキヤナギうどんこ病..........065
褐点病..........................065
根頭がんしゅ病.............009
すすかび病....................065
ユズリハ裏すす病................091
褐斑病..........................091
炭疽病..........................091
ユリノキうどんこ病.............086
ユリ類 疫病........................166
白絹病..........................166
炭疽病..........................015
葉枯病..........................167
モザイク病....................167
洋ラン類 炭疽病..................015

【ら】

ライラックうどんこ病..........085
褐斑病..........................085
ラナンキュラスうどんこ病.....140
葉化病.................. 141, 186
ラベンダー灰色かび病..........147
リアトリス菌核病................129
半身萎凋病....................129
リナリアうどんこ病............ 113
リモニウムうどんこ病..........101
褐斑病.................. 101, 185
褐紋病..........................102
リンゴ褐斑病......................064
ルドベキア半身萎凋病..........018
ルリタマアザミ半身萎凋病.....018
レオノチス葉腐病................007
レンギョウ枝枯菌核病..........006
褐斑病..........................085
根頭がんしゅ病.............009
紫紋羽病......................019
ロウバイ炭疽病....................092
ローソンヒノキ樹脂胴枯病.....066

カナメモチごま色斑点病

アメリカイワナンテン紫斑病

〔2〕病名別の宿主植物索引

本書Ⅱ（花木・緑化樹）およびⅢ（草花・地被類）において、個別項目のタイトルに掲載された病名を基準として宿主植物を挙げ、それぞれ五十音順に配列するとともに、該当するページ番号を斜体で記した。なお、Ⅰ（共通病害）については病名項目のみを同様に挙げた。

【あ】

青枯病　マリーゴールド........ *128*
赤衣病　ササ類.................... *027*
　タケ類.......................... *027*
赤渋病　クワ...................... *038*
赤星病.............................. *011*
　カリン.......................... *057*
　クレマチス.................... *137*
　ハナカイドウ................ *063*
　ヒメリンゴ.................... *063*
　ボケ.............................. *064*
アルタナリア斑点病
　インパチエンス.............. *153*
萎黄病　ホルトノキ.............. *072*
萎凋病　アスター................ *117*
　ストック........................ *095*
　バジル.......................... *145*
萎凋病（“ナラ枯れ”）シイ類.. *070*
　ナラ類.......................... *070*
　マテバシイ.................... *070*
うどんこ病.......................... *004*
　アオキ.......................... *032*
　アジュガ........................ *142*
　アベリア........................ *041*
　ウメ.............................. *052*
　カミツレ........................ *118*
　カモミール.................... *118*
　キンギョソウ................ *111*
　キンセンカ.................... *120*
　コスモス........................ *120*
　コブシ.......................... *086*
　サルスベリ.................... *080*
　サルビア........................ *143*
　サンシュユ.................... *077*
　シオン.......................... *121*
　シモツケ類.................... *059*
　シャクヤク.................... *161*
　シュウメイギク.............. *137*
　スズカケノキ類.............. *042*
　セージ.......................... *144*
　ダリア.......................... *124*
　ツワブキ........................ *125*
　デルフィニウム.............. *138*
　ハナミズキ.................... *078*
　バラ類.......................... *061*
　ヒマワリ........................ *126*
　ホソバヒイラギナンテン.. *083*
　マサキ.......................... *049*
　ミント類........................ *146*
　メランポジウム.............. *128*
　モナルダ........................ *147*
　ユキヤナギ.................... *065*
　ユリノキ........................ *086*
　ライラック.................... *085*
　ラナンキュラス.............. *140*
　リナリア........................ *113*
　リモニウム.................... *101*
裏うどんこ病　クワ.............. *038*
裏すす病　ユズリハ.............. *091*
雲紋病　キョウチクトウ........ *034*
疫病.................................. *005*
　セージ.......................... *144*
　セントポーリア.............. *109*
　ニチニチソウ................ *134*
　ユリ類.......................... *166*
黄褐斑病　ウグイスカグラ..... *042*
黄葉病　コウヤマキ.............. *039*

【か】

カーブラリア葉枯病　シバ..... *103*
かいよう病　ウメ................ *052*
　チューリップ................ *164*
角斑病　ハナズオウ.............. *075*
角斑落葉病　カキノキ.......... *030*
褐さび病　キク.................... *118*
褐色斑点病　アマドコロ........ *130*
　チューリップ................ *164*
褐色円斑病　ツタ................ *066*
　ハナノキ........................ *082*
褐色円星病　クチナシ.......... *024*
　ツワブキ........................ *125*
褐点病　ユキヤナギ.............. *065*
褐斑病　アセビ.................... *043*
　アメリカイワナンテン..... *043*
　イチゴノキ.................... *044*
　エゴノキ........................ *029*
　オミナエシ.................... *113*
　カルミア........................ *044*
　カンパニュラ................ *115*
　キク.............................. *119*
　キングサリ.................... *075*
　ケヤキ.......................... *050*
　コゴメウツギ................ *057*
　コトネアスター.............. *058*
　ザクロ.......................... *079*
　サルスベリ.................... *080*
　シャクヤク.................... *162*
　ゼラニウム.................... *160*
　セントポーリア.............. *109*
　ツタ.............................. *066*
　ツツジ類........................ *045*
　テマリシモツケ類.......... *061*
　トネリコ........................ *084*
　バジル.......................... *145*
　ヒマワリ........................ *126*

(褐斑病) ピラカンサ............063
フッキソウ....................152
ブッドレア....................039
ペチュニア....................154
ボケ.........................064
マサキ........................050
ヤブコウジ....................141
ヤブデマリ....................092
ユズリハ......................091
ライラック....................085
リモニウム....................101
レンギョウ....................085
褐斑葉枯病　マツ類.............072
褐紋病　ヒサカキ................039
フェニックス類.................088
リモニウム....................102
株枯病　アジュガ................142
株腐病　シバザクラ..............156
環紋葉枯病　ウメ................053
疑似葉腐病 (“象の足跡”)
シバ..........................104
球根腐敗病　フリージア.........100
菌核病.......................006
ストック......................096
ツバキ........................048
ヒマワリ......................126
リアトリス....................129
茎腐病　カンナ..................114
キキョウ......................116
キンギョソウ..................111
ケイトウ......................158
首腐病　グラジオラス...........099
フリージア....................100
首垂細菌病　トウカエデ.........080
くもの巣かび病
ニチニチソウ..................135
くもの巣病....................007
アベリア......................041
黒かび病　スミレ類.............150
黒枯病
ヒメツルニチニチソウ.........136
黒腐病　ハボタン................097
黒さび病　キク..................119
黒つぼ病　フェニックス類.....089
黒穂病　ニリンソウ.............139
黒星病　ウメ....................053
バラ類........................062
毛さび病　カシ類................068
ナラ類........................068
紅斑病　ナツツバキ.............049
ナンテン......................082
こうやく病....................008
紅粒茎枯病　フッキソウ.........152
黒死病　ヘレボルス.............139
黒点病　ジンチョウゲ...........040
スミレ類......................150
ナデシコ類....................155
黒斑病　ケイトウ................159
シオン........................122
ジニア........................122
ジャーマンアイリス...........097
ストック......................096
スミレ類......................150
ムラサキハナナ...............097
黒紋病　アオハダ................087
カエデ類......................081
ツツジ類......................045
モチノキ......................087
ヤナギ類......................090
こぶ病　フジ....................075
マツ類........................072
ヤマモモ......................090
こふきたけ病..................021
ごま色斑点病　カナメモチ.....056
ナシ亜科樹木..................056
根頭がんしゅ病................009

【さ】

さび病........................011
アスター......................117
アリウム......................157
エゴノキ......................029
エンジュ......................074
オキザリス....................114
カタクリ......................163
カンパニュラ..................116
キンギョソウ..................111
グミ類........................037
クレマチス....................137
ササ類........................028
サンショウ....................077
シナノキ類....................024
シバ..........................105
シャリンバイ..................060
シラン........................168
ソリダスター..................123
タケ類........................028
タチアオイ....................094
タブノキ......................036
ツタ..........................067
ツツジ類......................046
ナツシロギク..................125
ナデシコ類....................155
ヒペリカム....................030
フジ..........................076
ヘメロカリス..................149
ミント類......................146
さび斑病　シャガ................098
オモダカ類....................114
クルクマ......................148
紫斑病
アメリカイワナンテン.........043
シャリンバイ..................060
縮葉病　ウメ....................053
樹脂胴枯病　ローソンヒノキ..066
小黒紋病　カエデ類.............081
白絹病........................012
アジュガ......................142
アリウム......................158
ギボウシ類....................131
シバザクラ....................156
シャガ........................098
ジャノヒゲ....................132

シュウメイギク............137
チドリソウ............138
ドイツスズラン............132
ニチニチソウ............135
フジバカマ............127
フッキソウ............152
ヘレボルス............139
ポピーマロー............094
メランポジウム............129
ユリ類............166
白星病　アオキ............032
ケヤキ............051
白かび斑点病　カリン............057
白さび病　ウメ............054
白藻病............013
白紋羽病............014
すすかび病　ボタン............071
ユキヤナギ............065
すす葉枯病　ナラ類............069
マツ類............073
すす斑病　イチョウ............027
すす紋病　シデ類............031
赤斑病　アマリリス............156
赤斑細菌病　ドイツスズラン............133
赤斑葉枯病　マツ類............073
せん孔褐斑病　サクラ類............058
そうか病　アジサイ............025
コスモス............120
シナノキ類............024
スミレ類............151
ヤツデ............028
“象の足跡”　シバ............104

【た】

炭疽病............015
アオキ............032
アジサイ............025
アマリリス............157
インパチエンス............153
エビネ............167
オモト............130
キキョウラン............148
キチジョウソウ............130
ギボウシ類............131
キョウチクトウ............034
クスノキ............035
グミ類............037
コスモス............121
コデマリ............060
サザンカ............047
シモツケ類............060
ジャノヒゲ............132
シュロ............088
シラン............168
スイートピー............163
スダジイ............071
ストック............096
セイヨウシャクナゲ............044
ダリア............124
ツバキ............047
トウチクラン............102
ニューサイラン............149
ノシラン............133
バジル............145
ハラン............133
ヒイラギナンテン............083
フェニックス類............088
ヘデラ............110
ヘレボルス............140
ホトトギス............165
マサキ............050
ミント類............147
ヤツデ............028
ヤブラン............134
ユズリハ............091
ロウバイ............092
てんぐ巣病　キリ............034
サクラ類............058
胴枯病　カエデ類............081
キリ............035
とうそう病　キリ............035
ケヤキ............051

【な】

“ナラ枯れ”　シイ類............070
ナラ類............070
マテバシイ............070
ならたけ病............022
ならたけもどき病............022
根腐病　スミレ類............151
根黒斑病　エビネ............168
シャクヤク............162
ヘレボルス............140
根こぶ線虫病............016
フジバカマ............127

【は】

灰色かび病............017
アサガオ............160
カンパニュラ............116
キキョウラン............148
ギボウシ類............131
キンギョソウ............112
サルビア............143
スイートピー............163
ゼラニウム............161
トウチクラン............102
ニチニチソウ............135
プリムラ............141
ペチュニア............154
ペンステモン............112
マリーゴールド............128
ラベンダー............147
灰斑病　シラカンバ............031
タニウツギ............042
ハコネウツギ............042
灰星病　ウメ............054
サクラ類............059
葉枯病　コスモス............121
シデ類............031
ゼラニウム............161
ナツツバキ............049
マンサク............077
ユリ類............167

葉枯線虫病　イヌワラビ........109
シャガ........098
シュウメイギク........138
ホトトギス........165
葉腐病........007
アリウム........158
オレガノ........143
ガザニア........118
サルビア........144
シバ........106
チューリップ........164
ニチニチソウ........136
ペンステモン........112
ペンタス........095
白斑病　カシ類........067
白粉病　タブノキ........036
葉さび病　ポプラ........089
マツ類........074
ヤナギ類........090
花腐菌核病　ツツジ類........046
葉ぶくれ病　カシ類........067
葉ふるい病　マツ類........074
半円病　マンリョウ........040
半身萎凋病........018
オミナエシ........113
キキョウ........117
シャスターデージー........123
リアトリス........129
“斑点症”　トキワマンサク........076
ノウゼンカズラ........052
斑点病　アオキ........033
アベリア........041
ウメモドキ........087
コブシ........086
ザクロ........079
タチアオイ........094
トサミズキ........076
ナデシコ類........155
ニワトコ........092
バラ類........062
ヒトツバタゴ........084
ミズキ類........079
斑点細菌病　ジニア........122
ヘデラ........110
斑葉病　シャクヤク........162
ビロード病　カエデ類........081
カシ類........068
クスノキ........036
フェアリーリング病　シバ........107
ペスタロチア病　イチョウ........027
ツツジ類........046
べっこうたけ病........021
べと病　アリッサム........095
インパチエンス........153
バジル........146
ヒマワリ........127
変葉病　ウメ........054
ほこりかび病　シバ........108
星形すす病　アオキ........033

【ま】

マルゾニナ落葉病　ポプラ........089
円斑病　シロヤマブキ........061
ナラ類........069
円星病　グミ類........037
ブーゲンビレア........029
円星落葉病　カキノキ........030
紫かび病　カシ類........068
ナラ類........069
紫紋羽病........019
芽腐細菌病　カンナ........115
“木材腐朽病”　ケヤキ........051
ウメ........055
スダジイ........071
モザイク病........020
アジサイ........025
アマリリス........157
カンナ........115
グラジオラス........099
ジニア........123
ジンチョウゲ........040
スミレ類........151
ダリア........124
チューリップ........165
ナンテン........082
ニチニチソウ........136
ハナショウブ........099
バラ類........062
フリージア........101
ペチュニア........154
ホトトギス........166
ユリ類........167
もち病　サザンカ........048
ツツジ類........047
ツバキ........048
紋枯病　キキョウラン........149
ハナショウブ........100
紋々病　キク........119

【や・ら】

葉化病　アジサイ........026
ラナンキュラス........141
幼果菌核病　サクラ類........059
葉斑病　セイヨウシャクナゲ........045
汚葉病　クワ........038
“ラージパッチ”　シバ........106
輪斑病　アジサイ........026
輪紋病　アオキ........033
アジサイ........026
ウメ........055
輪紋葉枯病
サザンカ........047
ツバキ........047
ハナミズキ........078

〔3〕植物名の索引

本書Ⅱ（花木・緑化樹）およびⅢ（草花・地被類）において、各ページ上部の帯に記載した植物科名、ならびに植物名を五十音順に配列し、それぞれの該当ページ番号を斜体で示した。

【あ】

アオイ科…… *024, 094*
アオキ…… *032, 033*
アオハダ…… *087*
アカネ科…… *024, 095*
アサガオ…… *160*
アジサイ…… *025, 026*
アジサイ科…… *025, 026*
アジュガ…… *142*
アスター…… *117*
アセビ…… *043*
アブラナ科…… *095 - 097*
アベリア…… *041*
アマドコロ…… *130*
アマリリス…… *156, 157*
アメリカイワナンテン…… *043*
アヤメ科…… *097 - 101*
アリウム…… *157, 158*
アリッサム…… *095*
イソマツ科…… *101, 102*
イチゴノキ…… *044*
イチョウ…… *027*
イチョウ科…… *027*
イヌワラビ…… *109*
イネ科…… *027, 028, 103 - 108*
イリス類…… *097, 098*
イワタバコ科…… *109*
イワデンタ科…… *109*
インパチエンス…… *153*
ウグイスカグラ…… *042*
ウコギ科…… *028, 110*
ウメ…… *052 - 055*
ウメモドキ…… *087*
エゴノキ…… *029*
エゴノキ科…… *029*
エゾギク…… *117*
エビネ…… *167, 168*
エンジュ…… *074*
オオバコ科…… *110 - 113*
オキザリス…… *114*
オシロイバナ科…… *029*
オタカンサス…… *110*
オトギリソウ科…… *030*
オミナエシ…… *113*
オミナエシ科…… *113*
オモト…… *130*
オレガノ…… *143*

【か】

カエデ類…… *081*
カキノキ…… *030*
カキノキ科…… *030*
ガザニア…… *118*
カシ類…… *067, 068*
カタクリ…… *163*
カタバミ科…… *114*
カナメモチ…… *056*
カバノキ科…… *031*
ガマズミ科…… *092*
カミツレ…… *118*
カモミール…… *118*
ガリア科…… *032, 033*
カリホー…… *094*
カリン…… *057*
カルミア…… *044*
カンナ…… *114, 115*
カンナ科…… *114, 115*
カンパニュラ…… *115, 116*
キキョウ…… *116, 117*
キキョウ科…… *116, 117*
キキョウラン…… *148, 149*
キク…… *118, 119*
キク科…… *117 - 129*
キジカクシ科…… *130 - 134*
キチジョウソウ…… *130*
ギボウシ類…… *131*
キョウチクトウ…… *034*
キョウチクトウ科.. *034, 134 - 136*
キリ…… *034, 035*
キリ科…… *034, 035*
キンギョソウ…… *111, 112*
キングサリ…… *075*
キンセンカ…… *120*
キンポウゲ科…… *137 - 141*
クスノキ…… *035, 036*
クスノキ科…… *035, 036*
クチナシ…… *024*
グミ科…… *037*
グミ類…… *037*
グラジオラス…… *099*
クリスマスローズ…… *139, 140*
クルクマ…… *148*
クレマチス…… *137*
クワ…… *038*
クワ科…… *038*
ケイトウ…… *158, 159*
ケヤキ…… *050, 051*
コウヤマキ…… *039*
コウヤマキ科…… *039*
コキア…… *159*
コスモス…… *120, 121*
コデマリ…… *060*
コトネアスター…… *058*
コブシ…… *086*
ゴマノハグサ科…… *039*

【さ】

サカキ科…… *039*

サクラソウ科……………040, 141
サクラ類……………058, 059
ザクロ……………079
ササ類……………027, 028
サザンカ……………047, 048
サルスベリ……………080
サルビア……………143, 144
サンシュユ……………077
サンショウ……………077
シイ類……………070
シオン……………121, 122
シソ科……………142 - 147
シデ類……………031
シナノキ類……………024
ジニア……………122, 123
シバ……………103 - 108
シバザクラ……………156
シモツケ類……………059, 060
ジャーマンアイリス……………097
シャガ……………098
シャクヤク……………161, 162
シャスターデージー……………123
ジャノヒゲ……………132
シャリンバイ……………060
シュウメイギク……………137, 138
シュロ……………088
ショウガ科……………148
シラカンバ……………031
シラン……………168
シロヤマブキ……………061
ジンチョウゲ……………040
ジンチョウゲ科……………040
スイートピー……………163
スイカズラ科……………041, 042
スズカケノキ科……………042
スズカケノキ類……………042
ススキノキ科……………148, 149
スターチス……………101, 102
スダジイ……………071
ストック……………095, 096
スミレ科……………150, 151
スミレ類……………150, 151
セイヨウキヅタ……………110
セイヨウシャクナゲ……………044, 045
セイヨウジュウニヒトエ……………142
セージ……………144
ゼラニウム……………160, 161
セントポーリア……………109
センニンソウ……………137
ソリダスター……………123

【た】

タケ類……………027, 028
タチアオイ……………094
タニウツギ……………042
タブノキ……………036
ダリア……………124
チドリソウ……………138
チューリップ……………164, 165
ツゲ科……………152
ツタ……………066, 067
ツツジ科……………043 - 047
ツツジ類……………045 - 047
ツバキ……………047, 048
ツバキ科……………047 - 049
ツリフネソウ科……………153
ツルニチニチソウ……………134
ツワブキ……………125
テマリシモツケ類……………061
デルフィニウム……………138
ドイツスズラン……………132, 133
トウカエデ……………080
トキワマンサク……………076
トサミズキ……………076
トネリコ……………084

【な】

ナシ亜科樹木……………056
ナス科……………154
ナツシロギク……………125
ナツツバキ……………049
ナデシコ科……………155
ナデシコ類……………155
ナラ類……………068 - 070
ナンテン……………082
ニシキギ科……………049, 050
ニチニチソウ……………134 - 136
ニューサイラン……………149
ニリンソウ……………139
ニレ科……………050, 051
ニワトコ……………092
ネズミモチ……………084
ノウゼンカズラ……………052
ノウゼンカズラ科……………052
ノシバ……………103 - 108
ノシラン……………133

【は】

ハコネウツギ……………042
バジル……………145, 146
ハナカイドウ……………063
ハナシノブ科……………156
ハナショウブ……………099, 100
ハナズオウ……………075
ハナノキ……………082
ハナミズキ……………078
ハボタン……………097
バラ科……………052 - 065
バラ類……………061, 062
ハラン……………133
パンジー……………150, 151
ヒイラギナンテン……………083
ビオラ……………150, 151
ヒガンバナ科……………156 - 158
ヒサカキ……………039
ヒトツバタゴ……………084
ヒノキ科……………066
ヒペリカム……………030
ヒマワリ……………126, 127
ヒメキンギョソウ……………113
ヒメツルニチニチソウ……………136
ヒメリンゴ……………063
ヒャクニチソウ……………122, 123

ヒユ科……158, 159
ピラカンサ……063
ヒルガオ科……160
ブーゲンビレア……029
フウロソウ科……160, 161
フェニックス類……088, 089
フジ……075, 076
フジバカマ……127
フッキソウ……152
ブッドレア……039
ブドウ科……066, 067
ブナ科……067 - 071
フリージア……100, 101
プリムラ……141
ペチュニア……154
ヘデラ……110
ヘメロカリス……149
ヘレボルス……139, 140
ペンステモン……112
ペンタス……095
ホウキギ……159
ボケ……064
ホソバヒイラギナンテン……083
ボタン……071
ボタン科……071, 161
ホトトギス……165, 166
ポピーマロー……094
ポプラ……089
ホリホック……094
ホルトノキ……072
ホルトノキ科……072

【ま】

マオラン……149
マサキ……049, 050
マツ科……072 - 074
マツ類……072 - 074
マテバシイ……070
マメ科……074 - 076, 163
マリーゴールド……128
マンサク……077
マンサク科……076, 077
マンリョウ……040
ミカン科……077
ミズキ科……077 - 079
ミズキ類……079
ミソハギ科……079, 080
ミント類……146, 147
ムクロジ科……080 - 082
ムラサキハナナ……097
メギ科……082, 083
メボウキ……145, 146
メランポジウム……128, 129
モクセイ科……083 - 085
モクレン科……086
モチノキ……087
モチノキ科……087
モナルダ……147

【や】

ヤシ科……088, 089
ヤツデ……028
ヤナギ科……089, 090
ヤブコウジ……141
ヤブデマリ……092
ヤブラン……134
ヤマモモ……090
ヤマモモ科……090
ユキヤナギ……065
ユズリハ……091
ユズリハ科……091
ユリ科……163 - 167
ユリノキ……086
ユリ類……166, 167

【ら】

ライラック……085
ラナンキュラス……140, 141
ラベンダー……147
ラン科……167, 168
リアトリス……129
リナリア……113
リモニウム……101, 102
レンギョウ……085
レンプクソウ科……092
ロウバイ……092
ロウバイ科……092
ローソンヒノキ……066

グラジオラスモザイク病

ノシラン炭疽病

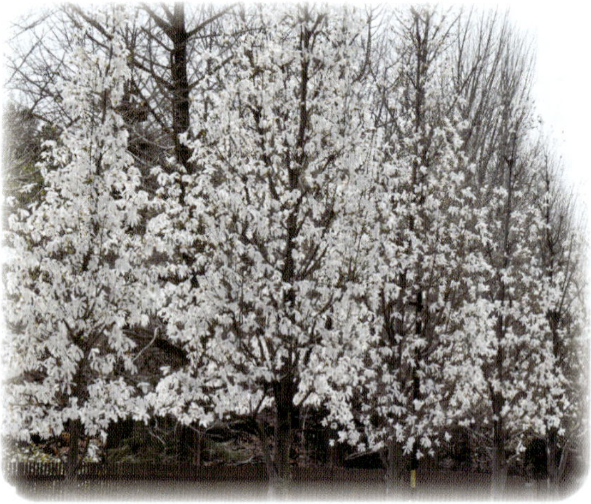

ヒメコブシの街路樹

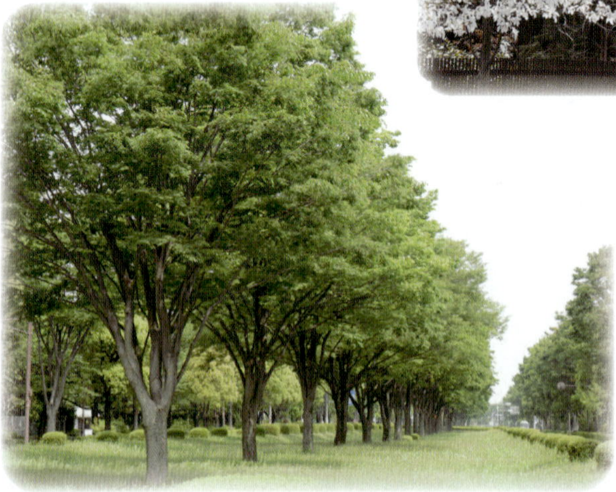

緑地帯のケヤキ並木

緑地植物・草花の害虫診断

【害虫編】

編著者・編集協力者・写真提供者 / 引用・参考図書

（敬称略；所属は 2024 年 9 月現在）

■ 編 著

竹内 浩二〔元東京都農林総合研究センター江戸川分場長〕

近岡 一郎〔元神奈川県病害虫専門技術員〕

■ 編集協力（五十音順）

堀江 博道〔法政大学植物医科学センター副センター長；元法政大学生命科学部教授・元東京都病害虫専門技術員・元東京都農業試験場環境部長〕

橋本 光司〔元埼玉県病害虫専門技術員〕

■ 写真提供（五十音順）

牛山欽司・加賀谷悦子・竹澤秀夫・竹内浩二（〔竹内〕）・竹内 純（〔竹内（純）〕）・近岡一郎・堀江博道

■ 主な引用・参考図書（発行年順）

梅谷献二・岡田利承〔編〕（2003）日本農業害虫大事典．全国農村教育協会．

堀江博道・竹内浩二（2006）花の病害虫．全国農村教育協会．

江村 薫・久保田 栄・平井一男〔編〕（2012）田園環境の害虫・益虫生態図鑑．北隆館．

竹内浩二・近岡一郎・堀江博道〔編〕（2020）花木・観賞緑化樹木の病害虫診断図鑑 第Ⅱ巻 害虫編．大誠社．

竹内浩二・近岡一郎・堀江博道〔編〕（2023）花壇・緑地草本植物の病害虫診断図鑑 第Ⅱ巻 害虫編．大誠社．

I

庭木・緑化樹・草花の主な害虫

バッタ類 Grasshopper（バッタ目）

幼虫・成虫とも同じ食性で、オンブバッタ・ヤマトフキバッタ・イナゴ類など、バッタ亜目のほとんどは植物食性であるが、コオロギやキリギリスなどを含むキリギリス亜目では、雑食性や肉食性のものも多い。とくにオンブバッタは寄主範囲が広く、クズ・カラムシやキク科・シソ科植物などを好んで食害する。幼虫の形態が類似する、ショウリョウバッタ・ショウリョウバッタモドキなどは、主にイネ科植物を摂食する。

〈対 処〉 幼虫（若齢幼虫期は小集団でいることが多い）や成虫を、捕虫網などを利用して捕獲処分する。サトクダマキモドキなど大型種では咬む力も強いので、素手で掴まないように注意する。

◆サトクダマキモドキ＝①ささくれ立った枝の産卵部位　②枝の内部に産み付けられた卵（①②ツツジ類）　③幼虫による蕾の食害痕　④幼虫（③④セイヨウオダマキ）　⑤雌成虫　⑥雄成虫

◆オンブバッタ＝⑦幼虫と葉の食害痕、および葉上に残った虫糞（ビオラ）　⑧幼虫と花弁の食害痕（ヒマワリ）　⑨幼虫と葉の食害痕（バジル）　⑩花弁の食害痕と雌（下）雄成虫（カンナ）

〔①②⑤⑥近岡　③④⑦-⑩竹内〕

サトクダマキモドキ

Holochlora japonica（キリギリス科）

〈寄 主〉 アジサイ・ツバキ・バラ類・ブルーベリー・ヤマブキなど；オダマキ・ヒマワリなど

〈生態・形態〉 年に1世代を経過する。越冬した卵が、5月頃から孵化して、秋季までに成虫に成長する。雌成虫は体長がおよそ50 mmにもなり、直径1 cm程度までの細枝に口器で傷を付けて、掘り裂き、その内部に10 cm前後の長さにわたって卵を多数産み付ける。産卵後には口器を用い、卵を木くずで保護するように被うため、ささくれ立つような痕が残り、かつ産卵部位から上方の萎れや枯損が発生する場合もある。関東以南〜九州に分布。

オンブバッタ

Atractomorpha lata（オンブバッタ科）

〈寄 主〉 アサガオ・アシタバ・インパチエンス・オシロイバナ・カンナ・キク・ギボウシ類・シバ・コリウス・スミレ類・セージ・センニチコウ・バジル・ヒマワリ・ミント類・ランタナなど

〈生態・形態〉 5月頃から幼虫が、8月からは成虫が現れて、年に1世代を経過する。雌は地中に数十個の卵をまとめて産み、卵で越冬する。成虫の体長は雌で約42 mm、雄は小型で約25 mm、体色は緑色が多いが、淡褐色（まれに桃色を帯びる）の個体も存在する。後翅基部は淡黄色。飛翔せず、歩行や跳躍により移動する。灯火に集まる。全国に分布。

アザミウマ類 Thrips（アザミウマ目アザミウマ科）

スリップス（英名）とも呼ばれる。成虫の飛翔力は強くないが、風に乗って長距離移動する。体長は1-1.8mm程度。1世代に要する期間が短く、かつ繁殖力は高い。単為生殖で増殖する種も多く、急速に棲息密度が高まる場合がある。幼虫・成虫が集団で新芽・新葉・花弁などを吸汁加害して、褪色・かすり斑などを生じさせるとともに、芯止まり・奇形症状、あるいは落葉などを併せて発生する事例がある。さらに暗褐色の排泄物によって、広範囲に葉面などが汚れたり、多発すると生育に影響するほか、それを栄養源として「すす病」を併発するため景観を損ねる。また、特定の植物病原ウイルスを媒介することもある。

〈対 処〉野草の花器などで増殖して、発生源となるケースが多いので、とくに出蕾期～開花期の除草を徹底する。症状が認められたら、早めに薬剤散布を行う（「花き類」登録など）。

◆チャノキイロアザミウマ＝①新葉が吸汁により褐変・萎縮し、展開しないで芯止まり症状を呈する（アジサイ）②新芽の寄生・吸汁による新葉の褐変（ブバルディア） ③成虫

◆クロトンアザミウマ＝④尾端に排泄物を保持する幼虫と成虫、および吸汁により白化した葉（サザンカ）⑤成虫（左：橙黄色型・右暗褐色型）と褐変した吸汁・産卵痕（キキョウラン）

〔①牛山 ②-⑤竹内〕

チャノキイロアザミウマ

Holochlora japonica

〈寄 主〉アジサイ・イチョウ・イヌマキ・カンキツ類・カキノキ・サザンカ・サンゴジュ・ツバキなど

〈生態・形態〉休眠性をもたず、露地では4～10月に活動し、年間7-9世代を繰り返す。卵は葉などの表皮下の組織内に産み込まれて、孵化した幼虫は1-2齢を経過し、蛹を経て成虫となる。成虫の体長は約0.7-1mm、黄色または淡黄色。幼虫は半透明で、白色～黄白色を帯びる。全国に分布。

クロトンアザミウマ

Heliothrips hamorrhoidalis

〈寄 主〉イチゴノキ・イヌツゲ・カキノキ・キウイフルーツ・サザンカ・サンゴジュ・スギ・ツツジ類・ツバキ・バラ類・ニレ類・ヒノキ類・ビヨウヤナギ・ミズキ類・メタセコイア・ヤマモモなど；アサガオ・キキョウラン・ハマオモト・ヒマラヤユキノシタ・ラン類・レザーファンなど

〈生態・形態〉温室害虫として著名で、年に12-13世代を経過するが、近年、関東以南では露地においても卵などの越冬が可能である。日本では雄の分布は確認されておらず、単為生殖により繁殖する。産卵は1粒ずつを葉の組織内に産み込み、卵の先を排泄物で被う。雌の体長は約1.6mm、体色は全体に暗褐色、または腹部のみが橙黄色の個体もいる。脚部は黄白色で、前翅は淡色である。全体に明瞭な網目状の刻紋が体表を被っている。幼虫は黄白色を帯び、若齢幼虫は尾端に自身の排泄物を保持して活動していることが多い。本州以南に分布。

◆ヒラズハナアザミウマ＝①インパチエンス花弁の吸汁被害（白色のかすり斑） ②幼虫（左）・成虫（右）

◆ミカンキイロアザミウマ＝③キク花弁の吸汁被害（淡褐変） ④幼虫によるヒマワリ葉の吸汁痕 ⑤成虫

〔①牛山 ②④⑤竹内 ③近岡〕

ヒラズハナアザミウマ

Frankliniella intonsa

〈寄 主〉 バラ類など；イリス類（アヤメ・カキツバタ・シャガ・ハナショウブなど）・カーネーション・キク・グラジオラス・シクラメン・トルコギキョウ・ヒマワリ・ペチュニアほか多種の花卉類

〈生態・形態〉 野外では4～11月に活動し、6月頃の発生がもっとも多い。年6‐10世代を経過。落葉下などで成虫越冬する。1齢・2齢幼虫、第1・第2蛹、成虫の順に脱皮、変態を行う。蛹期は地中で過ごす。雌成虫は体長約1.5 mm、体色は淡褐色～暗褐色。雄成虫は1.1mm 前後で、体色は黄色。幼虫は全身が黄白色～橙黄色。全国に分布。

ミカンキイロアザミウマ

Frankliniella occidentalis

〈寄 主〉 バラ類など；カーネーション・ガーベラ・キク・シクラメン・トルコギキョウ・ナデシコ・ヒマワリ・ペチュニアほか多種の花卉類

〈生態・形態〉 4月頃から活動し始め、年に7‐10世代を経過する。休眠性をもたず、施設栽培では通年発生するが、6月頃がもっとも多い。卵は新芽や新葉の組織内に産み付けられる。孵化した幼虫は花弁・新芽・新葉などに寄生し、吸汁加害する。雌成虫は体長約 1.5mm、雄成虫は約 1.1mm、体色は雌雄とも黄色～茶褐色で、低温期には茶褐色の個体が多くなる。幼虫は黄白色～黄色。全国に分布。

◆クロゲハナアザミウマ＝①葉の吸汁痕とひきつれ（奇形・芯止まりを伴う）　②幼虫　③成虫（①-③キク）

◆ネギアザミウマ＝④⑤かすり状に褪色・褐変した吸汁痕（フリージア）　⑥幼虫（右）・成虫（左）（ベニバナ）　〔竹内〕

クロゲハナアザミウマ

Thrips nigroplosus

〈寄 主〉 バラ類；ガーベラ・キク・キツネノボタン・コスモス・タチアオイ・トルコギキョウ・バーベナ・ヒマワリ・ベゴニア類・ラン類など

〈生態・形態〉 落葉下などで成虫が越冬し、年に数世代を経過するが、4～6月の発生が多い。幼虫は老熟すると地表に降り、土壌表面や落葉下で蛹化する。雌の体長約1.2 mm、雄は約0.9 mm、体色は黄色で、胸部の暗色斑が目立つ。触覚は基部を除いて褐色～黒色。雌には長翅型と短翅型が存在し、雄は短翅型のみである。幼虫は黄白色。全国に分布。

ネギアザミウマ

Thrips tabaci

〈寄 主〉 カキノキ・ブバルディアなど；スイセン・トルコギキョウ・フリージア・ベニバナなど

〈生態・形態〉 野外では4月頃から11月頃まで見られるが、関東周辺では6～9月に発生量が多くなる。産雌性・産雄性単為生殖により繁殖する。卵は葉肉内に産み込む。通常は成虫越冬するが、暖地では幼虫越冬も可能である。野外では年間に5-6世代を、施設内では10世代以上を繰り返す。雌成虫は体長約1.3mm、全身が淡黄色～褐色で、夏季は淡黄色の個体が多い。全国に分布。

◆クリバネアザミウマ＝①吸汁による葉の褐変・枯死（①③クリナム） ②花弁の吸汁による変色（ガーベラ） ③幼虫・成虫（右）

クリバネアザミウマ

Heliothrips hamorrhoidalis

〈寄 主〉 ポトス・ルスカスなど；アガパンサス・ガーベラ・キク・クリナム・ダリア・ディフェンバキア・ヘレボルスなど

◆アカオビアザミウマ＝④かすり状に褪色・褐変した葉の吸汁痕と排泄物による汚損（カツラ） ⑤吸汁による葉面の退色と幼虫集団（イチゴノキ） ⑥吸汁による葉の褐変被害と成虫（ヤマモモ）

アカオビアザミウマ

Selenothrips rubrocinctus

〈寄 主〉 アボガド・アメリカハナズオウ・イチゴノキ・カカオ・ツツジ類・カキノキ・カツラ・ギンバイカ・グアバ・クロトン・ナツツバキ・ブルーベリー・マンゴー・マンサク・モミジバフウ・ヤマモモ・レイシなど

◆トラフアザミウマ＝⑦⑧葉の被害（吸汁による褪色斑と黒色排泄物） ⑨２齢幼虫 ⑩成虫（以上マリーゴールド） 〔竹内〕

トラフアザミウマ

Neohydatothrips samayunkur

〈寄 主〉 マリーゴールド

〈生態・形態〉 国内では1993年静岡県で初確認された侵入種で、静岡県、沖縄県、東京都に分布。寄主が限定されるが、４～12月に数世代を経過して９～10月の激発時には、枯死株も発生する。

ダニ類 Mites（ダニ目）

ハダニ類の体長は 0.5mm 程度で、かろうじて目視可能な大きさである。ヒメハダニ類・ホコリダニ類・フシダニ類はそれよりも小さく、現場での発生状況等の確認が難しい。繁殖は旺盛で、年間に十数世代を繰り返し、乾燥条件ではとくに多発しやすい。卵から成虫になるまでの期間は短い場合で約 7 日と、短期間で高密度になることがある。多発状態になると分散するために糸を吐くので、被害株全体が霞を張ったように糸の巣網で被われる。新芽や新葉で吸汁されると褪色、褐変症状を呈し、落葉や生育不良を起こす。

〈対 処〉新梢および新葉の奇形や変色の発生を注視しながら、被害部位を早めに摘除したり、葉裏なども湿るよう葉水などを行う。発生初期に薬剤を散布する（「樹木類」・「花き類」登録など）。

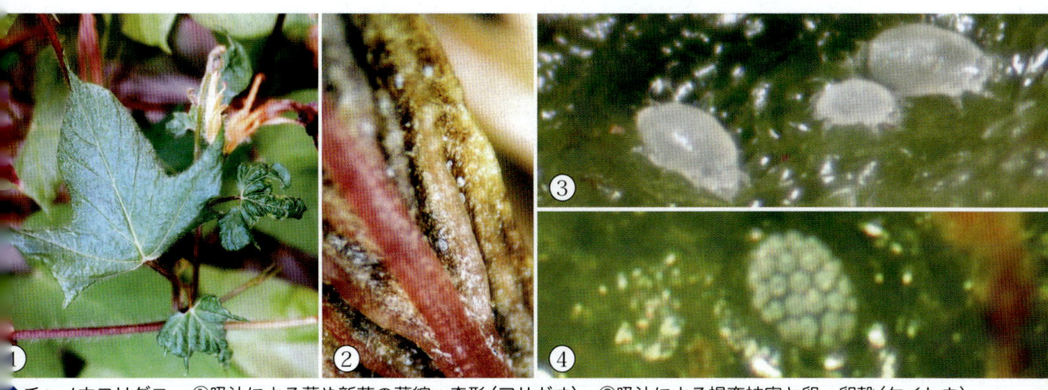

◆チャノホコリダニ = ①吸汁による葉や新芽の萎縮・奇形（アサガオ） ②吸汁による褐変被害と卵・卵殻（ケイトウ） ③幼虫・成虫 ④卵

◆チャノヒメハダニ = ⑤吸汁による新葉の萎縮・奇形（ヘデラ） ⑥⑦吸汁による褐変被害と成虫（ツツジ）

〔①近岡 ②⑥⑦牛山 ③-⑤竹内〕

チャノホコリダニ

Polyphagotarsonemus latus（ホコリダニ科）

〈寄 主〉カンキツ類・キウイフルーツ・チャノキなど；アサガオ・ガーベラ・キク・ケイトウ・コスモス・ダリア・サルビア・シクラメン・スミレ類・パンジー・ペチュニア・マリーゴールドなど

〈生態・形態〉成虫で越冬して、春～秋季に活動する。1 世代の期間はきわめて短く、25℃では、卵から成虫になるまで 6 日程度である。両性生殖と単為生殖で繁殖し、単為生殖ではすべての個体が雄となる。雌成虫は体長約 0.3 mm、乳白色～淡黄色。雄成虫や幼虫の体色は乳白色。卵は楕円形で、表面に白色小突起を多数もつ。全国に分布。

チャノヒメハダニ

Brevipalpus obovatus（ヒメハダニ科）

〈寄 主〉カンキツ類・クワ・チャノキ・ツツジ類・ヘデラなど；キク・シクラメン・ラン類など

〈生態・形態〉葉裏などで主に成虫が越冬し、短期間で世代を経過して、年に 10 回程度発生を繰り返す。雌成虫は橙赤色で楕円形、体長は約 0.3 mm と小さく、肉眼での確認は難しい。全国に分布。

◆ナミハダニ＝①吸汁により白化・褐変した葉（ビオラ）　②多発状態となり巣網を張った成虫集団（ブバルディア）

◆カンザワハダニ＝③白化した葉と多発して巣網を張った状態（セージ）　④吸汁により白化した葉（アサガオ）
⑤幼虫・成虫・卵と葉の吸汁痕および白化被害の状況（グラジオラス）　〔①-③竹内　④⑤近岡〕

ナミハダニ

Tetranychus urticae（ハダニ科）

〈寄 主〉 バラ類・ブバルディア・ヤマブキなど；アサガオ・アシタバ・アンゲロニア・イリス類・カスミソウ・カーネーション・ガーベラ・キキョウラン・キク・グラジオラス・コスモス・サルビア・シクラメン・スミレ類・セージ・センダイハギ・チョウセンアサガオ類・デルフィニウム・ナデシコ・バジル・ヒマワリ・マリーゴールド・ミント類・ルピナスなどきわめて多種の植物

〈生態・形態〉 施設では通年発生する。暖地では年に15世代ほどを経過し、産卵数も多いため、増殖率が著しく高い。棲息密度が高くなると、株先端の茎葉などの高い部位に集まり、吐糸して巣網をつくる。糸を吐いた成虫は、風に乗って分散する。体長は雌成虫が約0.6 mm、雄成虫が約0.4 mm、体色は黄緑色型と赤色型がある。全国に分布。

カンザワハダニ

Tetranychus kanzawai（ハダニ科）

〈寄 主〉 アジサイ・チャノキ・バラ類・ヤマブキなど；アサガオ・アシタバ・イリス類・カスミソウ・カーネーション・ガーベラ・キキョウラン・キク・キンギョソウ・グラジオラス・コスモス・サルビア・シクラメン・スミレ類・セージ・センダイハギ・ダリア・チョウセンアサガオ類・ナデシコ・バジル・ヒマワリ・マリーゴールド・ミント類・ルピナスなどきわめて多種の植物

〈生態・形態〉 4～11月に十数世代を経過する。冬季には、体色が朱色に変わった成虫で休眠する。成虫は細い糸を吐いて巣網をつくり、その中で、卵と幼虫・成虫が混在してコロニーを形成する。雌成虫は体長約0.5 mm、夏型は暗赤色、休眠型は鮮赤色である。卵は直径約0.1 mmの球形、透明であるが、孵化間近では赤味を帯びる。全国に分布。

アブラムシ類 Aphids（カメムシ目アブラムシ科）

繁殖能力がごく高く、年に十数世代を経過する種も多い。集団（コロニー）を形成する。体は短小で柔らかく、体長 1 - 2 mm 程度。幼虫・成虫が集団で茎葉に口針を突き刺して、吸汁加害する。多発部位は褪色、褐変症状を呈し、落葉や生育不良を起こす。また、相当数の植物病原ウイルスを媒介する。さらに、多量の排泄物や脱皮殻で周辺を汚損したり、排泄物に含まれる有機質を栄養源として「すす病」を誘発する。

〈対 処〉新梢および新葉の変色やコロニーの発生を注視し、寄生部位を摘除したり、発生初期に薬剤散布を行う（「樹木類」・「花き類」登録など）。防虫網・光反射マルチなどで有翅虫の飛来を防止する。

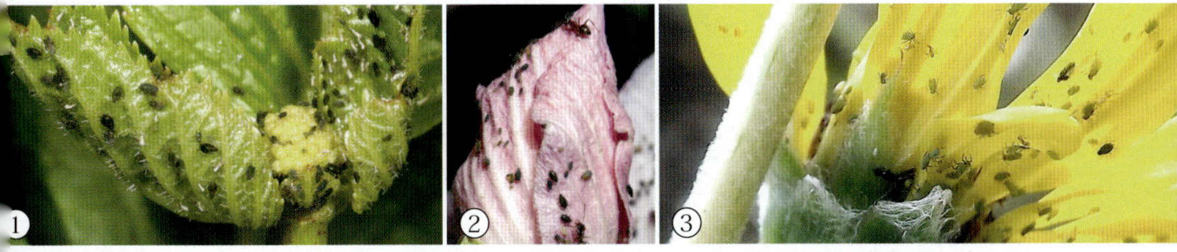

◆ワタアブラムシ = 幼虫・成虫のコロニー（白色物は脱皮殻）（①アジサイ ②ハイビスカス ③ヒマワリ）

◆モモアカアブラムシ = ④⑤⑥花弁・花蕚に寄生する幼虫・成虫のコロニー・脱皮殻（④ブバルディア ⑤キンギョソウ ⑥パンジー） ⑦葉上の排泄物に発生したすす病（ナデシコ）

〔①②④ - ⑥竹内 ③⑦近岡〕

ワタアブラムシ *Aphis gossypii*

〈寄 主〉アジサイ・タチアオイ・バラ類・シャリンバイ・ボケ・カナメモチ・トキワマンサク・フヨウ類・ブバルディア・カンキツ類など；アカソバ・インパチエンス・カーネーション・キク・コキア（ホウキギ）・コスモス・シクラメン・ナデシコ・ヒマワリ・ホトトギス・ユリ類・ラン類など多種の植物

〈生態・形態〉 新梢や葉裏などに寄生することが多く、コロニーは大きくなる。発生は夏季に多く、盛夏期には 5 - 7 日で成虫になるなど成長が早く産仔数も多いため、繁殖能力が非常に高く、年間に十～二十数世代を経過する。生活環は、寄主植物や地域によって異なり、有性世代と無性世代の両方をもつタイプと、通年を無性世代のみで過ごすタイプがある。有性世代をもつタイプは、晩秋に雄が出現して有性生殖ののち、産み付けた卵で越冬する。体長は 1 - 2 mm と小型、体色は黄色・橙黄色・緑色・濃緑色・黒褐色と様々である。全国に分布。

モモアカアブラムシ *Myzus persicae*

〈寄 主〉アジサイ・ウメ・カナメモチ・カンキツ類など；アサガオ・カスミソウ・カーネーション・キク・ストック・スミレ類・チューリップ・ナデシコ・ハボタン・プリムラ・ユリ類など多種の植物

〈生態・形態〉 体長は無翅虫で 1.8 - 2 mm、体色は名前の由来である赤色の他に、緑色・黄緑色・赤褐色など変化がある。角状管、尾片は体色と同色。体表には光沢がある。季節により寄主転換することで知られ、一次寄主はモモ・スモモなど、二次寄主はアブラナ科植物など様々である。関東以西では、寄主を移動する個体群と、移動しない個体群が見られる。春～秋季は雌のみの単為生殖で繁殖し、晩秋には雄成虫が現れて有性生殖を行い、芽の基部などに産み付けた卵で越冬する。暖地では通年単為生殖を継続することが多い。葉裏や新芽に多く寄生し、コロニーは大きくなる。盛夏にはほとんど見られないが、春・秋季に発生が多くなる。全国に分布。

◆ユキヤナギアブラムシ＝①‐③葉・花茎等に寄生する幼虫・成虫（①ツルニチニチソウ　②アスチルベ　③シャリンバイ）④葉上の排泄物に発生したすす病（ユキヤナギ）

ユキヤナギアブラムシ

Aphis spiraecola

〈寄 主〉 アジサイ・ウメ・カナメモチ・カンキツ類・サンゴジュ・シモツケ・シャリンバイ・バラ類・ボケ・ボタン・ユキヤナギなど；アスチルベ・キク・トウワタ・フウセントウワタなど多種

〈生態・形態〉 ユキヤナギ・シモツケ・カンキツ類などの主寄主で卵越冬し、春季から増殖し、夏季になると、リンゴなどバラ科果樹類、コスモスなど花卉類、セリ科野菜類など様々な植物に移動して繁殖する。コロニーはきわめて大きくなる。体色は黄色～鮮緑色、角状管は黒色、雌成虫の体長は 1.5‐2.0 mm。新梢の茎部や葉裏に多い。全国に分布。

◆イバラヒゲナガアブラムシ＝⑤⑥バラ新梢に寄生する幼虫・成虫のコロニー

〔①②④‐⑥竹内　③近岡〕

イバラヒゲナガアブラムシ

Sitobion ibarae

〈寄 主〉 バラ類

〈生態・形態〉 周年をバラ類で過ごす。卵や胎生雌で越冬（暖地）し、4月頃から増殖する。体色は緑色、頭・胸部と腹部前半までが赤みを帯びる個体も存在する。角状管と触角は黒色、尾片は淡色。無翅雌成虫は体長約 3 mm。有翅虫は体長約 2.6 mm、腹部背側に 4 個の黒い斑紋がある。全国に分布。

◆ニワトコヒゲナガアブラムシ＝①茎部に群棲するコロニー
◆キョウチクトウアブラムシ＝②③茎部・花梗に群棲するコロニー（②キョウチクトウ　③トウワタ）

ニワトコヒゲナガアブラムシ

Aulacorthum magnoliae

〈寄 主〉アジサイ・カクレミノ・カンキツ類・ブバルディア・ルスカスなど多種の植物

キョウチクトウアブラムシ

Aphis nerii

〈寄 主〉キョウチクトウ；アスクレピアス・ガガイモ・トウワタ・フウセントウワタなど

◆ハゼアブラムシ＝④⑤新梢に群棲するコロニー（トベラ）
◆ナシミドリオオアブラムシ＝⑥葉上の排泄物に発生したすす病　⑦葉裏に寄生する幼虫と有翅成虫（シャリンバイ）

ハゼアブラムシ

Toxoptera odinae

〈寄 主〉ガマズミ・サザンカ・サンゴジュ・ツバキ・トベラ・ハゼノキ・モクレン・ヤツデなど

ナシミドリオオアブラムシ

Nippolachnus piri

〈寄 主〉カナメモチ・シャリンバイ・ナシ・ナナカマド・ビワ・モッコクなど

◆キスゲフクレアブラムシ＝⑧⑨花梗・蕾・花器のコロニー（ヘメロカリス）
◆ダイコンアブラムシ＝⑩茎部・花梗に群棲するコロニー（アリッサム）

〔①-③⑤-⑩竹内　④近岡〕

キスゲフクレアブラムシ（ゴンズイノフクレアブラムシ）

Indomegoura indica

〈寄 主〉ゴンズイ・ミツバウツギ（冬寄主）など；ヘメロカリス・ヤブカンゾウ・ノカンゾウなど

ダイコンアブラムシ

Brevicoryne brassicae

〈寄 主〉アリッサム・ストック・ハナナ（ナバナ類）・ハボタンなどアブラナ科植物のみ

〈生 態〉秋～春季に発生し、夏季は見られない。

カイガラムシ類　Mealybugs, Scales（カメムシ目）

多種の植物に寄生し、口針を葉や茎などの植物組織に深く刺して、汁液を摂取する。脚部が発達せず、生活環の一時期や生涯を通じ、ほとんど動かない種が多い。また、外観的な特徴として虫体被覆物が目立つ種が多く、コナカイガラムシ類などでは体表に白色のロウ質分泌物を纏う。成虫の体長は2 - 8 mm程度。吸汁加害により新梢等の生育に影響を及ぼすほか、排泄物に「すす病」が発生して汚損を生じることが多い。

〈対 処〉 新梢および新葉の奇形や変色の発生を注視して、被害部位を早めに摘除したり、発生初期に薬剤散布を行う（「樹木類」・「花き類」登録など）。主に冬季、ロウムシ類ほかの虫体をブラシなどで擦り落とす。

◆イセリアカイガラムシ＝①-③幼虫・成虫のコロニーと脱皮殻・すす病による枝葉の汚損（①②トベラ　③レンギョウ）

◆ミカンコナカイガラムシ＝④茎部に寄生する幼虫・雌成虫・雄成虫（有翅）（ハイビスカス）〔①②④⑥竹内　③⑤牛山〕
◆ツツジコナカイガラムシ＝⑤葉裏に寄生する雌成虫と多数形成された卵嚢　⑥越冬期の幼虫とすす病の発生状況

イセリアカイガラムシ

Icerya purchasi（ワタフキカイガラムシ科）

〈寄 主〉 イボタノキ類・カンキツ類・キンシバイ・トベラ・ナンテン・ネムノキ・ハギ類・ボタン・モクセイ類・モッコク・ヤツデ類・ユキヤナギ・レンギョウなどの広葉樹・針葉樹など；シャクヤク・メドーセージほかイネ科を除く多種の植物

〈生態・形態〉 主に成虫で越冬し、年2 - 5世代を経過。雌成虫は成熟すると腹面に卵嚢を形成し、それを被うように、縦筋が明確な白いロウ質物を分泌する。若齢幼虫は葉裏や新梢に寄生して、2齢期以降は枝梢・幹などに移動する。雌成虫にも移動性がある。雌成虫は楕円形、全身が暗赤橙色で黒斑を散らし、体長4 - 6 mm、体の周縁からガラス繊維状の分泌物を放射状に伸ばす。本州以南に分布。

ミカンコナカイガラムシ

Planococcus citri（コナカイガラムシ科）

〈寄 主〉 カンキツ類・クロトン・ハイビスカス・フヨウ・ポインセチア・ムクゲなど多種の植物

〈生態・形態〉 年に多数回世代を繰り返し、施設では通年発生する。若齢幼虫時から白色粉状のロウ質物に薄く被われる。雌成虫は体長3 - 4 mm、白色楕円形。好条件では群棲する。雌成虫は成熟すると白い綿のような卵嚢を形成する。全国に分布。

ツツジコナカイガラムシ

Planococcus azaleae（コナカイガラムシ科）

〈寄 主〉 ツツジ類

〈生態・形態〉 中齢～老齢幼虫が枝や葉柄基部で越冬後、4月頃から葉裏に移動し始め、5月中旬頃には成熟を終え、長さ1 cm程度の卵嚢を形成し、産卵する。幼虫は5月中・下旬頃に出現し、葉裏の主脈に沿って寄生する。年に1世代を経過する。雌成虫は淡褐色～橙褐色で、白色ロウ質物を分泌し、体長は約3.5 mmに達する。排泄物には、すす病が発生することが多い。本州～九州に分布。

◆ミカンワタカイガラムシ＝①葉裏に寄生して、卵嚢を形成する雌成虫・雄介殻とすす病の発生（カンキツ類） ②雄成虫 ③雌成虫・卵嚢（②③トベラ）

ミカンワタカイガラムシ

Chloropulvinaria aurantii（カタカイガラムシ科）

〈寄 主〉 カンキツ類・トベラ・ヤツデ類など

〈生態・形態〉 終齢幼虫で越冬し、年に２世代を経過。５月中・下旬頃に成熟して卵嚢を生じ、第１世代の幼虫が現れる。葉裏や細枝に寄生が多い。雌成虫は楕円形で、体長３‐5mm、背面周縁部は淡緑黄色～緑黄褐色、中央部に乳白色で暗色の背中線がある。背面中央部に白色のロウ質物を分泌する。排泄物に含まれる有機質を栄養源として、すす病が発生することが多い。本州～九州に分布。

◆ルビーロウムシ＝枝部への寄生とすす病の発生（④モチノキ ⑤ソヨゴ）

◆ツノロウムシ＝⑥茎部の幼虫・成虫の寄生とすす病の発生（マサキ）

〔①‐③近岡 ④‐⑥竹内〕

ルビーロウムシ

Ceroplastes rubens（カタカイガラムシ科）

〈寄 主〉 イヌツゲ・カナメモチ・カンキツ類・クチナシ・ゲッケイジュ・サカキ・サザンカ・シャリンバイ・ソヨゴ・ツツジ類・ツバキ・ヒサカキ・ブルーベリー・モチノキ類・モッコクなど多種の植物

〈生態・形態〉 年に１世代を経過する。１齢幼虫は５月下旬～７月頃に発生し、背面からロウ物質を分泌しながら成長する。成虫で越冬するとされてきたが、近年では関東周辺で幼虫・成虫が混棲して越冬している。本州以南に分布。寄生性天敵ルビーアカヤドリコバチが、本州～九州に分布している。

ツノロウムシ

Ceroplastes ceriferus（カタカイガラムシ科）

〈寄 主〉 ウメ・エノキ・カンキツ類・クチナシ・ゲッケイジュ・コブシ・サザンカ・シキミ・シャリンバイ・ソヨゴ・ツツジ類・ツバキ・トベラ・ニシキギ・ブルーベリー・ボケ・マサキ・マユミ・モクレン・モチノキ類・ユキヤナギなど多種の植物

〈生態・形態〉 主に成虫で越冬し、通常は年に１世代を経過。単為生殖で繁殖する。雌成虫の体長は約６‐８mm で、多量の白色ロウ質物を分泌して虫体を被う。ロウ質物は糊状、背面は円錐状に突出するが成熟するとドーム状になる。本州以南に分布。

コナジラミ類　White fly（カメムシ目コナジラミ科）

幼虫は多種の植物に寄生し、若齢期を除いて移動しない種が多い。幼虫は葉裏などに寄生し、透明感のある黄色～乳白色、楕円形で長径 1 mm 前後。成虫の体長は 1 mm 程度で、ふわりと飛翔する。多発時には 1 枚の葉に多数の幼虫が寄生・吸汁して生育に影響を及ぼすほか、排泄物に「すす病」が発生して、汚損を生じる症例もしばしば観察される。また、特定の植物病原ウイルスを媒介することもある。

〈対 処〉施設では防虫網（0.4 mm 目合い等）などを展張して、成虫の侵入および産卵を防ぐ。葉の変色などを注視し、幼虫寄生葉を摘除したり、発生初期に薬剤散布を行う（「樹木類」・「花き類」登録など）。

◆オンシツコナジラミ = ①葉裏の成虫と産付された卵（ペパーミント）　②葉裏に寄生する幼虫・蛹　③円形に産付された卵塊と孵化した幼虫（②③スペアミント）

◆タバココナジラミ = ④下葉のすす病の発生状況　⑤幼虫・成虫・蛹・羽化殻　⑥葉に産み付けられた卵（ブバルディア）

〔竹内〕

オンシツコナジラミ

Trialeurodes vaporariorum

〈寄 主〉キク・トルコギキョウ・サルビア・ゼラニウム・バジル・フクシア・ポインセチア・ミント・ランタナほか花卉・野菜類など多種の植物

〈生態・形態〉葉の裏側に幼虫・成虫・蛹が寄生して、施設や室内では通年発生が見られる。1 世代に要する期間は短く、25℃・23 日ほどで、野外では年 3 - 4 世代（5 ～ 9 月頃）、施設では年 10 世代以上を経過。成虫は体長 1 - 2 mm 程度で、体や翅は淡黄色で、翅はワックス様の白色・粉状物で被われる。卵は長楕円形・高さ約 0.3 mm、黄白色、葉面に立てて産卵されるが、孵化直前には褐変する。幼虫は全体的に淡黄色、終齢幼虫の体長は 0.7 - 1.0 mm、やや厚みのある楕円形。蛹殻には剛毛が生える。羽化後には透明な殻が残る。全国に分布。

タバココナジラミ

Bemisia tabaci

〈寄 主〉ウメ・ハイビスカス・ブバルディア・フヨウ・ムクゲなど；アサガオ・ガーベラ・トルコギキョウ・バジル・ポインセチア・ミント類・リンドウほか花卉・野菜類など多種の植物

〈生態・形態〉葉の裏側に幼虫・成虫・蛹が寄生して、施設や室内では通年見られる。1 世代に要する期間は 25℃・23 日ほどで、野外では年 3 - 4 回、施設では年 10 世代以上を経過。成虫は体長 0.8 mm 程度、やや黄色みを帯びた白色。卵は長楕円形・高さ約 0.2 mm、白色～淡黄色、葉面に立てて産卵され、孵化直前には褐変する。幼虫は長径約 1 mm になり、全体的に乳白色～黄色。蛹は長楕円形で、腹部の先端が細くなり、周辺部は薄く、中央部が隆起する。羽化後、透明な殻が残る。全国に分布。

◆ツツジコナジラミ＝①幼虫・成虫　②被害＝葉裏に寄生する幼虫と脱皮殻、すす病による汚損（ツツジ）

◆チャトゲコナジラミ＝③寄生葉の表側（褐色斑の裏面が吸汁部位）　④葉裏の幼虫寄生状況（③④ヒサカキ）
⑤蛹殻・幼虫（脱皮殻を背負う）・卵
◆サカキコナジラミ＝⑥葉裏で産卵する成虫と卵（サカキ）

〔①③-⑥竹内　②近岡〕

ツツジコナジラミ

Palius azaleae

〈寄 主〉 ツツジ類

〈生態・形態〉 幼虫で越冬して年3回程度世代を繰り返す。成虫の体長は約1mmで体色は黄色、ロウ質物の白紛を纏っているために白く見える。幼虫は半透明の淡黄色、長径0.8mm程度で、後方がやや細くなった楕円形を呈し、幼虫は体周にロウ質物をわずかに分泌する。本州以南に分布。

チャトゲコナジラミ

Aleurocanthus camelliae

〈寄 主〉 サカキ・シキミ・チャノキ・ツバキ・ヒサカキなど

〈生態・形態〉 近年、日本に侵入・定着した種である。幼虫は葉裏にのみ寄生して、黒色楕円形、周囲に白いロウ物質を纏う。成虫の体長約1.2 mm。年に3 - 4世代を経過して、夏・秋季には各齢幼虫が混在する。増殖力が高く、短期間で高密度になりやすい。天敵であるシルベストリコバチが、幼虫に寄生する。関東以南～九州・屋久島に分布。

サカキコナジラミ

Rusostigma tokyonis

〈寄 主〉 サカキ

〈生態・形態〉 5月頃に成虫が羽化し、産卵が見られる。年に複数世代を経過すると推察されるが、不詳。幼虫は茶褐色、直径約1.5mmの円形である。主に蛹で越冬する。関東以南～九州に分布。

グンバイムシ類 Lacebug（カメムシ目グンバイムシ科）

幼虫・成虫とも葉裏などに寄生して加害する。成虫の体長は 2 - 5 mm 程度、背面から見た翅（半翅鞘）の形が軍配に似る。産卵はまとめて行われ、幼虫は集団となる。葉裏から吸汁し、表側に白点が“かすり状”に現れることが多い。その後、葉全体が白化・褐変し、落葉に至る場合がある。また、排泄物に「すす病」が発生して汚損しやすく、ともに景観を損ねる。特定の種や属の植物に発生する狭食性の種が多い。

〈対 処〉葉の変色などを注視し、被害葉を摘除したり、薬剤散布を行う（「樹木類」・「花き類」登録など）。

◆ツツジグンバイ＝①葉の褪色斑・白化（ツツジ） ②成虫 ③葉裏の幼虫・成虫と黄化・排泄物による汚損

◆ナシグンバイ＝④⑤葉表の褪色斑（葉裏からの吸汁；ボケ） ⑥葉裏の幼虫と黒色タール状排泄物 ⑦成虫

〔①‐③⑤‐⑦竹内 ④近岡〕

ツツジグンバイ

Stephanitis pyrioides

〈寄 主〉ツツジ類

〈生態・形態〉葉の組織に産み込まれた卵、および成虫が越冬する。5月頃から幼虫が現れ、年に 4 - 5 世代を経過する。梅雨明け後に発生が多くなり、高温・少雨の気象条件下で発生が助長される。成虫の体長は約 3.5 - 4 mm、翅は半透明で翅脈が網目模様に走り、大きなX字状に見える黒色斑紋をもつ。幼虫は乳白色で、腹部などに黒褐色の斑紋と、腹部側面などに棘状突起がある。全国に分布。

ナシグンバイ

Stephanitis nashii

〈寄 主〉ウメ・カイドウ・カナメモチ・サクラ類・ハナモモ・バラ類・ボケなどバラ科植物

〈生態・形態〉枝や幹の粗皮下などで成虫が越冬して、年に 2 - 4 世代を経過する。雌成虫は葉裏から葉脈に沿って、葉肉内に卵のほとんどを埋め込むように産み付け、表面を排泄物で被う。幼虫は集団で活動して吸汁する。成虫の体長約 3 mm、全体は淡褐色で、網目状模様のある半透明の翅をもつ。幼虫は腹部の刺状突起が目立つ。本州～九州に分布。

◆プラタナスグンバイ＝①吸汁によるスズカケノキ葉の黄変　②成虫と老齢幼虫　③幼虫（上）・成虫（中・下）
④葉脈に沿って産み込まれた卵と若齢幼虫

◆アワダチソウグンバイ＝⑤⑥葉裏からの吸汁による褪緑斑や褐変（⑤キク　⑥ヒマワリ）　⑦幼苗の被害（デージー）
⑧幼虫・成虫と褐色の排泄物

〔竹内〕

プラタナスグンバイ

Corythucha ciliata

〈寄 主〉 スズカケノキ・モミジバスズカケノキなど

〈生態・形態〉 成虫が粗皮下などで集団越冬し、年に 2 - 3 世代を経過するとされるが、関東周辺では年 3 世代以上を経過する事例も観察されている。幼虫・成虫とも、葉裏に寄生して吸汁する。葉表には褪色斑が現れる。体長は雌成虫が約 3.7 mm、雄成虫が約 3.5 mm、全体的に乳白色で、頭部は胸部からの大きな帽状物に被われる。前胸背板は褐色、前翅のやや前方に明瞭な黒褐色紋を有する。終齢幼虫は黄褐色で、頭部の全体・前胸背の一部・翅芽の基部、ならびに腹部の中央は黒褐色を呈する。頭・腹部背面には鋭い刺状の突起がある。北米原産で、欧州や韓国、日本、中国などに侵入し、分布を拡大している。日本では、2001 年に初発生が確認されて以降、現在では北海道～九州に分布。

アワダチソウグンバイ

Corythucha marmorata

〈寄 主〉 アザミ類・アスター・ガザニア・キク・デージー・ハマギク・ヒマワリ・ルリタマアザミなど

〈生態・形態〉 2000 年 4 月、兵庫県で最初に確認された北米原産の侵入害虫で、キク科植物などに寄生して被害を及ぼす。幼虫・成虫とも葉に寄生しつつ、主に葉裏から吸汁する。休眠性はもたず、年に数回発生を繰り返し、個体数は夏季にもっとも多くなる。産卵は葉裏の葉脈付近に、数個～十数個をまとめて埋め込むように行われ、産卵部位の組織は黒化する。セイタカアワダチソウでは、ロゼット内で成虫態のまま越冬する。成虫の体長は約 3 mm、前翅に多数の褐色斑紋をもち、周縁部には列状の小棘がある。幼虫は約 1.8 mm で、小豆色～黒褐色の紡錘形。セイタカアワダチソウ・オオブタクサなどで増殖し、発生域を拡大する。本州以南に分布。

カメムシ類　Shield bug, Stink bug（カメムシ目カメムシ科）

細長い口吻をもち、植物を吸汁加害する多くの種類を含むほか、肉食性カメムシ類もこの範疇で、小昆虫を捕らえ、その体液を吸う種もいる。幼虫・成虫とも口針を挿し、茎葉や子実・果実などを吸汁する。稲の穂を吸汁する斑点米カメムシ類、果実を吸汁する果樹カメムシ類など重要な害虫種がいる。成虫は不透明な前翅と膜状の後翅をもち、飛翔して広範囲に活動する。冬季に越冬のため成虫が家屋などに侵入することがある。

〈対 処〉葉面などに産み付けられた卵塊や、吸汁部位の変色・萎れ、幼虫集団の発生などを注視し、それらの棲息部位を摘除する。成虫は払い落としたり、捕虫網などを利用して、捕獲処分する。

◆チャバネアオカメムシ＝①成虫　②卵塊と孵化した 1 齢幼虫（ツツジ）

◆ホオズキカメムシ＝③④寄生する成虫と幼虫集団および吸汁加害による萎れ（ホオズキ）
⑤葉裏の卵塊と孵化した 1 齢幼虫（トウガラシ）

〔竹内〕

チャバネアオカメムシ

Plautia stali

〈寄 主〉カキノキ・カンキツ類・サクラ類・スギ・ソテツ・ナシ・ヒノキ類・ビワなど；マメ類など

〈生態・形態〉主にスギ・ヒノキなど針葉樹の毬果に寄生し、繁殖する。成虫が落葉下などで越冬して年 2 - 3 世代を繰り返す。その年の毬果の着果量によって発生量が変動する。成虫は移動性が強く、各種果樹などに飛来して加害するが、移動先の植物上では、産卵および孵化幼虫の発生が認められた場合でも、成虫までは生育できないことが多い。成虫は体長 10 - 12 mm で緑色、前翅が茶色、前胸背側縁稜が褐色を呈するが、越冬成虫では全身が褐色。卵は 14 粒前後の卵塊として産付される。全国に分布。

ホオズキカメムシ

Acanthocoris sordidus

〈寄 主〉アサガオ・ガーデンハックルベリー・トウガラシ・ホオズキなど

〈生態・形態〉枯れ草などの下で成虫越冬し、4 ～ 11 月に活動して 2 世代を経過する。産卵は葉裏にまとめて 20 数卵を産付し、孵化した幼虫は集団で生活する。中齢幼虫以降は徐々に分散するが、成虫になると 1 頭の雄が複数の雌と集団をつくる。成虫は体長約 10 -13 mm、濃茶色～灰褐色、腹部側面の縞模様が目立ち、翅の下の腹部背面は暗赤色、体表面に細かい剛毛が密生して、光沢はなく、後肢腿節が太い。卵は光沢のある琥珀色。若齢幼虫は白い粉を吹いたように白っぽく見える。本州以南に分布。

ハムシ類 Leaf beetle（コウチュウ目ハムシ科）

幼虫・成虫ともに葉や芽・花弁を食害するものが多いが、幼虫が地中で植物の根部を食害する種もかなりある。成虫は活発に飛翔して移動する。狭食性の種が多いが、広食性種もいる。成虫の体長は 3‐6 mm 程度の種が大半を占める。幼虫はイモムシ状かジムシ状で、脚は胸部に 3 対あり、腹部に欠く。
〈対 処〉幼虫を葉などの食害部ごと摘除するとともに、成虫を捕虫網などを利用して捕獲処分する。

◆アオバネサルハムシ＝①②成虫と新葉・新梢基部の摂食被害（ツバキ） ③成虫と葉の食害痕（ヒマワリ）

◆サンゴジュハムシ＝④新葉・芽の摂食被害 ⑤老齢幼虫と葉の食害痕および虫糞（④⑤サンゴジュ）
⑥成虫と食害痕（トキワガマズミ）

〔①‐③⑤⑥竹内 ④近岡〕

アオバネサルハムシ

Basilepta fulvipes

〈寄 主〉バラ類・ツバキなど；キク・ヒマワリ・ヨモギ・リシマキアなど
〈生態・形態〉成虫は年 1 回、6 月頃から現れ、昼に飛翔して活動する。幼虫は植物の根を摂食し、越冬後の 5 月頃から蛹化する。成虫の体長は 3‐4.5 mm、色調に変異があるが、頭胸部・鞘翅が銅緑色で、脚部が褐色の個体が多い。九州以北に分布。

サンゴジュハムシ

Pyrrhalta humeralis

〈寄 主〉ガマズミ・サンゴジュなど
〈生態・形態〉卵で越冬して、年に 1 世代を経過する。関東では 3 月下旬頃から幼虫が孵化し、4〜5 月頃に活動しながら 20‐30 日で老熟後、樹を降りて地中で蛹化する。6 月上旬頃から成虫が羽化するが、8 月頃の盛夏期には夏眠のため、樹上から見られなくなる。夏眠後は再び活動して、雌成虫が 9〜11月頃に、新梢の葉柄基部などで樹皮を囓って、凹みをつくり、数個〜十数粒の卵を卵塊として産み付け、褐色の分泌物でその表面を被う。終齢幼虫の体長は約 11 mm、扁平・やや幅広、頭部・脚部・硬皮板は暗褐色、胴部は黄白色。蛹は黄白色で、体長約 7 mm。成虫の体長は 5.8‐6.8 mm、体色は暗黄褐色、前胸背板側方部には一対の黒紋をもち、頭頂部から前胸背板中央には黒紋が連続し、上翅には黄褐色の微毛が生える。触角は褐色。全国に分布。

◆クロウリハムシ＝①‐③成虫と花弁の摂食被害の状況（①キキョウ　②ナデシコ　③ダリア）

◆ブタクサハムシ＝④成虫と葉の食害痕（ヒマワリ）　⑤老齢幼虫（ブタクサ）　⑥卵塊
⑦幼虫・成虫による葉の摂食被害（ルドベキア）

〔竹内〕

クロウリハムシ

Aulacophora nigripenni

〈寄 主〉 エノキ・バラ類・フジなど；イリス類・カンナ・キキョウ・キキョウラン・キク・グラジオラス・ケイトウ・ダリア・ナデシコ・ヒマワリなど

〈生態・形態〉 成虫で越冬後、4月頃から活動し始めて、雌成虫が土壌の間隙などに十数粒をまとめて産卵する。幼虫は5月頃、新成虫は7月頃から見られ、年に1世代を経過する。成虫は葉や花弁の表面を囓り取るように食害する。集団で飛来して、部分的に激しい被害を見ることがある。終齢幼虫は体長8‐9 mm、頭部・尾端・脚部は淡褐色を呈し、胴部は黄白色。成虫は体長約7 mm、黄褐色で、脚部や上翅は光沢のある黒色。本州以南に分布。

ブタクサハムシ

Acanthocoris sordidus

〈寄 主〉 オオオナモミ・オオブタクサ・キクイモ・ヒマワリ・ブタクサ・ルドベキアなど

〈生態・形態〉 北アメリカ東部～メキシコ原産の帰化昆虫である。雌成虫は、数十粒からなる黄色い卵塊を葉に産み付ける。成虫が落葉下などで越冬を行う。幼虫は食草の葉の上などで、褐色の粗い繭をつくり、その中で蛹化する。関東周辺では年に4世代を経過し、夏季から秋季にかけて多くなる。成虫の体長は4‐7 mm、淡黄褐色～黄褐色、上翅に4本の暗色縦筋をもつが、長さや濃淡には変異がある。触角は褐色、脚部は黄褐色。幼虫は5 mm程度、黄褐色の頭部を除いて灰白色。九州以北に分布。

カミキリムシ類 Longhorn beetle（コウチュウ目カミキリムシ科）

成虫は全体に強固な外骨格に被われる。前翅は硬く、腹部背面を包み、膜状の後翅を折りたたんで収納しているが、その後翅が羽ばたいて飛翔する。多くが植食性で、幼虫が枝や幹の樹皮下および木質部に食入しながら、組織を食害して成長する。大型種では生木に入り込み、数年かけて成長することが多い。幼虫の寄生で株の生育に影響を及ぼし、枯死に至ることもある。羽化した成虫も葉や枝を食害（後食）する。
〈対 処〉捕虫網などを利用して、成虫を捕獲処分する。幼虫の食入により、枝や幹から木屑や樹液が表出する状況などを注視しつつ、幼虫に対する薬剤散布を行う（「樹木類」登録など）。

◆キクスイカミキリ＝①成虫の咬傷による新梢先端部の萎れ（①③④キク） ②茎部の咬み傷（矢印；アスター） ③成虫 ④茎内に穿入後、組織を食害して成長した幼虫

◆ルリカミキリ＝⑤葉裏から主脈を後食する成虫 ⑥幼虫と食害の状況（⑤⑥ナシ） ⑦幼虫の食入部位に表出した繊維状木屑 ⑧茎内の坑道に穿孔する老齢幼虫（⑦⑧カナメモチ）
〔①④近岡 ②③⑤-⑧竹内〕

キクスイカミキリ

Phytoecia rufiventris

〈寄 主〉アスター・キク・ヨモギなどキク科のみ
〈生態・形態〉 4月下旬から成虫が現れ、キクの新芽に産卵する。幼虫は茎の内部を食害し、秋には株元で新成虫となり、茎内で越冬する。産卵行動は7月頃まで見られ、年に1世代を経過する。雌成虫が口器にて、芽の先端部から10 cmほど下の位置で約10 mmの間隔を空け、茎を周回して咬み、その傷口に卵を産み付ける。咬まれた茎は維管束部が切断されて萎れ、幼虫の生育に伴って食入部位から先端までが枯死する。成虫の体長はおよそ6 - 9 mmで黒色、前胸背面に赤斑をもつ。肢色には変化が多いが、前肢腿節は赤色。全国に分布。

ルリカミキリ

Bacchisa fortunei japonica

〈寄 主〉ウメ・カナメモチ・サクラ類・ナシ・ハナモモ・バラ類・ビワ・ボケなどバラ科のみ
〈生態・形態〉 樹内に穿孔した幼虫で2回越冬を繰り返したのち、4月頃に蛹化し、5～7月に成虫となる。雌成虫は枝にU字型の噛み傷を付けて産卵する。幼虫の枝への食入穿孔は6～7月頃で、中心部を食害して成長するため、枝先が枯死する場合がある。成虫は葉脈や葉柄・新梢を後食する。幼虫の食入部位では、長さ10 cm前後にわたって、細い繊維状の木屑が多量に表出し、景観を著しく損ねる。成虫は体長9 - 11 mm、頭部・胴部は黄褐色、上翅は光沢のある藍色。本州～九州・徳之島に分布。

◆ゴマダラカミキリ＝①枝の表皮を後食する成虫（ウンシュウミカン）　②坑道内の老齢幼虫　③穿孔口から排出される木屑

◆クビアカツヤカミキリ＝④幼虫による樹幹内部の食害によるフラスの排出と株元への堆積（サクラ）
⑤成虫の脱出孔　⑥雄成虫

〔①竹内　②竹澤　③近岡　④・⑥加賀谷〕

ゴマダラカミキリ

Anoplophora malasiaca

〈寄 主〉 イチジク・カエデ類・カンキツ類・クワ・ケヤキ・スズカケノキ・ヤナギ類などの広葉樹

〈生態・形態〉 幼虫または卵で越冬する。成虫は6～8月に現れ、交尾後の雌は、樹皮を大顎で傷付けて産卵する。幼虫は高さ約2mまでの幹の内部を食害し、翌年ないし翌々年に羽化する。成虫の体長は25 - 35 mm、背面黒色で白い斑点が散り、腹側や脚部は青白色の細毛で被われる。全国に分布。

クビアカツヤカミキリ

Aromia bungii

〈寄 主〉 ウメ・サクラ類・ハナモモ・モモなどバラ科樹木；国外ではカキノキ・コナラ・ザクロ・オリーブ・ヤナギ類なども寄主となる

〈生態・形態〉 中国大陸原産で、日本では2012年に初確認され、現在、関東・関西・四国の一部で発生が拡大しつつある。成虫は5～8月にかけて羽化し、直後から飛翔や交尾が可能で、雌成虫は樹幹の樹皮の隙間などに卵を数個産んで、次々に位置を変え、総産卵数300個以上を産み付ける。8～10日後には、孵化した幼虫が樹木の木質部など内部に食入し、2～3年を過ごしながら成長する。食入した幼虫は、糞や木屑と樹液が混ざったフラスを食入孔（直径約4 mm）などから排出する。成虫の脱出孔は縦に長い楕円形となる。成虫は体長22 - 38 mmで雄は雌に比べ小さいが、触角が体長より長くて目立つ。全身が光沢のある黒色で、前胸背板は赤色（国外では黒色型もいる）、側面に瘤状突起がある。また、成虫は麝香（じゃこう）のような芳香を放つ。成虫の寿命は2週間以上、1か月程度までで、越冬はしない。卵は乳白色、長径約2 mmの長卵形。幼虫は無脚、頭部が褐色、胴部が乳白色、体長は約40 mmに達する。羽化前年の秋季に、木質部で蛹室をつくり、翌春に蛹となる。幼虫の寄生により、木が衰弱して枯死する場合が多い。なお、本種は移動・運搬に制限を課す「特定外来生物」に指定されている。

コガネムシ類 Chafer beetles, Scarab beetles（コウチュウ目コガネムシ科）

成虫は全体が強固な外骨格に被われる。前翅は硬く、腹部背面を包み、膜状の後翅を折りたたんで収納しているが、その後翅が羽ばたいて飛翔する。また、幼虫は地中で１～２年の間、植物の根を摂食しながら成長を続ける。成虫は通常越冬せず、寿命は長くても数か月で、花蕾や花粉あるいは葉を食害する。
〈対 処〉 食害痕の発生を注視し、成虫を捕殺する。植え替え時や定植時に幼虫を見つけて捕獲処分する。

◆マメコガネ＝①成虫と花弁の食害痕（ダリア） ②成虫と花弁・葉の食害痕およびその虫糞（タチアオイ） ③成虫と褐変した葉の食害痕（ツツジ） ④地中の幼虫

◆アオドウガネ＝⑤交尾する成虫（右が雄）と葉の食害痕（サンゴジュ） ⑥成虫と花弁の食害痕（バラ） ⑦花弁の摂食被害（ヒマワリ）

〔①‐③⑥⑦竹内 ④近岡 ⑤牛山〕

マメコガネ
Popillia japonica

〈寄 主〉 アジサイ・キウイフルーツ・ツツジ類・バラ類・ブドウ・ブルーベリーなど；イチゴ・カンナ・キク・グラジオラス・コリウス・シバ・タチアオイ・ダリア・レザーファンなど；幼虫はシバほか多種植物の根部・サツマイモなど
〈生態・形態〉 地中で幼虫が越冬し、成虫は６月下旬～９月下旬に現れる。１‐２年に１世代を経過する。成虫の体長は９‐13 mm、金属光沢のある緑色で、前翅が褐色、腹節の縁に密生する白い短毛が縞模様に見える。雌成虫は地中に産卵する。終齢幼虫の体長は約 20 mm。九州・屋久島以北に分布。

アオドウガネ
Anomala albopilosa

〈寄 主〉 アジサイ・ガマズミ・キウイフルーツ・サザンカ・サンゴジュ・ツツジ類・ツバキ・バラ類・ブルーベリーなど；アスター・キク・ヒマワリなど；幼虫はシバほか多種植物の根部・サツマイモなど
〈生態・形態〉 地中で越冬した幼虫が、翌年の初夏に蛹化後、羽化して６～８月に出現する。雌成虫は夏季から秋季にかけて地中に産卵し、幼虫は各種植物の根などを摂食して成長する。年に１世代を経過する。成虫の体長 18‐25 mm、光沢のある濃緑色で、尾節板に長毛が密生する。幼虫は体長 35～50 mm に達する。本州～九州・屋久島に分布。

チョウ・ガ類 Butterflies, Moths（チョウ目）

完全変態を行い、幼虫は円筒形の柔らかい体で、葉を食害し、成虫は水分のみを摂取する種が多い。成虫の翅の表面が鱗粉で被われる。ドクガ類など、幼虫に毒針毛などをもち、確認や対処に注意が必要な種も存在する。幼虫の体長が 10 cm を超える大型種も多く、これらは食害量も甚大であり、被害が大きい。

〈対 処〉食葉被害などを注視し、幼虫を捕獲処分する。チャドクガの若齢幼虫は集団で発生するので、直接触れないようにして、寄生部位を小枝ごと剪除する。若齢幼虫期に薬剤散布を行う（「花き類」登録など）。

◆モンシロチョウ＝①老齢幼虫（上）・若齢幼虫（下）と葉の食害痕（クレオメ） ②蛹 ③卵 ④成虫

◆ツマグロヒョウモン＝⑤老齢幼虫 ⑥中齢幼虫と葉の食害痕（パンジー） ⑦蛹 ⑧雄成虫 ⑨雌成虫 〔竹内〕

モンシロチョウ

Pieris rapae（シロチョウ科）

〈寄 主〉アリッサム・キンレンカ・クレオメ（セイヨウフウチョウソウ）・ストック・ハナナ・ハボタン・ムラサキハナナ・ワサビなどアブラナ科植物

〈生態・形態〉成虫の体長は約 20 mm、前翅長は約 28 mm。翅は白色で、前翅翅端は黒色。前翅に 2 対、後翅に 1 対の黒斑をもつ。卵は黄色で幅 0.4 mm、高さ 0.6 mm の細長・半紡錘形、葉裏に 1 粒ずつ産卵される。幼虫は緑色で微毛を密生し、アオムシと呼ばれる。成熟幼虫は体長約 30 mm、蛹は約 20 mm で緑色～褐色。本州以南では、3 ～ 11 月に 5 - 6 回発生を繰り返し、蛹で越冬するが、暖地では幼虫で越冬することもある。全国に分布。

ツマグロヒョウモン

Argyreus hyperbius（タテハチョウ科）

〈寄 主〉スミレ類（パンジー・ビオラほか）

〈生態・形態〉南方系のタテハチョウで、近畿以西に分布していたが、1990 年代以降、東海・関東南部に棲息域を拡大し、現在では北関東にまで定着して、東北地方でも、夏季以降に成虫の飛来が観察される。休眠性はもたず、関東地域では幼虫や蛹が越冬する。成虫が 5 ～ 10 月にかけて現れ、年に 4 - 5 世代を経過して、秋季には個体数が多くなる。終齢幼虫は体長 50 mm に達し、黒色の地色に赤色の背線をもち、各節には 6 本の棘状突起がある。棘は先細り鋭く見えるが、柔らかくて手指に刺さることはなく、無毒である。成虫は開張 80 - 90 mm、雌雄で翅の色彩や模様が異なる。雄成虫の翅表は、他のヒョウモンチョウ類に似て、黄褐色の地色に黒色斑点が混じる、ヒョウ柄模様であるが、とくに後翅外縁の黒い縁どりは太く目立つ。雌成虫の翅表の縁どりも太く、前翅先端部にかけて、翅の半分は黒地で、太い白帯が入る。また、前翅の上縁基部は桃色を帯びる。卵は長径約 1 mm、短形約 0.8 mm の釣鐘型、葉裏などに 1 か所あたり 1 - 2 個が産下される。産卵直後は淡黄白色。関東以南に分布。

◆オオミノガ＝①食葉被害および蓑（サクラ）　②蓑および葉の食害痕（ハナショウブ）　③蓑（ドウダンツツジ）　④蓑と老齢幼虫（ヤマモモ）

チャノコカクモンハマキ＝⑤褐変した被害の状況　⑥糸を張り巻葉した中に潜む老齢幼虫と食害痕　⑦蛹（以上ヘデラ）　⑧雄成虫（ツツジ）

〔①近岡　②牛山　③-⑧竹内〕

オオミノガ

Eumeta variegata（ミノガ科）

〈寄 主〉イチョウ・イボタノキ・ウメ・カキノキ・サクラ類・サザンカ・カエデ類・カナメモチ・ガマズミ・サンゴジュ・ツツジ類・ツバキ・ナンテン・ポプラ・ブルーベリー・モクセイ類・ヤナギ類・ヤマモモなど多種の広葉樹・針葉樹：カンナ・イリス類・グラジオラス・ゼラニウムなど

〈生態・形態〉幼虫は、主に葉を利用して蓑をつくり、内部に潜みながら、食葉して成長する。幼虫は蓑を付けたまま移動する特徴がある。幼虫の形態で越冬し、成虫は年に 1 - 2 回出現する。蓑の形状はチャミノガよりやや大型で紡錘形（40 - 50 mm）となる。幼虫の体長は約 25 mm。雌成虫は翅・脚をもたず、蓑の中に 1,000 - 4,000 粒程度を産卵したのちも蓑の中にとどまる。本州以南に分布。

チャノコカクモンハマキ

Adoxophyes honmai（ハマキガ科）

〈寄 主〉アジサイ・イヌマキ・カナメモチ・カエデ類・コブシ・サクラ類・ツツジ類・ツバキ・ヒサカキ・ハナミズキ・バラ類・フジ・ヘデラ・ボケ・モクセイ類・モクレン・モチノキ類・ヤナギ類など；アサガオ・カーネーション・カランコエ・キキョウラン・キク・サルビア・シクラメン・シャクヤク・ダリア・ヒマワリ・ホトトギス・ユリ類・ラン類など

〈生態・形態〉幼虫で越冬し、年に 4 - 5 世代を経過する。幼虫は糸を吐き、葉を綴り合わせてその中に潜み、内部や周辺の若葉を食害する。幼虫は、綴り合わせた葉の中で蛹化する。老熟幼虫の体色は鮮緑色～黄緑色、体長約 20 mm に達する。成虫の開張は 13 - 21 mm、淡褐色で、前翅外縁に三角紋が入る。雄の斑紋は雌に比べて濃い。全国に分布。

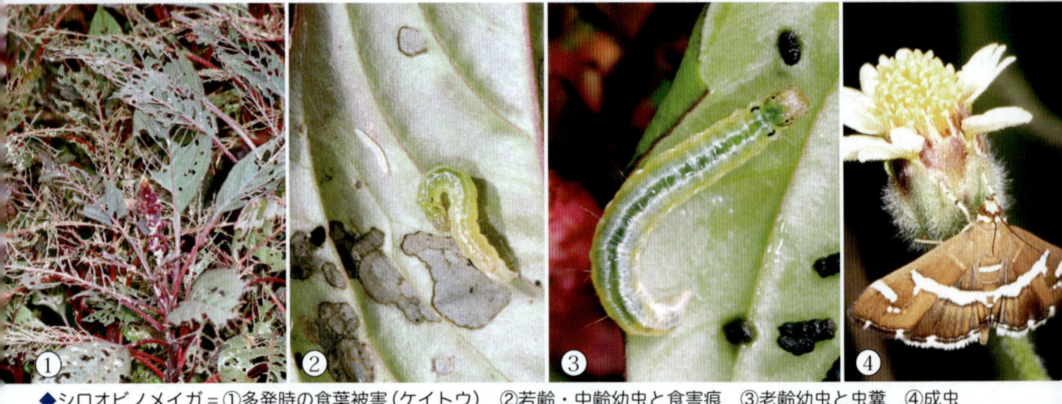

◆シロオビノメイガ＝①多発時の食葉被害（ケイトウ）　②若齢・中齢幼虫と食害痕　③老齢幼虫と虫糞　④成虫

◆チャドクガ＝⑤若齢幼虫集団　⑥中齢幼虫と食葉被害　⑦老齢幼虫　⑧毛で覆われた卵塊（以上ツバキ）　⑨雄成虫〔竹内〕

シロオビノメイガ

Spoladea recurvalis（ツトガ科）

〈寄 主〉 ケイトウ・スベリヒユ・センニチコウなど

〈生態・形態〉 休眠性はもたず、屋外での越冬は暖地（九州など）でも困難で、南方からの成虫の飛来によってのみ、その年の初発生が見られる。関東地域では6月頃から成虫が現れ、11月頃まで5 - 6世代を経過し、秋季の発生が多い。雌成虫は葉裏の葉脈沿いに数卵を産み付け、幼虫は葉裏で生活し、老熟すると地上に降りて、地中で蛹化する。成虫は昼間も吸蜜や繁殖活動のため、盛んに飛翔する。幼虫が葉裏から1～数頭で食害し、吐糸して葉を綴ることもある。幼虫は葉裏から、はじめ薄皮を残して食害するが、やがて小孔が空く。多発時には、黒色の虫糞が付いた葉脈のみが残り、生育や景観を著しく損ねることがある。終齢幼虫は体長15 - 20 mmで頭部は淡褐色、胴部は透けて緑色～淡黄緑色を帯びるが、白色の亜背線2本がやや目立つ。成虫の開張は20 - 25 mm、茶褐色の前・後翅中央部に白色の太い帯がある。全国に分布。

チャドクガ

Arna pseudoconspersa（ドクガ科）

〈寄 主〉 サザンカ・チャノキ・ツバキ

〈生態・形態〉 葉に産み付けられた卵塊で越冬して5～6月および8～10月に幼虫が現れ、年2世代を経過。ドクガ類の毒針毛は幼虫・幼虫の脱皮殻・繭・成虫・卵塊に存在し、長さ0.1 mm程度と微細で脱落しやすい。このため、各形態や残渣に直接触れた場合はもちろんであるが、毒針毛の飛散によっても、人にかぶれ等を発症することがある。老齢幼虫の体長は約25 mm、頭部橙黄色、胴部淡橙色で腹部各環節背面に、黒褐色の隆起・白色の側線が目立ち、長毛と毒針毛をもつ。本州～九州に分布。

◆オオタバコガ＝①花芯部を食害する老齢幼虫（コスモス）　②老齢幼虫と虫糞および葉の食害痕（ヒマワリ）　③老齢幼虫と蕾の食害痕（ダリア）　④花芯部を食害する老齢幼虫（ガーベラ）　⑤卵　⑥成虫

◆ハスモンヨトウ＝⑦中齢幼虫集団による葉の食害状況（ヒマワリ）　⑧中齢幼虫と萼の食害痕（キク）　⑨若齢幼虫集団と食害痕（スイートピー）　⑩毛で被われた卵塊　⑪成虫

〔竹内〕

オオタバコガ

Helicoverpa armigera armigera（ヤガ科）

〈寄 主〉 ハイビスカス・バラ類・フヨウ・ムクゲなど；アサガオ・アスター・カーネーション・カスミソウ・ガーベラ・カンナ・キク・キンギョソウ・グラジオラス・コスモス・シクラメン・タチアオイ・ナデシコ・ヒマワリ・ペチュニア・ホオズキなど

〈生態・形態〉 暖地や施設では、年４‐５回発生を繰り返し、とくに８～10月が多くなる。雌成虫は１卵ずつ産卵するので、幼虫の発生が集団になることはない。花雷の基部や成長点付近に産卵され、幼虫は蕾や成長点に潜り食害することが多い。幼虫の移動性は高く、食害部が広範にわたる。地中で蛹化し、蛹で越冬する。老齢幼虫の体長は40 mm前後で、体色には緑色から褐色まで変化がある。成虫の開張は約40 mmに達する。全国に分布。

ハスモンヨトウ

Spodoptera litura（ヤガ科）

〈寄 主〉 アリッサム・イリス類・オダマキ・カーネーション・キク・ギボウシ類・コスモス・スイートピー・ハボタン・ストック・ゼラニウム・ナデシコ・ハス・ヒマワリ・ペチュニア・ホオズキなど

〈生態・形態〉 年に４世代を経過するが、休眠性はもたず、暖地で越冬した個体が分散し、９～10月にもっとも多くなる。１‐３齢幼虫は灰色、４齢期以降は頭部後方の胴部に１対の黒紋が目立つ。成熟幼虫は体長40‐50 mmになり、体色は灰色・暗褐色・暗緑色と変異に富む。成虫は暗褐色の前翅中央部に、斜めに走る淡褐色の条紋をもつ。雌成虫は葉裏に卵を数層に積み重ねて、数百粒の卵塊として産下し、表面を黄褐色の鱗毛で被う。幼虫は６齢を経過後に、地中で赤褐色の蛹となる。全国に分布。

◆ヨトウガ＝①中齢幼虫集団による食葉害（キク） ②老齢幼虫と葉の食害痕（ゼラニウム） ③産下直後の卵塊 ④地中の蛹 ⑤成虫

◆カブラヤガ＝⑥株元を食害する中齢幼虫（アスター） ⑦地際部を切断して食害するカブラヤガ老齢幼虫（チャービル） ⑧株元にネキリムシ類の食害を受けて倒されたコスモス ⑨成虫

〔①-⑦⑨竹内 ⑧近岡〕

ヨトウガ

Mamestra brassicae（ヤガ科）

〈寄 主〉 イチョウ・バラ類など；アシタバ・アスター・アリッサム・イリス類・オダマキ・カーネーション・キク・ケイトウ・コスモス・サクラソウ・ジニア・ストック・ゼラニウム・ダリア・チューリップ・ナデシコ・ハナナ・ハボタン・ヒマワリ・ミント類・ユリ類など

〈生態・形態〉 成虫は年に2-3回発生し、地域によって発生時期がほぼ決まっている。本州では年2回発生で、幼虫の1回目の発生は5～6月下旬、6齢を経過して地中で蛹化する。この蛹態で夏眠に入るが、羽化期間は8月下旬～10月までである。卵は数十～数百粒の塊で産下される。幼虫は3齢期頃までは集団で、中齢期以降は分散して活動することが多い。幼虫は夜行性であるが、曇天下などでは昼間も活動する。秋季に発生した幼虫が、地中で蛹化後に越冬する。若齢幼虫は淡緑色、成長すると淡褐色・灰黄色など変異を生じるが、成熟幼虫は黒みを帯びることが多い。体表の刺毛はほとんど目立たない。頭部および胸脚は茶褐色、体長は約40 mmに達する。成虫の前翅長は約23 mm、前翅は暗灰褐色、黒紋や茶褐色斑などと、部分的に不鮮明な白い腎状紋がある。卵は約0.6 mmのやや平たい球形で産下直後は乳白色であるが、孵化間近になると紫がかった黒色に変わる。九州・屋久島以北に分布。

カブラヤガ

Agrotis segetum（ヤガ科）

〈寄 主〉 アサガオ・アスター・アリッサム・カモミール・キク・ケイトウ・コスモス・ストック・セージ・チャービル・バジル・ハボタン・プリムラ・マリーゴールド・ミント類ほか多種の植物

〈生態・形態〉 主に中齢～終齢幼虫が落葉下や地中で越冬し、年に3-4世代を経過して、とくに夏季の発生が多くなる。地中で蛹化するが、寒地では越冬できない。若齢幼虫の体色は淡緑色で、成長後は淡褐色～灰黄色。終齢幼虫は体長40-45 mmに達する。成熟幼虫になると、日中は浅い地中や株元に潜み、夜間に地際部付近を囓って倒伏させ、葉茎を地中に引き込んで食害する。タマナヤガなどと併せて「ネキリムシ類」と呼ばれる。全国に分布。

ハモグリバエ類　Leafminer, Leaf miner fly（ハエ目ハモグリバエ科）

成虫は1対の前翅と後翅が退化した平均棍をもつ。幼虫には附属肢がなく、全身を波打たせるようにして進む。幼虫や蛹、成虫の体長は約2～3 mmの種が多い。雌成虫が尾端の産卵管を植物組織に挿し込み、1粒ずつ産卵する。幼虫が葉の表皮下に潜孔して、内部組織を食害する。幼虫の潜孔痕は、黄白色・不規則な絵描き状の線となる。成虫は左右1対の翅をもつ。雌成虫による産卵痕・吸汁痕が白点として葉の表面に残ることも多い。広食性で農園芸上の害虫として著名な *Liriomyza* 属の仲間は、外観だけでは種の同定が難しい。

〈対 処〉 潜葉する幼虫を潰すか、寄生葉を摘除する。発生初期に薬剤散布を行う（「花き類」登録）。

◆ナモグリバエ＝①幼虫の潜葉食害による被害（キンレンカ）　②幼虫潜葉痕と雌成虫による吸汁・産卵痕（ヤグルマギク）　③坑道内の蛹　④雌成虫

◆マメハモグリバエ＝⑤幼虫による絵描き状の潜葉食害痕・蛹化のため葉から脱出した幼虫（カスミソウ）　⑥幼虫潜孔痕と雌成虫の吸汁・産卵痕（ガーベラ）　⑦蛹　⑧雌成虫

〔①-⑥⑧竹内　⑦近岡〕

ナモグリバエ

Chromatomyia horticola（ハモグリバエ科）

〈寄 主〉 アジサイ・フヨウ・マサキ・ヤツデなど；アリッサム・キク・キンギョソウ・ケイトウ・ジニア・スイートピー・ストック・ダリア・ツワブキ・ハナナ・ハボタン・ヒナゲシ・ヤグルマギクなど

〈生態・形態〉 秋～春季に数世代を繰り返すが、夏季には、本州以南ではほとんど見られなくなる。成虫は頭部から胸背・腹部までは灰黒色、額部のみ黄色で体長は1.7 - 2.5 mm。幼虫が老熟すると、食害部（潜孔内）で褐色～黒色の蛹となる。雌成虫は尾端の産卵管を、葉の表面に刺し込んで産卵を行ったり、滲出する汁液を舐食する。全国に分布。

マメハモグリバエ

Liriomyza trifolii（ハモグリバエ科）

〈寄 主〉 アスター・カスミソウ・カーネーション・ガーベラ・キク・ジニア・ダリア・トルコギキョウ・トレニア・ナデシコ・マリーゴールドなど

〈生態・形態〉 本種を含め、本属におけるいずれの種（トマトハモグリバエ、ナスハモグリバエなど）も成虫の頭部・胸部側板等は黄色、胸部等は黒色など、形態に加え、寄生や被害様式が酷似して、目視での種の特定は困難。成虫の体長は約 2 mm、幼虫は体長約2.5 mmに達し、淡黄色～乳白色。蛹は褐色で俵状、長径約2 mm。老熟幼虫は潜孔内から脱出し、地上に落ちて蛹化する。全国に分布。

ハバチ類 Sawfly（ハチ目）

幼虫が葉を食害する。葉や茎部の組織内で産卵が集中的に行われるため、幼虫による食葉被害も局所的に顕著となる傾向がある。葉の主脈だけを残した激しい食害症状を呈することが多い。幼虫はチョウあるいはガの幼虫の外観に似るが、腹脚の数が多く、ハバチ類の幼虫の腹脚は5対以上ある。

〈対 処〉 食葉被害を注視し、幼虫が若齢期の集団のうちに葉ごと除去処分する。成虫は捕殺する。

◆チュウレンジハバチ＝①中齢幼虫の集団による葉の摂食状況 ②茎部産卵部位の傷痕
◆アカスジチュウレンジハバチ＝③老齢幼虫と食葉被害 ④雌成虫のバラ茎部への産卵（①-④バラ）

◆ルリチュウレンジ＝⑤葉脈のみが残った食葉被害 ⑥若齢幼虫の集団による葉の摂食状況 ⑦老齢幼虫と葉の食害痕
⑧雌成虫と葉内への産卵行動によって生じた葉縁の円い膨らみ（⑤-⑧ツツジ） 〔①②④⑦⑧竹内 ③⑤⑥近岡〕

アカスジチュウレンジハバチ
チュウレンジハバチ（ミフシハバチ科）

〈寄 主〉 バラ類・ハマナス

〈生態・形態〉 アカスジチュウレンジハバチ（*Arge nigronodosa*）＝地中の繭内に前蛹で越冬後、5月頃に羽化する。雌成虫は若枝の内部を縦に傷付けて30-40個の卵を茎内に産み付ける。幼虫は5〜6月から現れて、年に2-4世代を経過する。終齢幼虫の体長は約20 mm、頭部は橙黄色（亜終齢までは暗色）、脚部は淡緑色で、黒色斑が混じる。胸・腹部は黄緑色〜黄褐色、多数の点状斑紋をもち、気門下の黒斑紋は大きい。若齢期には、体節の黒点状斑紋は見られない。腹部の脚は疣状で、胸部の脚で葉をつかみ、腹部を上方へと持ち上げる姿勢が特徴的である。チュウレンジハバチ（*A. pagana*）＝前蛹が地中の繭内で越冬後、5月頃に羽化する。雌成虫は若枝の内部に30-40個の卵を産み付ける。幼虫は5〜6月から現れ、年2-4世代を経過。終齢幼虫は体長約8-15 mm、頭部・脚部は黒褐色、若齢時から胸・腹部の背面・側面に黒色小斑をもつ。腹部の脚は疣状である。両種とも九州以北に分布。

ルリチュウレンジ

Arge similis（ミフシハバチ科）

〈寄 主〉 ツツジ類

〈生態・形態〉 地中の蛹で越冬して、年3世代を経過する。成虫は5月頃から現れ、葉縁の組織内に産卵管を刺して30-40卵産み付け、孵化した幼虫は葉縁に並んで葉を摂食するが、成長とともに徐々に分散する。老熟すると地中に繭をつくり、その中で蛹化する。成虫の体長はおよそ9 mm、全体が光沢のある青藍色。翅は黒色で半透明。幼虫の頭部は黒褐色、腹部は黄緑色、各環節には多数の小黒点を散らし、体長は25 mm前後。全国に分布。

◆アジサイハバチ＝①葉の円形食害痕と葉脈だけを残すような激しい被害（アジサイ）　②中齢幼虫と食害痕
③葉の内部に産み込まれた卵　④雄成虫＝求愛行動の様子　⑤雌成虫

◆カブラハバチ＝⑥幼虫と葉の食害痕（アリッサム）　⑦老齢幼虫　⑧成虫　◆セグロカブラハバチ＝⑨幼虫
◆ニホンカブラハバチ⑩幼虫と葉の食害痕（ワサビ）

〔①③④近岡　②⑤-⑩竹内〕

アジサイハバチ

Perineura okutanii（ハバチ科）

〈寄主〉 アジサイ

〈生態・形態〉 年に1世代を経過する。繭内の蛹で夏～冬季を越し、成虫が3月下旬～4月中旬に現れる。成虫の体長は8 mm前後、交尾後に未展開葉の葉裏内部に産卵する。幼虫期間は約30日で、5月中下旬に老熟すると体長約20 mmになり、地上に降りて浅い地中で繭を形成する。孵化幼虫は主に葉裏に脱出して葉を食べ、小さな円い孔を空ける。被害は4月下旬頃から目立つようになる。発生が多いと、葉脈を残した食害葉が増え、花雷（萼片）も食害される。前年に被害を受けた株は、翌年も続けて発生する傾向がある。本州～九州に分布。

カブラハバチ
セグロカブラハバチ
ニホンカブラハバチ（ハバチ科）

〈寄主〉 アリッサム・クレオメ・ストック・ナバナ類・ハボタン・ワサビなどアブラナ科植物

〈生態・形態〉 3種とも幼虫はナノクロムシと呼ばれる。イモムシ様の黒い虫で、体長15-18 mm。カブラハバチ（*Athalia rosae*）は全身が黒色。セグロカブラハバチ（*A. lugens*）はやや色が薄く、灰藍色で体側に13個の黒紋がある。ニホンカブラハバチ（*A. japonica*）は黒く、疣状の突起をもつ。成虫は体長約7 mmのハチで、頭部と翅は黒色。セグロカブラハバチ（以下セグロ）は胸部背面が黒い。カブラハバチ（以下カブラ）とニホンカブラハバチ（以下ニホン）は胸部が朱色、カブラでは脚部が白と黒のまだらなのに対して、ニホンの脚部は黒い。平地では盛夏期に少なく、春・秋季に多発するが、高冷地では夏季～初秋の発生が多い。成熟した幼虫は地上に降りて、地中で繭をつくり、その中で蛹化するが、越冬は繭内の幼虫態のまま行われる。雌成虫は葉周縁部の葉肉内に1卵ずつ、1箇所に数個～十個程を産み込む。ニホンは年に2回、カブラは5-6回、セグロは6世代以上を繰り返す。幼虫に触れるとすぐに落ちて丸くなる特性がある。風通しが悪い場所で集中的に発生しやすい。全国に分布。

池畔のチューリップ花壇（国営昭和記念公園）

II

緑地・花壇の土着天敵類

◆ナナホシテントウ＝①成虫（左）と中齢幼虫（右） ②老齢幼虫 ◆ナミテントウ＝③－⑥成虫（翅の色や斑紋数に著差がある）

◆ナミテントウ（続）＝⑦卵塊 ⑧孵化した若齢幼虫 ⑨蛹 ◆クロヘリヒメテントウ＝⑩中齢幼虫

〔竹内〕

テントウムシ類

ナナホシテントウ・ナミテントウ・ダンダラテントウ・ヒメカメノコテントウ
クロヘリヒメテントウ・コクロヒメテントウ （コウチュウ目テントウムシ科）

〈捕食対象〉 幼虫・成虫；アブラムシ類・カイガラムシ類・キジラミ類など

〈生態・形態〉 日本には約180種が分布するが、半数以上は体長5 mm以下の小型種である。日本に棲息するテントウムシ類には、植食性・肉食性・菌食性の種が含まれる。植食性の種は約10種、菌食性種は4種で、それ以外は肉食性である。ニジュウヤホシテントウなど植食性の種は、害虫として扱われるが、ナナホシテントウ・ナミテントウなどの肉食性種は、アブラムシ類などの害虫を捕食し、微小なダニヒメテントウ類なども、ハダニ類を主に捕食することから、益虫とされている。ナナホシテントウやナミテントウの幼虫・成虫いずれも、1頭あたり1日に10－100頭のアブラムシを捕食する。

◆クロヒラタアブ＝①ユキヤナギアブラムシを捕食する中齢幼虫　②成虫

◆ホソヒラタアブ＝③老齢幼虫　④蛹　⑤雌成虫

◆フタホシヒラタアブ卵

◆フタテンヒラタアブ（続）＝⑦老齢幼虫　⑧雌成虫

◆フタスジヒラタアブ老齢幼虫

〔①-⑧竹内　⑨近岡〕

ヒラタアブ類

クロヒラタアブ・ホソヒラタアブ・フタホシヒラタアブ・フタスジヒラタアブなど　（ハエ目ハナアブ科）

〈捕食対象〉 幼虫；アブラムシ類・カイガラムシ類・チョウ目幼虫など

〈生態・形態〉 ヒラタアブ類の幼虫は、無脚のウジ虫で葉茎部に棲息し、アブラムシ類を鋭い口器で捕らえて体液を吸汁する。幼虫１頭が１日にアブラムシ数十～数百頭を捕食する。主に成虫が活動量を落として越冬するが、暖かい日は訪花活動することもある。暖地では幼虫でも越冬し、早春から活動し始めて、秋季まで数世代を経過する。雌成虫がアブラムシのコロニー近傍に１粒ずつ産卵する。成虫は吸蜜や繁殖活動のために、空中でホバリングしながら静止する特徴的な飛翔を行う。

◆ヨツボシクサカゲロウ＝①老齢幼虫　②成虫　③産付された卵

◆ヤマトクサカゲロウ＝老齢幼虫　◆カオマダラクサカゲロウ＝⑤背面に塵を載せて活動する中齢幼虫　⑥繭

◆カオマダラクサカゲロウ（続）＝⑦成虫　〔竹内〕

クサカゲロウ類

ヨツボシクサカゲロウ・ヤマトクサカゲロウ・カオマダラクサカゲロウ（アミメカゲロウ目クサカゲロウ科）

〈捕食対象〉 幼虫・成虫（一部の種）；アブラムシ類・カイガラムシ類・ハダニ類・アザミウマ類など
〈生態・形態〉 日本にはおよそ 40 種が分布し、幼虫はすべて肉食種である。落葉下などで成虫や前蛹で越冬し、年に数世代を経過する。雌成虫は「ウドンゲの花」と呼ばれる長い柄の付いた卵を、幼虫の食餌となるアブラムシ類などのコロニーの近傍に産み付ける。そして、数か月の生存期間に数百～数千個の卵を産下する。幼虫は活発に移動しながら、1 頭あたり、1 日に 100 - 400 頭のアブラムシを捕食する。成虫は緑黄色の体に翅脈の目立つ、透明な翅をもち、灯火によく集まる。幼虫には、脱皮殻などを自らの背面に載せて、外敵から身を守ると推察される塵載せ型と、それをしない通常型がいる。

◆ショクガタマバエ＝①ワタアブラムシを捕食中の幼虫　②雄成虫

タマバエ類

ショクガタマバエ・ハダニタマバエなど　（ハエ目タマバエ科）

〈捕食対象〉 幼虫；アブラムシ類・ハダニ類など

〈生態・形態〉 タマバエ類は、成虫の体長が 1 - 3 mm と小型であり、植食性・菌食性・肉食性の種が含まれる。植物に寄生して、虫えいを形成する種が多い。幼虫がアブラムシ・カイガラムシ・コナジラミ・ハダニなどを捕食する種は益虫として知られている。ショクガタマバエは全国に分布し、幼虫が多種のアブラムシを捕食する。1 頭の幼虫が成虫になるまでに 100 頭程度のアブラムシを捕食する。幼虫は体長約 3 mm、紡錘形で無脚。成虫の体長は翅端までで約 2.5 mm、脚部は細長い。ハダニタマバエ幼虫は主にハダニ類を捕食し、体長約 1.5 mm 。

◆アブラバチ類の一種＝③アブラムシの体内に寄生し、そこで蛹化して膨らんだマミー（寄主：コミカンアブラムシ）
④脱出痕のあるマミー（左上）・産卵行動する成虫（寄主：ダイコンアブラムシ）　〔①②④竹内　③近岡〕

アブラバチ類

ギフアブラバチ・ダイコンアブラバチなど　（ハチ目コマユバチ科）

〈捕食対象〉 幼虫；アブラムシ類など

〈生態・形態〉 成虫の体長 2 - 3 mm、雌成虫がアブラムシを探索し、産卵管を挿してアブラムシ体内に産卵する。孵化した幼虫がアブラムシの組織を摂食する内部寄生種。終齢幼虫はアブラムシの外皮を利用してマミー（蛹）となる。日本には約 80 種が棲息。ギフアブラバチは全国に分布。幼虫はモモアカアブラムシなどに寄生して、1 頭の雌が生涯に約 500 頭のアブラムシに産卵する。ダイコンアブラバチはニセダイコンアブラムシなどに寄生する。

◆ナミハダニ成虫を捕食するカブリダニ類の一種　〔竹内〕

カブリダニ類

ミヤコカブリダニ・ケナガカブリダニなど

（ダニ目カブリダニ科）

〈捕食対象〉 ハダニ類・アザミウマ類など

〈生態・形態〉 日本に棲息するカブリダニ類は100種ほどで、果樹園・果菜類の畑や茶園などに発生する。ハダニ・サビダニ類、アザミウマ類などを捕食する種が多い。雌成虫の体長は0.4 mm前後。ミヤコカブリダニは全国に分布し、ナミハダニなどの卵や幼虫・成虫を捕食する。植物の花粉も摂食するために、飢餓耐性が高い。高温・高湿を好む。

◆ナミハダニのコロニー近傍のハダニアザミウマ成虫〔竹内〕

アザミウマ類

ハダニアザミウマ（アザミウマ目アザミウマ科）
アカメガシワクダアザミウマ（同クダアザミウマ科）
アリガタシマアザミウマ（同シマアザミウマ科）

〈捕食対象〉 ハダニ類・アザミウマ類など

〈生態・形態〉 肉食性のアザミウマで、ダニ類、アザミウマ類、アブラムシ類などを捕食する。ハダニアザミウマは花壇にも棲息し、幼虫・成虫ともナミハダニなどの卵・幼虫・成虫を捕食する。アカメガシワクダアザミウマ・アリガタシマアザミウマなどは成虫の体長が2 mmを越える大型種。

◆ハダニクロヒメテントウ＝①終齢幼虫　②蛹　③成虫　〔竹内〕

ダニヒメテントウ類

ハダニクロヒメテントウ・キアシクロヒメテントウ　（コウチュウ目テントウムシ科）

〈捕食対象〉 幼虫・成虫；ハダニ類・フシダニ類など

〈生態・形態〉 ダニヒメテントウ類は、成虫の体長1‐2 mmで、ハダニ類を捕食する天敵として知られ、約90種が世界各地に棲息する。日本にはハダニクロヒメテントウ（成虫の体長約1.4 mm）など6種ほどが確認されている。カブリダニ類と比較すると、ハダニに対して高い捕食能力をもつ。

◆ヒメハナカメムシの一種＝①若齢幼虫　②老齢幼虫　③成虫　〔竹内〕

ヒメハナカメムシ類

タイリクヒメハナカメムシ・ナミヒメハナカメムシ
コヒメハナカメムシなど　（カメムシ目ヒメハナカメムシ科）

〈捕食対象〉 幼虫・成虫；アザミウマ類、アブラムシ類、ハダニ類など
〈生態・形態〉 日本には数種が耕作地などにおいてふつうに棲息する。微小な種であるが、長い口吻をアザミウマなどの虫体や卵に突き刺し、体液を吸収して捕食する。また、植物の茎葉から汁液を吸汁したり、花粉も食餌とする。タイリクヒメハナカメムシは関東以南に分布し、ナミヒメハナカメムシ、コヒメハナカメムシなどと混棲している。成虫は体長約 2 mm、頭部・前胸背は光沢のある黒色。

◆アカメガシワクダアザミウマ幼虫

◆アリガタシマアザミウマ幼虫　〔竹内〕

アザミウマ類

アカメガシワクダアザミウマ（アザミウマ目クダアザミウマ科）
アリガタシマアザミウマ（同シマアザミウマ科）

〈捕食対象〉 幼虫・成虫；アザミウマ類・アブラムシ類・ハダニ類など
〈生態・形態〉 肉食性のアザミウマ。主にアザミウマ類の幼虫・成虫を捕食するが、アブラムシ類やハダニ類、チョウ目の卵、花粉なども食餌とする。アカメガシワクダアザミウマの成虫はアザミウマ 2 齢幼虫を 1 日当たり 5 - 10 頭捕食する。雌成虫は体長約 2 mm、アリガタシマアザミウマは約 2.8 mm。

◆シロヘリクチブトカメムシ＝アワヨトウ幼虫を捕食する成虫

◆シマサシガメ＝ウリハムシモドキ成虫を捕食する成虫（胸部背面に赤色のタカラダニ幼虫が寄生）

〔①竹内(純)　②竹内〕

カメムシ類

シロヘリクチブトカメムシ（カメムシ目カメムシ科）・シマサシガメ（同サシガメ科）

〈捕食対象〉 チョウ目幼虫・ハバチ類幼虫・ハムシ類・クモ類など

〈生態・形態〉 本州以南に分布するシロヘリクチブトカメムシ（成虫の体長は約 15 mm）は幼虫・成虫ともチョウ目幼虫を好んで捕食する。本州～九州に分布するシマサシガメ（成虫の体長は約 18 mm）は植物上で単独活動して、チョウ目幼虫やハムシ類の成虫を捕らえ、口吻を挿して吸汁する。

◆③キアシナガバチ＝チョウ目幼虫を団子状にする成虫
◆④セグロアシナガバチ＝モンシロチョウ幼虫を団子状にする成虫
◆⑤ミカドトックリバチ＝マエアカスカシノメイガ幼虫を捕獲する成虫

〔竹内〕

アシナガバチ類・トックリバチ類

キアシナガバチ・セグロアシナガバチ・ミカドトックリバチ　（ハチ目スズメバチ科）

〈捕食対象〉 チョウ目幼虫・クモ類など

〈生態・形態〉 アシナガバチ類は女王バチが越冬して、4 月下旬頃から営巣活動を始め、年に 1 世代を経過する。5 月頃から働きバチが誕生し始め、7 月頃に巣が最大となり、8 月中旬頃に新女王が生まれる。チョウ目幼虫やバッタ類などを狩り、団子状にして巣に持ち帰り、幼虫の餌とする。なお、アシナガバチ類の刺傷により、人にアレルギー性の重篤なアナフィラキシーを起こす危険性がある。

トックリバチ類の成虫は、泥土でトックリ型の巣を、枝や壁などにつくり、卵を産付後、シャクトリムシ・メイガなどのチョウ目幼虫を狩り、針を刺して麻酔し、仮死状態にして数頭詰め込む。孵化した幼虫は、それらの幼虫を餌として成長する。

◆ギンケハラボソコマユバチ＝①②繭殻と羽化した成虫（寄主；ウラグロシロノメイガ）

◆コナガサムライコマユバチ＝③成虫　④繭

◆アオムシサムライコマユバチ＝⑤モンシロチョウ幼虫の体内から脱出した幼虫が営繭する　⑥繭から羽化した成虫

〔竹内〕

コマユバチ類

ギンケハラボソコマユバチ・コナガサムライコマユバチ
アオムシサムライコマユバチ　（ハチ目コマユバチ科）

〈捕食対象〉 チョウ目幼虫・ハエ類・アブラムシ類・カイガラムシ類・コウチュウ類・ハチ類・クモ類など

〈生態・形態〉 コマユバチ科は他の昆虫への寄生蜂の大きな種群で、内部寄生者が多く、日本には300種以上が分布。成虫の体長は3 mm程度の小型種が多い。雌成虫は寄主に産卵管を挿して体内に産卵する。孵化した幼虫は、寄主の体内で組織を摂食して成長する。成熟すると体内または体外に脱出して繭を紡ぎ蛹化する。アブラムシにはアブラバチ類が寄生する。チョウ目幼虫に寄生するサムライコマユバチ類は国内におよそ100種が分布。コナガを寄主とするコナガサムライコマユバチ、モンシロチョウに寄生するアオムシサムライコマユバチ、ヤガ類やメイガ・シャクガ類ほか多種に寄生できるギンケハラボソコマユバチなどが広く分布する。

◆①ジョロウグモ＝雌成体　◆②ササグモ＝コマツナ葉上の雌成虫　◆③ワカバグモ＝アカビロウドコガネを捕らえた雌成体　◆④ウロコアシナガグモ＝ハエ類の成虫を捕獲した雄生体　◆⑤アリグモ＝クモ類を捕らえた雄成体　◆⑥ハナグモ＝雌成体と幼体（下）　◆⑦ネコハエトリ＝ヒメナガカメムシを捕らえた成体　◆⑧ウヅキコモリグモ　〔竹内〕

クモ類

ジョロウグモ（クモ目ジョロウグモ科）
ササグモ（同ササグモ科）
ハナグモ（同カニグモ科）
アリグモ（同ハエトリグモ科）
ウロコアシナガグモ（同アシナガグモ科）
ワカバグモ（同カニグモ科）
ネコハエトリ（同ハエトリグモ科）
ウヅキコモリグモ（同コモリグモ科）

〈捕食対象〉 チョウ類・ハエ類・ウンカ類・ヨコバイ類・アリ類など

〈生態・形態〉 クモ類は小型昆虫などを対象とした捕食性動物で、その行動パターンから、網を張って昆虫などを捕食する造網性の種、網を張らずに待ち伏せして狩猟する待機型の種、比較的広く移動して狩猟行動する徘徊型の種などに分類される。卵や幼体で越冬し、多くの種は年に１世代を経過する。

III

害虫診断および対処の実践

害虫診断および対処の実践

樹木類等の木本植物を対象とした「花木・緑化観賞樹木の病害虫診断図鑑」（植物医科学叢書No.6）および草本植物を対象とした「花壇・緑地草本植物の病害虫診断図鑑」（同 No. 7）のそれぞれの害虫編においては、植物種ごとに発生する害虫とその対処法を解説した。本書の害虫編「I」においては、現地では害虫の形態観察からその種類を診断することが多いこと、および携帯しやすいハンドブックとして紙面をコンパクトにまとめ、草本・大本植物に発生する害虫種とグループごとに項目を構成し、それぞれの発生生態や寄主植物の範囲、さらには対処法のポイントなど、現場での診断力を向上できるように工夫した。本章では、これらを補完し、未記載の害虫被害であっても、害虫種のある程度の類推や、その対処が可能となるよう、主な害虫の種類とその分類・害虫の生態的特性・害虫の加害様式および被害・害虫の対処方法・防除の必要性を低減する方策について類型化し、それらの概要を解説した。草本・木本植物を問わず、花壇や緑地における、植物全般の健康管理と病害虫への対処を総合的に考慮しつつ、快適な癒しの空間となるよう、エリア内植物の保全を図っていくことが望まれる。もちろん、病害編を含めてのことであるが、本書において記述の足りない点などについては、ぜひ前掲の 2 冊の「図鑑」を参照・活用していただき、緑地・花壇植物等の現地診断に少しでも役立ってほしいと願う。

〔主な害虫の種類とその分類〕

01 害虫の定義と種類

害虫（pest）とは、人間に直接あるいは間接的の不利益・被害を及ぼすような昆虫類、ダニ類、ナメクジ・カタツムリ類、線虫類などの有害小動物を総称する。ただし、ここでは衛生害虫・不快害虫・食品害虫・財産に対する害虫などは解説の対象から除外した。昆虫群は30の「目（もく）」に分類されるが、最大の種数を有するコウチュウ目が 30 万種以上で、全昆虫種の 4 割以上を占めている。次いで、チョウ目・ハチ目・ハエ目・カメムシ目の順に種数が多く、これら 5 つの分類群に、全昆虫種数のおよそ 9 割が含まれている。日本に棲息している昆虫の既知種数は、およそ 3 万種（日本産昆虫総目録, 1989）であるが、農林害虫としては約 2,900 種が記録されている（農林有害動物・昆虫名鑑, 2006）。害虫の種類別に占める割合をみると、チョウ目（885 種）、カメムシ目（813 種）、コウチュウ目（689 種）、ハエ目（258 種）、ハチ目（104 種）、バッタ目（66 種）およびアザミウマ目（44 種）が大きいグループである（図 1）。次項において、目ごとに主要なグループ（科名やグループ名を「類」として表記）を挙げてみたい。昆虫を除く、有用植物の害虫として、ダニ類（昆虫類と同様節足動物門に属するが、分類上はクモの仲間で、成体は原則として 8 本の脚をもつ）、線虫類（線形動物門）、軟体動物が挙げられる。なお、線虫類やフシダニ類による障害は、微生

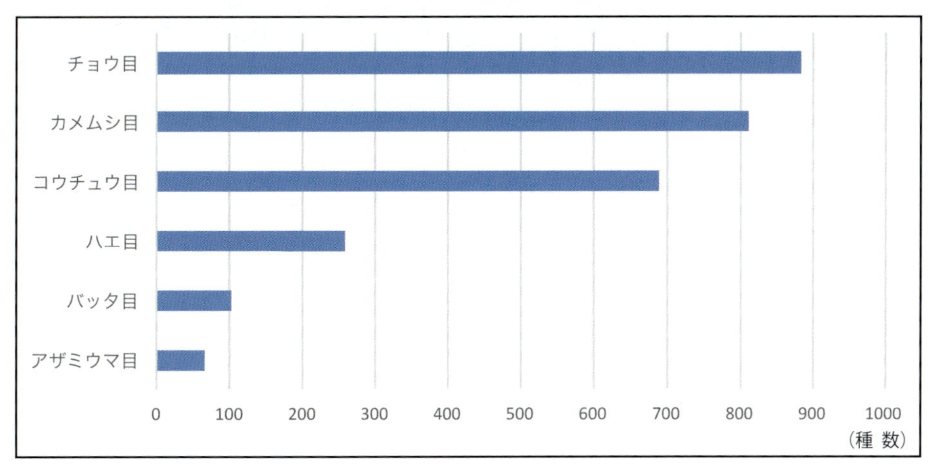

図1 「農林害虫」における昆虫の「目」別の種数 〔農林有害動物・昆虫名鑑（1989）より作図〕

物病（病害）としても扱われ、被害の大きな種類では病名が付けられる症例もある。

＊青色の網掛けは「専門用語」「強調したい用語」などに施した；以下の項目も同様。

02 主要害虫の分類

（1）線形動物門

植物寄生性線虫は、ハリセンチュウ目に所属している。主に土壌中で棲息し、根に潜って内部組織を摂食するほか、外部から毛根を摂食する、ネグサレセンチュウ類（図2）と、根の内部に侵入し、周辺細胞の異常分裂を起こして、根瘤状に肥大・奇形化（図3）させ、自らは運動性を失い、摂食・成長する、ネコブセンチュウ類が代表的な種群である。ネグサレセンチュウ類の寄主範囲はごく広く、日本では20種ほど確認されている。ネコブセンチュウ類も著しく広食性で、とくにサツマイモネコブセンチュウは、ほとんどの科の植物に寄生できる。一方、シストセンチュウ類は、乾燥等過酷な環境でも生き残ることができるシスト

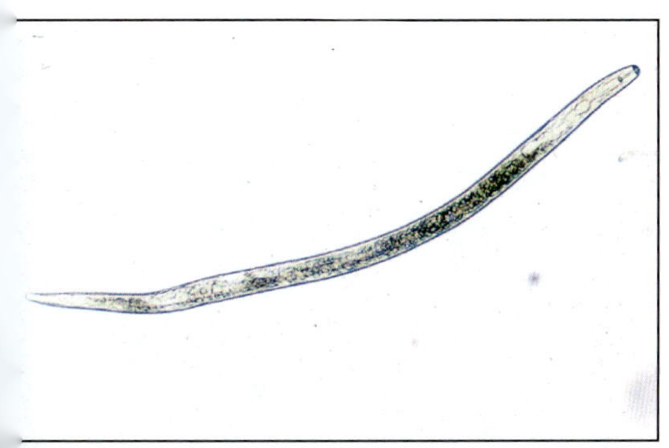

図2 キタネグサレセンチュウ（雌成虫） 〔近岡〕
体長約 0.6 mm；寄主：キク

図3 ネコブセンチュウの被害 〔竹内〕
寄主：トルコギキョウ

を形成することが特徴で、寄主範囲がごく狭い。またアフェレンコイデス科には、植物体の芯・芽・葉などの地上部組織に寄生する、イチゴセンチュウ・ハガレセンチュウや、松枯れの原因線虫である、マツノザイセンチュウなど農林業・園芸上の重要種が含まれる。

〔主な害虫種〕ネコブセンチュウ類（サツマイモネコブセンチュウ・キタネコブセンチュウ）、ネグサレセンチュウ類、ハセンチュウ類（ハガレセンチュウ・イチゴセンチュウ）

（2）軟体動物門

軟体動物は節足動物に次ぐ大きな動物群であり、その多くは貝殻をもつ貝類であるが、二次的に貝殻の消失したイカ・タコ・ウミウシ・ナメクジ等を含む。日本では、軟体動物のうち三十数種が害虫として知られ、いわゆるカタツムリとナメクジを含む。農業上重要な種としてはウスカワマイマイ（図4）やオカモノアラガイ、南西諸島・小笠原諸島に分布するアフリカマイマイ、オナジマイマイなどが挙げられる。日本に棲息する主なナメクジは、ナメクジ科のナメクジ・ヤマナメクジ、コウラナメクジ科のチャコウラナメクジ・ノハラナメクジなどである。このうち、外来種のチャコウラナメクジ（図5, 6）は、ごくふつうに見られる種で、人家近くに棲息し、様々な農作物や緑地植物を食害する。

図4　ウスカワマイマイと食害痕　〔図4-6：竹内〕

（3）節足動物門

節足動物には、昆虫類・ダニ類などの主要な害虫類、ならびに甲殻類・クモ類・ムカデ類などを包括し、動物群の中でもっとも多様性に富んで、かつきわめて大きなグループである。それらの共通的な形態的特徴を列挙してみると、体表がキチン質・石

図5　チャコウラナメクジ成体

図6　チャコウラナメクジ卵塊と幼体

灰分などを含む外骨格に被われ、左右対称の体節を有し、各節にはふつう一対の付属肢がある。体は頭部・胸部・腹部に分かれるが、頭部と胸部が癒合して頭胸部となる種類もある。以下、害虫と認知されている種に絞って紹介してみよう。

図7　カンザワハダニのコロニー　(p *222* 参照)
寄主：サルビア　〔竹内〕

1）クモ綱

a. ダニ目（p *221* - *222* 参照）

体長 0.1 〜 4 mm 程度で、肉眼では確認できないほどに微小な種もある。食性は吸血性・捕食性・植物食性・菌食性などと様々である。ダニの仲間で、草花・草本植物・農作物などの害虫として問題になる種類は、ハダニ類・フシダニ（サビダニ）類・ホコリダニ類・コナダニ類・ネダニ類である。これらのダニ類は繁殖率がきわめて高く、急激に増加しながら、短期間で世代を繰り返すことから、一般に薬剤抵抗性を獲得しやすい。一方で、カブリダニ類の中には、ハダニ類などの植物寄生性ダニ類や、アザミウマ類など、微小害虫の捕食者（天敵）として農薬（生物防除資材）登録されている種もある。

〔主な害虫種*〕ハダニ類（カンザワハダニ ＝ 図7・ナミハダニ、ミカンハダニ)、フシダニ類（ツツジサビダニ）、ホコリダニ類（チャノホコリダニ）

＊淡桃色の網掛けがある害虫種は、いずれも本書Ⅰ（庭木・緑化樹木・草花の主な害虫）に登載されていることを示す；以下の項目も同様。

2）昆虫綱

〔昆虫類の形態的特徴〕

上述したように、昆虫の種類は他の動物群と比べて圧倒的に多く、多岐にわたって形態が分化しているので、専門家であっても同定分類することは容易でないだろう。近年は同定に際して、遺伝子解析の技術も用いられるようになっているが、現地で迅速な対応を行うためには、形態観察に基づく分類手法は欠かせないものである。そこで、以下に昆虫（成虫）の基本形質の特徴の一部を列記したが、原則的な基本形に合わない種もあり、それらの特徴はそれぞれの「目」の項で記した。なお、昆虫は変態を行うため、幼虫期または蛹期などの形態がまったく異なるものが多く、種によっては幼虫や蛹による分類も試みられている。

① 体は固い皮膚で被われており、おおよそ左右相似の形状を示し、頭部・胸部・腹部の3部位に区分される。

② 頭部には一対の触角、および一対の複眼と、3個までの単眼（個眼ともいう）をもって

いるが、それらに加えて、摂食・吸汁用の口器がある。

③ 胸部は3環節に分かれ、それぞれに一対の脚、中・後胸に各一対の翅がある。

④ 腹部は通常10～11節に分かれており、生殖器官を有する。

⑤ 呼吸系は管状を呈した気管で組成されており、気門を併せもっている。

⑥ 成長の間に変態を行うものが多いが、成虫は脱皮しない。

a. バッタ目（p *216* 参照）

幼虫・成虫とも同じ食性で、オンブバッタ・イナゴ類など、バッタ亜目のほとんどは植物食性であるが、コオロギやキリギリスなどを含むキリギリス亜目では、雑食性や肉食性のものも多い。バッタ目害虫の代表種であるオンブバッタは、とくに寄主範囲が広い。

〔主な害虫種〕オンブバッタ＝図8（網掛けはⅠに登載）

b. アザミウマ目（p *217*‐*220* 参照）

微小で細長い棒状の翅の基部に、細かい房状の毛が密生する。成虫の飛翔能力は高くはないが、風に乗り長距離移動する。英名（Thrips）からスリップスとも呼ばれる。不完全変態もしくは完全変態を為す昆虫の、中間的な位置にある種類と考えられ、成虫になる前に外観的な形態変化は伴わないが、ほとんど動かず、蛹のような時期を経過する。長い口吻(こうふん)はないものの、次項のカメムシ目と同様に、吸収型の口器を有し、植物組織に突き刺して吸汁したり、破壊した組織などを舐食(ししょく)する。植物寄生種の他には、菌類の胞子・菌糸だけを摂食する種、あるいは他のアザミウマ類・カイガラムシ類・ダニ類などを捕まえて摂食する、肉食性種（p *253*）も存在する。なお、アザミウマ類のある種（植物寄生種）は、野菜・花卉類を中心とした、特定の植物ウイルスを伝搬する重要な媒介者でもある。

〔主な害虫種〕アザミウマ類（チャノキイロアザミウマ・クロトンアザミウマ＝図9・ヒラズハナアザミウマ・ミカンキイロアザミウマ・ネギアザミウマ）（網掛けはⅠに登載）

図8　オンブバッタ雌（下）雄成虫　（p *216* 参照）
寄主：カンナ

図9　クロトンアザミウマ成虫　（p *217* 参照）
寄主：レザーファン
〔図8, 9：竹内〕

c. カメムシ目（p *223-232* 参照）

この目の昆虫は、基本的に卵、幼虫および成虫の形態からなり、蛹の形態を経ずに、幼虫が直接成虫に変態する不完全変態の種群である。これらの種群はいずれも、成虫や幼虫が針状の口針（口吻）をもっており、寄生対象となる植物または動物の組織内に差し込んで、その汁液・体液を吸汁する。

カメムシ亜目＝基部半分が厚く、不透明な前翅で膜状の後翅を覆っている。針状の細い口針および細長い口吻からなる口器をもっていて、植物を吸汁加害する多くの種類（各種カメムシ類、グンバイムシ類など）を含むほか、肉食性カメムシ類もこの範疇で、アザミウマ類・アブラムシ類・チョウ目の幼虫など、多くの昆虫を捕らえ、その体液を吸うヒメハナカメムシ類（p *253*）などの益虫も知られる。植物吸汁性の成虫は、植物の果実・子実を求めて、移動を繰り返しながら吸汁する。加害された果実や、豆類などの子実は、その後に変形・変色することが多い。

ヨコバイ類など＝前翅・後翅いずれも膜状を呈する。多くは植物の維管束から吸汁して、必要な栄養分を濾過する代謝的作用により、大量の液状排泄物を出す。排泄物は甘露と呼ばれることがあるが、糖分・アミノ酸が含まれるため、植物の葉上などに留まるとすす病菌が繁殖して美観を損ねたり、光合成が阻害され、生育不良を起因するなどの二次的被害もしばしば発生する。セミ類、ウンカ・ヨコバイ類、キジラミ類、コナジラミ類、アブラムシ類、カイガラムシ類などを含む。さらには、直接的な吸汁被害だけでなく、植物ウイルスおよびファイトプラズマのかなりの種類の病原体が、ヨコバイ類、アブラムシ類、アザミウマ類、コナジラミ類などによって特異的に媒介される。

〔主な害虫種〕ヨコバイ類、ウンカ類、アオバハゴロモ類（アオバハゴロモ＝図10）、アブラムシ類（ユキヤナギアブラムシ・モモアカアブラムシ＝図11・ワタアブラムシ＝図12）、コナジラミ類（オンシツコナジラミ＝図13・ツツジコナジラミ）、コナカイガラムシ類（ミカンコナカイガラムシ・ツツジコナカイガラムシ）、グンバイムシ類（ツツジグ

図10　アオバハゴロモ幼虫
寄主：キキョウラン

図11　モモアカアブラムシのコロニー
寄主：パンジー（p *223* 参照）　〔図10, 11：竹内〕

ンバイ・キクグンバイ・アワダチソウグンバイ＝図14・プラタナスグンバイ）（網掛けはⅠに登載）

図12　ワタアブラムシのコロニー
寄主：タチアオイ（p *223* 参照）

図13　オンシツコナジラミ成虫と卵
寄主：ペパーミント（p *228* 参照）

図14　アワダチソウグンバイ幼虫・成虫
寄主：アスター（p *231* 参照）　〔図12 - 14：竹内〕

d. コウチュウ目（p *233* - *237* 参照）

種類数がきわめて多く、動物界の中で最大のグループである。成虫は全体が強固な外骨格に被われる。基本的に前翅は硬く、腹部背面を包み、膜状の後翅を折りたたんで収納している。

オサムシ亜目＝オサムシ類、または地上徘徊性の種類が多いゴミムシ類・ハンミョウ類などからなる。幼虫・成虫とも動物質を摂食し、害虫を捕食する天敵の役割をもつ益虫種も多い。

カブトムシ亜目＝コウチュウ目のうち、最大のグループであり、コウチュウ目のおよそ9割のものが含まれている。このグループの中で代表的な種類は、コガネムシの仲間であり、カブトムシ類・クワガタムシ類・コガネムシ類などが挙げられる。これらの幼虫は、地中で腐植物や植物の根を摂食し、成虫が花蜜や花粉、植物の葉などを摂食する。また、ハムシ類とゾウムシ類は幼虫・成虫とともに同一の植物部位を摂食することが多い。加えて、テントウムシ類の中には、幼虫および成虫ともに植物の葉を摂食するグループ、菌を摂食するグループ、アブラムシ類・カイガラムシ類を摂食（捕食）するグループが存在する。また、その他にも、カミキリムシ類・タマムシ類・キクイムシ類など、きわめて多様な種類が知られている。

〔主な害虫種〕ハムシ類（アオバネサルハムシ・アヤメツブノミハムシ・クロウリハムシ＝図15・サンゴジュハムシ）、ゾウムシ類（ヒョウタンゾウムシ類）、カミキリムシ類（キクスイカミキリ・クビアカツヤカミキリ・ゴマダラカ

図 15　クロウリハムシ成虫　(p *234* 参照)
寄主：キキョウ

図 16　マメコガネ成虫　(p *237* 参照)
寄主：タチアオイ

ミキリ)、コガネムシ類（マメコガネ＝図 16・ドウガネブイブイ・アオドウガネ）(網掛けはⅠに登載)

e. チョウ目（p *238* - *242* 参照）

卵・幼虫・蛹・成虫の各形態を経過する完全変態を行う（オオタバコガ＝図 17)。幼虫は円筒形の柔らかな体と、胸脚や腹脚を使って植物上などを匍匐しつつ移動する。植物食性の種が大半を占める。成虫は折りたためない薄い翅を 4 枚もち、飛翔することが可能で、花器の蜜や樹液など、液状の養分のみを摂取するものが多い。また、小型チョウ目類の幼虫は果実・蕾・茎・枝幹・葉などへの潜行性（表皮内部の葉肉部・果肉部や材部などに潜り込んで食害する）を有する種類が含まれる（ハモグリガ類・ホソガ類など)。ミノガ類は幼虫期を葉や細枝からつくった蓑の内部で生活する。それに対して、大型チョウ目類の幼虫は、植

図 17　完全変態＝オオタバコガ　(p *241* 参照)
①卵　②老齢幼虫　③蛹　④成虫　寄主：キクなど
〔図 15 - 17：竹内〕

物依存性（食餌が特定の植物種に限られる程度）が強く、かつ葉を外部から摂食する特徴の種類が多い。ヨトウガ・カブラヤガ・イチジクキンウワバなどで知られるヤガ類や、スズメガ類・シャクガ類など、幼虫の体長が5 cmを越えるような大型種では、摂食量がきわめて多くなるので、その被害も軽視できないほどに大きい。また、チャドクガなどのように、毒針毛ををもつために、衛生害虫としても注意が必要な種が存在している。

〔主な害虫種〕シロチョウ類（モンシロチョウ・スジグロシロチョウ）、ミノガ類（オオミノガ・チャミノガ）、ハマキガ類（チャノコカクモンハマキ・チャハマキ）、メイガ類（シロオビノメイガ・クロモンキノメイガ＝図18）、ドクガ類（チャドクガ）、スズメガ類（エビガラスズメ＝図19）、シャクガ類（ヨモギエダシャク）、ウワバ類（イラクサギンウワバ＝図20）、タバコガ類（オオタバコガ）、ヤガ類（ヨトウガ＝図21・カブラヤガ・ハスモンヨトウ＝図22）（網掛けはⅠに登載）

図18　クロモンキノメイガ幼虫
寄主：パンジー

図19　エビガラスズメ老齢幼虫
寄主：アサガオ

図20　イラクサギンウワバ中齢幼虫
寄主：アスター

図21　ヨトウガ中齢幼虫　（p *242* 参照）
寄主：キク

図22　カブラヤガ幼虫　（p *242* 参照）
寄主：チャービル
〔図18-22：竹内〕

f. ハエ目（p *243* 参照）

カ・ハエ・アブなどを含むグループであり、成虫の後翅が退化していて、見た目には翅が２枚しかないこと、幼虫の附属肢がほとんど、あるいはまったく退化していることが特徴である。大きな種群で多様性に富むが、害虫としては、幼虫が寄主植物の様々な組織（葉・種子・果実・花器等）の内部に食入（潜行）しながら、食害する種類が多い。ちなみに、ハモグリバエ科に属する幼虫は、植物の葉の内部に潜入して組織を食害する性質をもつ。タマバエ科の多くの種の成虫は、体長 1 - 3 mm 程度と小型で、幼虫が植物に寄生する種では虫えいを形成する場合が多い。一方で、昆虫を食餌とする種では、ヒラタアブ類（p *249*）がアブラムシ類の有力な天敵として広く分布している。また、タマバエ類の仲間には、ハダニ類などの有力な天敵となっているもの（p *251*）も少なくない。

〔主な害虫種〕タマバエ類（キクヒメタマバエ・フジツボミタマバエ）、ハモグリバエ類（ナモグリバエ = 図 23・マメハモグリバエ）、ハナバエ類（ハコベハナバエ）、クロバネキノコバエ類（チバクロバネキノコバエ）（網掛けはⅠに登載）

g. ハチ目（p *244* - *245* 参照）

ハバチ亜目に所属する、大部分の種の幼虫は植物食性で、かつ食草が限られる単食性・狭食性のものが多い。また、幼虫は胸脚や腹脚があり、イモムシ形を呈する種が多く知られている。チョウ目幼虫によく似ているが、①胸脚がしっかりしている、②腹脚が 5 対以上と多い、③尾脚が発達していない、などの区別点によって、チョウ目の幼虫と見分けることができる。バラやツツジ類に発生するチュウレンジハバチ類や、アブラナ科植物に発生するカブラハバチ類などがいる。さらには多くの有用天敵（p *254* - *255*）を含む。

〔主な害虫種〕ハバチ類（チュウレンジハバチ・ルリチュウレンジ・カブラハバチ類・アジサイハバチ・クシヒゲハバチ・ヒゲナガクロハバチ = 図 24）（網掛けはⅠに登載）

図 23　ナモグリバエ幼虫の潜葉痕　（p *243* 参照）
寄主：キンギョソウ

図 24　ヒゲナガクロハバチ幼虫と食葉痕
寄主：アマドコロ　〔図 23, 24：竹内〕

〔害虫の生態的特性〕

03 生活環と休眠・変態

一般に、厳格な意味での生活環とは、卵が受精してから、その個体が死ぬまでの期間を指すのであるが、ふつうは産卵から次世代成虫の産卵までの経過日数をいい、1年の中で、季節の進行に伴って卵・幼虫・蛹・成虫がいつ頃に出現し、どのような場所で、いかなる生活を営んでいるかを、時系列に沿ってまとめたものと解釈されている。なお、生活史は広義の生活環とほぼ同義語であると考えてよいだろう。

昆虫は変温動物で、その発育の進度は、温度環境によって大きく左右される。通常、昆虫が休眠するのは、不適な環境に耐え、生命を存続するための適応特性と考えられている。そして、休眠は冬期だけに限らず、例えば、ヨトウガ（p *242*）のように夏の暑い時期を休眠して過ごす種もある。害虫（昆虫を含む微小動物全般）の仲間のほとんどは、発育するために一定の積算温度を必要とすることや、厳しい環境（低温）を乗りきるために（越冬）、種や地域によって決まった発育態で冬季に休眠し、活動を一時的に休止することから、1年のほぼ定まった時期に発生してくる。前述のように、卵・幼虫・蛹・成虫と形態を変える昆虫を完全変態といい、明確な蛹を経ないものを不完全変態という。昆虫の生活環（サイクル）は卵から次世代の卵をもって完結されるのであるが、生活環の長さは、短いもので10～20日程度、長いものでは2年またはそれ以上のものもある。ふつうは、年に1回（世代）発生するものを一化性、2回を二化性、3回以上を多化性という。ただし、2世代以上経過するものを一括して多化性と呼ぶこともある。

04 食性と生活様式

昆虫の食性は、草食性・肉食性・腐食性・菌食性・雑食性など、あらゆる生物や、その生産物を対象として分化している。さらには、棲息場所（部位）および摂食方法に応じて、植

図25　トラフアザミウマ成虫
＝単食性（幼虫も同）
寄主：マリーゴールド（p *220* 参照）

図26　ツマグロヒョウモン幼虫
＝狭食性
寄主：スミレ類（p *238* 参照）

図27　ハスモンヨトウ幼虫
＝広食性　寄主：キク
（p *241* 参照）〔図25 - 27：竹内〕

物を食餌とする種類の中にも、食葉性・吸汁性・穿孔性などを有するもの、あるいは特殊な例として虫えい（虫瘤）を形成するものを含め、多くの生活様式がみられる。

昆虫には1種の植物のみを餌とするもの、数種またはさらに多くの植物を餌とする種類があり、それぞれ単食性・狭食性・広食性と呼称して、行動範囲および生活様式の規制要因となる。単食性の害虫には、トラフアザミウマ（食餌はマリーゴールド；図25）などがあるが、きわめて限定的であり、狭食性・広食性の種類が圧倒的に多い。狭食性の害虫ではツマグロヒョウモン（幼虫の食餌はスミレ類；図26）など、広食性ではハスモンヨトウ（幼虫の食餌はキク・マメ・バラ科ほか100科以上の植物；図27）などがある。

05 害虫の発生変動の要因

害虫の発生する時期には、同一種であっても若干ないし相当の年次変動が認められるものが多い。すなわち、時期や地域ごとの発生量（個体群の密度）は、年次および季節（この場合は時間的変動という）、あるいは地域・場所（この場合は空間的変動という）によって変化があり、そのような変化の状態を発生変動と呼ぶ。その変動幅は害虫の種類によって、きわめて大きいものから、ほとんど変化のないものまで様々である。そして、害虫防除に際しては、同じ場所・地域における同一害虫種の、年次による発生の時期的・量的な変動が重要な意味をもっており、防除時期とその要否が決定される。害虫の発生量が年次・季節により変動する主な要因を以下に挙げてみよう。

a. 気象的要因

温度・湿度・風・降雨・その他の気象条件は、害虫の発生時期・発生量および発生変動の大きな要因として考えられる。害虫の種類により、それぞれの好適条件はほぼ決まっているが、長期的な発生消長の予測は難しい場面もある。例えば、アブラムシ類やハダニ類などにとっては、降雨が少なくかつ湿度が高い条件が、発生を助長する要因となり、逆に、強風を伴った大雨のあと、一夜にして害虫が消滅したという現象をしばしば経験する。また、耐寒性あるいは耐暑性も害虫種によって異なるので、暖冬・冷夏が特定種の発生時期・発生量に大きく影響することもよく知られているが、近年は地球温暖化の傾向に加え、耐寒性の弱い熱帯性の害虫が、わが国においても越冬可能な施設栽培の普及と相まって、害虫の北進現象がますます顕著になっている。

b. 生物的要因

害虫の発生変動に関与する生物的要因として、主に天敵が挙げられる。天敵には、害虫の虫体に寄生して繁殖を繰り返す寄生性天敵と、害虫そのものを餌として食べる捕食性天敵がある。前者の例としては、寄生蜂（図28）・寄生バエなどの昆虫や、菌類・細菌・ウイル

図 28　アオムシサムライコマユバチ繭塊と成虫
幼虫がモンシロチョウ幼虫に内部寄生する（p *255* 参照）

図 29　ヨツボシクサカゲロウの長い柄付きの卵
キスゲフクレアブラムシのコロニー近傍に産卵（p *250* 参照）

図 30　ナナホシテントウ幼虫（右）・成虫（左）
アブラムシ類などを捕食する天敵（p *248* 参照）　〔図 28 - 30：竹内〕

ス・線虫など、後者にはクサカゲロウ（図 29）・テントウムシ（図 30）・カメムシ類などの昆虫、クモ類・カブリダニ類のほか、カエルや野鳥類などがあり、いずれも相当の摂食を行う。薬剤防除や他の人為的な害虫制御手段が実行されない自然条件においては、害虫の発生パターンが波状の変動を繰り返す事例が多く、その原因には、天敵など生物的要因が大きく関わっていると考えられる。なお、土着の天敵昆虫等については、その利用価値の重要性に鑑み、II 部で個別の種類ごとに紹介しながら詳述してあるので、参考にしてほしい。

c. 耕種的・人為的要因

草本植物等の苗生産における施設・露地、連作・輪作、苗の広域の移動、緑地・花壇での単一植物の大量植栽、越冬場所（植物）の存在、薬剤防除の有無などは、害虫の発生動向に大きな影響を及ぼす。また、休耕地・遊休地の増加によって雑草の繁茂を招き、カメムシ類などの多発原因の一つになっている。これら植栽条件に関する諸要因は、上記した気象的要因・生物的要因を含め、個別害虫の種類ごとに複相的に関連し合って、発生動向に影響を及ぼすことが多い。したがって、ある害虫が異常発生したり、突発的に発生して景観を損なう事例では、その原因が単一要素に拠るのは、むしろ稀有な現象であり、ふつうは複合要因に支配されているので、その被害解析作業にも総合的な視点が必要となる。

〔害虫の加害様式および被害〕

06 加害様式の類型

害虫の多くの種類は寄主範囲が広いが、植物に発現する被害様相および症状は、加害部位と加害様式によってほぼ共通している。害虫の口器の形態は咀嚼（そしゃく）性口器（噛み砕く口器）と吸収性口器に大別され、害虫種によっては、特徴的な被害症状を示す場合がある。

さらには、茎枝や幹などに穿孔性害虫が食入して、その部位から上部・先端部が萎凋を起こし、萎凋性病害との識別判断に迷う事例も現地でしばしば観察される。もちろん、最終的な害虫種の同定に際しては、虫体の詳細を観察する必要があるが、加害様式の区分を理解しておくことは、害虫診断において大変重要なポイントとなる。

害虫を植物に対する加害様式から分類するときには、まず食葉性害虫（咀嚼性害虫）および吸汁性害虫に大別して扱う場合が多いが、それに加えて、穿孔性害虫（ここでは、茎部あるいは枝幹の内部組織を穿ちながら潜入する害虫を指す；葉に孔を空けたり、潜入する種類は食葉性害虫に含める）をもう一つの別グループとしてまとめたほうが、診断・防除上も便利である。以下にそれらの加害様式と害虫の代表例を列挙してみよう。

a. 食葉性害虫

食葉性害虫とは、植物の柔組織である葉茎部等を、摂食（咀嚼）によって加害する種類を指し、被害が大きい場合には、植物の光合成など代謝能力を減退させ、生育不良など直接的な被害を生じさせる。また、食害により美観を損ねることと併せて、排泄物による汚損被害も起こす場合がある。代表的な食葉性害虫のグループは、チョウ目の幼虫類であり、次いでコウチュウ目のハムシ類と、コガネムシ類の幼虫や成虫、さらにはバッタ類、ハバチ類、ナメクジ・カタツムリなどが挙げられる。以下に様態別に例示する。

〔葉をそのまま食害〕 ヤガ類（ヨトウガ・ハスモンヨトウ＝図 31）、ハムシ類（クロウリハムシ・アヤメツブノミハムシ＝図 32・アオバネサルハムシ）、コガネムシ類（アオドウガ

図 31　ハスモンヨトウ幼虫（中齢）＝食葉性
寄主：ペチュニア（p 241 参照）

図 33　オンブバッタ幼虫＝食葉性
寄主：ビオラ（p 216 参照）

図 32　アヤメツブノミハムシ成虫＝食葉性
寄主：アヤメ

図 34　マメハモグリバエ幼虫＝潜葉・食葉性
寄主：ガーベラ（p 243 参照）　〔図 31 - 34：竹内〕

ネ・マメコガネ)、バッタ類(オンブバッタ＝図33)、ハバチ類(カブラハバチ・チュウレンジハバチ)、ナメクジ・カタツムリ類(チャコウラナメクジ)

〔葉を巻いたり、綴つづり合わせて食害〕メイガ類(シロオビノメイガ・ワタノメイガ)、ハマキガ類(チャノコカクモンハマキ)

〔葉肉内に潜入して食害〕ハモグリバエ類(ナモグリバエ・マメハモグリバエ＝図34・トマトハモグリバエ・ネギハモグリバエ)(網掛けはⅠに登載)

b. 吸汁性害虫

吸汁性害虫の仲間には、植物の茎葉部・花器・果実・子実などの組織に針状の口器を挿し込み、汁液を吸収する種群、または葉の表面などの柔組織を噛み砕いたのち、滲み出た汁液を舐め取る種類がある。前者の代表的な害虫種としては、カメムシ目のアブラムシ類・カイガラムシ類・カメムシ類・コナジラミ類・グンバイムシ類などが、後者の虫種には、ダニ目のハダニ類、アザミウマ目のアザミウマ類が挙げられる。いずれの種も被害が大きいと組織の変色や生育遅延を伴い、ときには部分的な枯死をもたらす。比較的軽微な場合にも、景観を損ねるケースが多い。以下に様態別に例示する。

〔茎葉部・花器・果実・子実などを吸汁〕アブラムシ類(モモアカアブラムシ・ワタアブラムシ・ユキヤナギアブラムシ＝図35)、コナジラミ類(オンシツコナジラミ・タバココナジラミ)、グンバイムシ類(アワダチソウグンバイ・キクグンバイ)、ハダニ類　(カンザワハダニ＝図36・ナミハダニ・ミカンハダニ)、ホコリダニ類(チャノホコリダニ)、フ

図35　ユキヤナギアブラムシ幼・成虫＝吸汁性
寄主：コスモス(p *224* 参照)

図36　カンザワハダニ成虫と卵＝吸汁性
寄主：アサガオ(p *222* 参照)

図37　ネギアザミウマ幼虫(右)・成虫＝舐食性・吸汁性
寄主：ベニバナ(p *219* 参照)　〔図35-37：竹内〕

シダニ（サビダニ）類（キクモンサビダニ）、カイガラムシ類（イセリアカイガラムシ・フジコナカイガラムシ・サボテンシロカイガラムシ）

〔茎葉部・花器・果実・子実などを舐食〕アザミウマ類（ネギアザミウマ＝図 37、ミカンキイロアザミウマ・ヒラズハナアザミウマ）（網掛けはⅠに登載）

c. 穿孔性害虫

草本・木本植物の穿孔性害虫には、幼虫（成虫）が茎や枝幹などを穿孔・潜入して食害する種類が多い。コウチュウ目のカミキリムシ類（キクスイカミキリ・ゴマダラカミキリ）やチョウ目のメイガ類（アワノメイガ）・コウモリガ類（コウモリガ）などがある。

07 緑地植物・花壇草花における害虫診断の実際

害虫に起因する被害（虫害）の現地診断は、微生物（菌類ほか）などが対象となる病害に比較すれば、はるかに目視観察しやすいが、調査を行うときには、7～10 倍程度のポケットルーペがあると、微小種の状態確認などで効率的に役立つ。現地調査の際には、写真撮影に加えて、野帳などを携行した上で、必ず文字の記録も行いたい。こうした記録簿を保存しておけば、その後、別件で診断ノート（カルテ）を作成する場合、あるいは対策（処方）を検討・提示する際にも必ず参考になるものである。

現場で被害状況を記録する場合に必要な調査項目としては、被害植物種および部位、食葉性・吸汁性・穿孔性などの被害様相、周辺に虫糞や排泄物の痕跡はないか、食害痕・吸汁痕の時期的推察、その発生・被害程度や、その進行程度などが挙げられよう。

〔害虫の対処方法〕

08 害虫対策の具体的な方法

a. 物理的防除法

古くから行われている物理的防除法としては、手指または器具を使用して捕獲（捕殺）したり、防虫ネット（図 38）・こも巻き・袋かけ（これらは耕種的防除法の範疇でもある）などがあり、上記の直接的防除も物理的防除法に該当する。さらに、熱・光・色・音などを利用して害虫を殺滅するか、あるいは行動を制御しつつ、被害を回避する方法が多数開発されている。ただし、物理的防除法の単独技術では、十分な効果が期待できない場合も想定されるので、他の方法と組み合わせることも考慮しておく。

物理的な働きを利用した防除技術には、直接的方法以外にも、焼却・太陽熱消毒・光反射フィルム（図 39）・誘蛾灯・近紫外線カットフィルム・誘引粘着テープなどが知られる。近年は様々な資材が上市・利用されてきているが、その背景には、昆虫など対象生物の生態や

図 38 防虫ネットによるトンネル被覆
チョウ類やアブラムシ類など飛来害虫の侵入を防ぐ

図 39　光反射銀色マルチフィルムの敷設
アザミウマ・アブラムシの飛来抑制〔図 38, 39：竹内〕

形態などの研究が進み、これらの成果を利用した防除アイデアが創出されたことに加え、工業化学技術の発達により、防虫ネット・光反射銀色マルチフィルムなど、多くの化学合成製品や、他の資材が開発・普及されている。今後もさらに発展が期待される分野である。

b. 生物的防除法

生物防除法は、いわゆる天敵（II 部参照）を利用した防除法を指すことが多いが、広義の生物的防除法としては、生物のもっている各種機能を活用した手法で、例えば、バンカー植物や、対抗植物・忌避植物・おとり植物を植栽したり、フェロモン剤を用いて当該害虫の発生を抑制し、あるいは被害を軽減するような技術も含まれる。

天敵には、もともとその土地に棲息している土着天敵（在来天敵）と、特定の天敵種を人工的に大量増殖・製剤化した天敵農薬や、国外などから天敵を輸入して放飼する導入天敵などがある。近年は、当該地域の植栽場所（環境）に適応しながら、生活圏をもって定着している、土着天敵を積極的に利用（温存）するという考え方が広く支持されるようになり、天敵への影響が少ない化学農薬の使用や、天敵増殖維持技術としてのバンカー法による天敵温存などが、食用作物の生産における露地栽培現場を中心に活用されており、それらの成果は緑化植物の害虫防除にも参考となる知見が多い。

c. 化学的防除法

化学的防除法は、農薬（殺虫剤）を使用して行う対処法であるが、昆虫フェロモン剤など一部の製剤は、農薬の分類としては殺虫剤でなく、「その他」の中の誘引剤・忌避剤に含まれる。なお、上記の製剤化された天敵類も、法規上は農薬の範疇に含まれるのであるが、ここでは殺虫剤（有機栽培に使用できない化学合成農薬）に限定して記述する。

概して、農薬は効果・省力・コストのいずれにおいても、物理的防除法や生物的防除法など、他の防除資材よりも優れているケースが多く、防除対策の基幹技術である。しかしながら、農薬の偏重が環境に負荷を与え、天敵・有益昆虫などに悪影響を及ぼし、抵抗性害虫を発達させ、また、ときには農薬の漂流飛散（ドリフト）・誤使用による残留基準の超過・健康被害などの社会問題を生じるという、厳しい現実も直視しなければならない。そこで、まずは防除要否の的確な判断を行った上で、農薬の使用にあたっては、使用者・作物・環境に対して安全であることはもちろん、より効果的・効率的な使用を心掛けるとともに、他の防除対策を組み合わせ、回数・量を必要最小限に留める工夫が欠かせない。

d. 耕種的防除法

生態的防除法・栽培的防除法とも呼ばれ、ほぼ同義語である。当然のことながら、害虫の発生もまた、植物の植栽様式とは不可分の関係にある。つまり、栽培的・経営的に許容される範囲で、植物種（系統・品種を含む）の選択・植栽面積・列植計画などを改善し、あるいは日常的な植物管理（整枝剪定など）・雑草管理を行うことによって、害虫の発生と被害を回避、抑制しようとするものである。

ところで、害虫の場合、圃場衛生（発生植物・部位および残渣の処分）の有する防除的意義は、病害ほど重要ではないが、とくに落葉中、あるいは寄生植物の表面や内部で越冬するような害虫種に対しては必要な作業となる。植生の管理（混植・栽植密度・雑草管理・剪定作業）、栽培技術の工夫（耕起・施肥、水管理、土づくり、害虫抵抗性品種の導入・連作障害を回避するための輪作）などは間接的で、どちらかといえば地味な予防手段であるが、健全な植生の維持に向けて、日々適切な管理を積み重ねることこそが、もっとも基本的かつ重要な技術といっても過言ではないだろう。

e. 総合的病害虫・雑草管理（IPM）へ向けて

総合的病害虫管理（IPM；Integrated Pest Management）の基本をなす考え方は、1960 年代に生まれたものであるが、その後の社会情勢の変化とともに、より環境に配慮した内容になっている。2002 年、国連食糧農業機関（FAO；Food and Agriculture organization of the United Nations）によって、IPM（当時、雑草は対象外）は以下のように定義されている。

和訳をそのまま引用してみよう。「IPM とは、すべての用いることが可能な防除技術を十分検討し、それに基づき、病害虫の密度の増加を防ぎつつ、農薬その他の防除資材の使用量を経済的に正当化できる水準に抑え、かつ人および環境へのリスクを減少し、または最小とするよう、適切な防除手法を組み合わせることである。IPM は、農業生態系の撹乱を最小限とする健全な作物の生育を重視し、また自然に存在する病害虫制御機構を助長するものである」。日本の実情に即した IPM の構築が進められた結果、IPM に雑草の管理を含めることとして、総合的病害虫・雑草管理と再定義された。

また、基本的実践方法として「予防的措置」「判断」「防除」がIPMの中核3項の取り組みであるとした。「予防的措置」とは、農作物の輪作、抵抗性品種の導入や、土着天敵等の生態系が有する機能を可能な限り適切に決定する段階を指す。「防除」は上記の「判断」が為された結果、防除が必要と判断された場合には、病害虫・雑草の発生を、経済的な被害が生じるレベル以下に抑制し得る多様な防除手段の中から、適切な手段を選択し、かつ実行する経過的プログラムを示している。

緑地・花壇植物における害虫防除に関しては、予防的措置の取り得る手段も限られ、加えて、経済的被害レベルの判断が一律にできない困難さがある。さらには発生後の防除技術についても、採用し得る手段が限られており、化学的防除などが現実的に不可能という場面も少なくない。その一方で、化学的防除手段においては、粒剤の施用によるドリフトリスクの低減を図るアイデアや、物理的防除の事例として、粘着トラップ・虫を誘引しない外灯の開発などが、また、生物的防除では、天敵やフェロモン成分などを使った「環境にやさしい」防除法が増えていくことも期待できよう。IPMは社会の要請でもあり、緑地・花壇植物の害虫防除においても、IPMを基本とした総合的管理の実践に向けて、積極的に取り組むべき時代にきているのではないだろうか。

09 防除の必要性を低減する方策

a. 植物を強く健全に育てる

あらかじめ病害虫の発生を予察・予測し、それらの被害を最小限に抑制することが重要である。緑地・花壇植物における病害虫管理の場合、環境に応じた植物選定、単一種に偏らない多様な植物の選択、配置アレンジ・デザイン、適切な管理が必要であろう。一つの植物をまとめて植栽・配置すると、単一病害虫の多発など、異常な事態を引き起こす原因ともなるが、公園等管理者であれば、園内の緑地・花壇植物によって発生する病害虫や、その時期などを事前に予測し、年間の管理体制も計画することができる。

根本的な害虫問題の解決法としては、その害虫を多発させないような、あるいは発生しても、被害を最小限にとどめる総合的方策を講じることに尽きるだろう。また、植栽地における植物種によって、発生する害虫の種類と重要度も異なるので、それらの全体を俯瞰した対処法が求められ、その総合的判断の獲得こそがまさにIPMの理念でもある。

病害虫は樹勢・草勢の弱った個体に集中して発生することが多い。この現象を裏返して読むと、その植物に適した環境条件下で育っている個体は、病害虫の被害を比較的受けにくいということでもある。そこで少し発想を変え、ある程度の病害虫による加害を受けたとしても、それを容認しながら、植物のもつ補償力でカバーして、より一層旺盛な生育が復活し得るような管理、ならびに環境の改善を目指す対処法も一考に値するのではないだろうか。これまで、特別な病害虫対策を実行せずに、何十年も植物相を維持してきた多くの事例を考えれば、その意味が容易に理解できるだろう。なぜなら、病害虫対策の理想形は「どの植物も好適環境ならば健全に育つ」という、自然の摂理に従うことだと思うからである。

b. 予防の徹底・早期発見・早期対応

植物の病気を防除する場合と同様であるが、害虫対策においても、可能な限り発生させない（予防）、あるいは発生量をできるだけ抑制することを前提条件として、早期発見と素早い対応（適期防除）に務め、拠って被害を最小限にとどめるという考え方こそが、効果・効率的な見地からもっとも望ましく、これを対象害虫すべての基本とするべきである。

まず、発生予防には、植栽地の衛生管理、害虫の寄生していない苗の植栽、越冬・越夏場所の排除などを行う。黄化葉や枯れ葉、花殻の除去などの管理作業や、日常的な目視観察も予防、あるいは早期発見に繋がる。これらは、やみくもに実施するのではなく、種類別に発生する害虫をあらかじめ念頭においての作業が必要となる。植物種・害虫種ごとに越冬形態および場所（発生源）、諸害虫の季節的発生消長（発生時期・発生量の変化）を把握できれば、より無駄のない、効率的な対処が可能となるに違いない。

被害が顕在化する前に早期の発見ができれば、対象となる害虫の幼虫や成虫・卵などを捕殺、採集・処分する作業で、直接的に被害を抑えることができる（直接的防除という）。例えば、ドクガやハスモンヨトウヨトウ対策で推奨されるように、卵塊で産下され集団で過ごす害虫は、葉ごと摘除処分すれば、まさに一網打尽に駆除できる（図 40, 41）。また、薬剤散布を行う場合においても、早期発見によって、害虫が分散していない若齢幼虫期に、発生部位のみを集中的に薬散する（スポット散布という）簡易処置もできる。これらの手法は省力かつ効率的で、しかも経済的効果と併せ、環境への負荷も軽減できよう。

図 40　寄生葉の摘除 = 直接的防除法の一種
ドクガの若齢幼虫集団を分散前に葉ごと取り除く
寄主：ビワ

図 41　寄生葉の摘除 = 直接的防除法の一種
ヨトウガの若齢幼虫集団を分散前に葉ごと取り除く
寄主：スイートピー（p *242* 参照）　〔図 40, 41：竹内〕

〔1〕植物別の害虫名索引

第Ⅰ部～第Ⅲ部に掲載された、緑化樹・草花・地被植物などに発生する害虫について、植物種ごとに、害虫名および該当ページ番号を、それぞれ五十音順に配列した。斜体の数字は項目見出しと、寄主に記載した害虫名のページ番号を、また、立体の数字は写真のキャプション・解説文のみに記載した害虫名のページ番号を示す。なお、主要な植物異名または種類名からも、本索引で見出しとした植物名を検索できるようにした。

【あ】

アカソバ：ワタアブラムシ..... *223*
アガパンサス：
　クリバネアザミウマ........ *220*
アサガオ：エビガラスズメ..... 266
　オオタバコガ................ *241*
　オンブバッタ................ *216*
　カブラヤガ................... *242*
　カンザワハダニ....... *222*, *272*
　クロトンアザミウマ........ *217*
　タバココナジラミ........... *228*
　チャノコカクモンハマキ.. *239*
　チャノホコリダニ........... *221*
　ナミハダニ................... *222*
　ホオズキカメムシ........... *232*
　モモアカアブラムシ........ *223*
アザミ類：アワダチソウグンバイ
　............................... *231*
アジサイ：アオドウガネ........ *237*
　アジサイハバチ.............. *245*
　カンザワハダニ.............. *222*
　サトクダマキモドキ........ *216*
　チャノキイロアザミウマ.. *217*
　ナモグリバエ................ *243*
　ニワトコヒゲナガアブラムシ
　............................... *225*
　マメコガネ................... *237*
　モモアカアブラムシ........ *223*
　ユキヤナギアブラムシ..... *224*
　ワタアブラムシ.............. *223*
アシタバ：オンブバッタ........ *216*
　カンザワハダニ.............. *222*
　ナミハダニ................... *222*
　ヨトウガ...................... *242*
アスクレピアス→トウワタ
　キョウチクトウアブラムシ
　............................... *225*
アスター / エゾギク：
　アオドウガネ................ *237*
　アワダチソウグンバイ..... *231*
　オオタバコガ................ *241*
　カブラヤガ................... *242*
　キクスイカミキリ........... *235*
　マメハモグリバエ........... *243*
　ヨトウガ...................... *242*
アスチルベ：
　ユキヤナギアブラムシ..... *224*
アマドコロ / ナルコユリ：
　ヒゲナガクロハバチ........ 267
アメリカハナズオウ：
　アカオビアザミウマ........ *220*
アメリカフウ→モミジバフウ
アヤメ→イリス類
アリッサム：カブラハバチ..... *245*
　カブラヤガ................... *242*
　セグロカブラハバチ........ *245*
　ダイコンアブラムシ........ *225*
　ナモグリバエ................ *243*
　ニホンカブラハバチ........ *245*
　ハスモンヨトウ.............. *241*
　モンシロチョウ.............. *238*
　ヨトウガ...................... *242*
アンゲロニア：ナミハダニ..... *222*
イチゴ：マメコガネ............ *237*
イチゴノキ：アカオビアザミウマ
　............................... *220*
　クロトンアザミウマ........ *217*
イチジク：ゴマダラカミキリ.. *236*
イチョウ：オオミノガ.......... *239*
　チャノキイロアザミウマ.. *217*
　ヨトウガ...................... *242*
イヌツゲ：クロトンアザミウマ
　............................... *217*
　ルビーロウムシ.............. *227*
イヌマキ：
　チャノキイロアザミウマ.. *217*
　チャノコカクモンハマキ.. *239*
イボタノキ類：
　イセリアカイガラムシ..... *226*
　オオミノガ................... *239*
イリス類 / アヤメ / シャガ：
　アヤメツブノミハムシ..... 271
　オオミノガ................... *239*
　カンザワハダニ.............. *222*
　クロウリハムシ.............. *234*
　ナミハダニ................... *222*
　ハスモンヨトウ.............. *241*
　ヒラズハナアザミウマ..... *218*
　ヨトウガ...................... *242*
インパチエンス：
　オンブバッタ................ *216*
　ヒラズハナアザミウマ..... 218
　ワタアブラムシ.............. *223*
ウスベニアオイ→タチアオイ
ウメ：オオミノガ............... *239*
　クビアカツヤカミキリ..... *236*
　タバココナジラミ........... *228*
　ツノロウムシ................ *227*
　ナシグンバイ................ *230*

モモアカアブラムシ........223
ユキヤナギアブラムシ.....224
ルリカミキリ.................235
エノキ：クロウリハムシ........234
ツノロウムシ.................227
エゾギク→アスター
オオオナモミ：ブタクサハムシ
.................................234
オオハマオモト → ハマオモト
オオブタクサ（ブタクサ）：
アワダチソウグンバイ.....231
ブタクサハムシ..............234
オシロイバナ：オンブバッタ..216
オダマキ / セイヨウオダマキ：
サトクダマキモドキ........216
ハスモンヨトウ..............241
ヨトウガ.......................242
オナモミ → オオオナモミ
オリーブ：クビアカツヤカミキリ
.................................236

【か】

カイドウ：ナシグンバイ........230
カエデ類：オオミノガ...........239
ゴマダラカミキリ...........236
ガガイモ：
キョウチクトウアブラムシ
.................................225
カカオ：アカオビアザミウマ..220
カキツバタ：
ヒラズハナアザミウマ.....218
カキノキ：アカオビアザミウマ
.................................220
オオミノガ....................239
クビアカツヤカミキリ.....236
クロトンアザミウマ........217
チャバネアオカメムシ.....232
ネギアザミウマ..............219
カクレミノ：
ニワトコヒゲナガアブラムシ
.................................225
ガザニア：アワダチソウグンバイ
.................................231
カスミソウ：オオタバコガ.....241
カンザワハダニ..............222
ナミハダニ....................222
マメハモグリバエ...........243
モモアカアブラムシ........223
カツラ：アカオビアザミウマ..220
ガーデンハックルベリー：
ホオズキカメムシ...........232
カナメモチ：オオミノガ........239
チャノコカクモンハマキ..239
ナシグンバイ.................230
ナシミドリオオアブラムシ
.................................225
モモアカアブラムシ........223
ユキヤナギアブラムシ.....224
ルビーロウムシ..............227
ルリカミキリ.................235
ワタアブラムシ..............223
カーネーション：
オオタバコガ.................241
カンザワハダニ..............222
チャノコカクモンハマキ..239
ナミハダニ....................222
ハスモンヨトウ..............241
ヒラズハナアザミウマ.....218
マメハモグリバエ...........243
ミカンキイロアザミウマ..218
モモアカアブラムシ........223
ヨトウガ.......................242
ワタアブラムシ..............223
ガーベラ：オオタバコガ........241
カンザワハダニ..............222
クリバネアザミウマ........220
クロゲハナアザミウマ.....219
タバココナジラミ...........228
チャノホコリダニ...........221
ナミハダニ....................222
マメハモグリバエ.... 243, 271
ミカンキイロアザミウマ..218
ガマズミ（トキワガマズミ）：
アオドウガネ.................237
オオミノガ....................239
サンゴジュハムシ...........233
ハゼアブラムシ..............225
カモミール：カブラヤガ........242
カラムシ：オンブバッタ........216
カランコエ：
チャノコカクモンハマキ..239
カンキツ類：
イセリアカイガラムシ.....226
ゴマダラカミキリ...........236
チャノキイロアザミウマ..217
チャノヒメハダニ...........221
チャノホコリダニ...........221
チャバネアオカメムシ.....232
ツノロウムシ.................227
ニワトコヒゲナガアブラムシ
.................................225
ミカンコナカイガラムシ..226
ミカンワタカイガラムシ..227
モモアカアブラムシ........223
ユキヤナギアブラムシ.....224
ルビーロウムシ..............227
ワタアブラムシ..............223
カンナ：オオタバコガ...........241
オオミノガ....................239
オンブバッタ.......... 216, 262
クロウリハムシ..............234
マメコガネ....................237
キウイフルーツ：
クロトンアザミウマ........217
チャノホコリダニ...........221
マメコガネ....................237
キキョウ：クロウリハムシ
.... 234, 265
キキョウラン：アオバハゴロモ
.................................263
カンザワハダニ..............222
クロウリハムシ..............234
クロトンアザミウマ........217

(キキョウラン)
チャノコカクモンハマキ..239
ナミハダニ....................222
キク：アオドウガネ.............237
アオバネサルハムシ........233
アワダチソウグンバイ.....231
オオタバコガ.......... 241, 265
オンシツコナジラミ........228
オンブバッタ................216
カブラヤガ....................242
カンザワハダニ..............222
キクスイカミキリ...........235
クリバネアザミウマ........220
クロウリハムシ..............234
クロゲハナアザミウマ.....219
チャノコカクモンハマキ..239
チャノヒメハダニ...........221
チャノホコリダニ...........221
ナミハダニ....................222
ナモグリバエ.................243
ハスモンヨトウ....... 241, 268
ヒラズハナアザミウマ.....218
マメコガネ....................237
マメハモグリバエ...........243
ミカンキイロアザミウマ..218
モモアカアブラムシ........223
ユキヤナギアブラムシ.....224
ヨトウガ................ 242, 266
ワタアブラムシ..............223
キクイモ：ブタクサハムシ.....234
ギボウシ類：オンブバッタ.....216
ハスモンヨトウ..............241
キョウチクトウ：
キョウチクトウアブラムシ
................................225
キンギョソウ：オオタバコガ..241
カンザワハダニ..............222
ナモグリバエ.......... 243, 267
モモアカアブラムシ........223
キンシバイ：
イセリアカイガラムシ.....226
ギンバイカ：アカオビアザミウマ
...................................220
キンレンカ / ナスタチウム：
ナモグリバエ.................243
モンシロチョウ..............238
グアバ：アカオビアザミウマ..220
クズ：オンブバッタ..............216
クチナシ：ツノロウムシ........227
ルビーロウムシ..............227
グラジオラス：オオタバコガ..241
オオミノガ....................239
カンザワハダニ..............222
クロウリハムシ..............234
ナミハダニ....................222
ヒラズハナアザミウマ.....218
マメコガネ....................237
クリスマスローズ→ヘレボルス
クリナム：クリバネアザミウマ
................................220
クレオメ（セイヨウフウチョウソウ)：カブラハバチ............245
セグロカブラハバチ........245
ニホンカブラハバチ........245
モンシロチョウ..............238
クロトン：アカオビアザミウマ
................................220
ミカンコナカイガラムシ..226
クワ：ゴマダラカミキリ........236
チャノヒメハダニ...........221
ケイトウ：カブラヤガ...........242
クロウリハムシ..............234
シロオビノメイガ...........240
チャノホコリダニ...........221
ナモグリバエ.................243
ヨトウガ.......................242
ゲッケイジュ：ツノロウムシ..227
ルビーロウムシ..............227
ケヤキ：ゴマダラカミキリ.....236
コキア（ホウキギ)：
ワタアブラムシ..............223
コスモス：オオタバコガ........241
カブラヤガ....................242
カンザワハダニ..............222
クロゲハナアザミウマ.....219
チャノホコリダニ...........221
ナミハダニ....................222
ハスモンヨトウ..............241
ヨトウガ.......................242
ユキヤナギアブラムシ
.... 224, 272
ワタアブラムシ..............223
コナラ：クビアカツヤカミキリ
................................236
コブシ：チャノコカクモンハマキ
................................239
ツノロウムシ.................227
コリウス：オンブバッタ........216
マメコガネ....................237
ゴンズイ：
キスゲフクレアブラムシ..225

【さ】

サカキ：サカキコナジラミ.....229
チャトゲコナジラミ........229
ルビーロウムシ..............227
サクラソウ / プリムラ：
カブラヤガ....................242
モモアカアブラムシ........223
ヨトウガ.......................242
サクラ類：オオミノガ...........239
クビアカツヤカミキリ.....236
チャノコカクモンハマキ..239
チャバネアオカメムシ.....232
ナシグンバイ.................230
ルリカミキリ.................235
ザクロ：クビアカツヤカミキリ
................................236
サザンカ：アオドウガネ........237
オオミノガ....................239
クロトンアザミウマ........217
チャドクガ....................240
チャノキイロアザミウマ..217

ツノロウムシ……227
ハゼアブラムシ……225
ルビーロウムシ……227
サツマイモ：アオドウガネ……237
マメコガネ……237
サルビア / ブルーサルビア：
オンシツコナジラミ……228
カンザワハダニ……222, 261
チャノコカクモンハマキ……239
チャノホコリダニ……221
ナミハダニ……222
サンゴジュ：アオドウガネ……237
オオミノガ……239
クロトンアザミウマ……217
サンゴジュハムシ……233
チャノキイロアザミウマ……217
ハゼアブラムシ……225
ユキヤナギアブラムシ……224
シキミ：チャトゲコナジラミ……229
ツノロウムシ……227
シクラメン：オオタバコガ……241
カンザワハダニ……222
チャノコカクモンハマキ……239
チャノヒメハダニ……221
チャノホコリダニ……221
ナミハダニ……222
ヒラズハナアザミウマ……218
ミカンキイロアザミウマ……218
ワタアブラムシ……223
ジニア（ヒャクニチソウ）：
ナモグリバエ……243
マメハモグリバエ……243
ヨトウガ……242
シバ：アオドウガネ……237
オンブバッタ……216
マメコガネ……237
シモツケ：ユキヤナギアブラムシ……224
シャガ → イリス類
シャクヤク：
イセリアカイガラムシ……226
チャノコカクモンハマキ……239
シャリンバイ：ツノロウムシ……227
ナシミドリオオアブラムシ……225
ユキヤナギアブラムシ……224
ルビーロウムシ……227
ワタアブラムシ……223
スイートピー：ナモグリバエ……243
ハスモンヨトウ……241
ヨトウガ……277
スイセン：ネギアザミウマ……219
スギ：クロトンアザミウマ……217
チャバネアオカメムシ……232
スズカケノキ / モミジバスズカケノキ：
ゴマダラカミキリ……236
プラタナスグンバイ……231
ストック：カブラハバチ……245
カブラヤガ……242
セグロカブラハバチ……245
ダイコンアブラムシ……225
ナモグリバエ……243
ニホンカブラハバチ……245
ハスモンヨトウ……241
モモアカアブラムシ……223
モンシロチョウ……238
ヨトウガ……242
スペアミント→ミント類
スミレ類（パンジー・ビオラ）：
オンブバッタ……216
カンザワハダニ……222
クロモンキノメイガ……266
チャノホコリダニ……221
ツマグロヒョウモン……238, 268
ナミハダニ……222
モモアカアブラムシ……223, 263
セイヨウオダマキ → オダマキ
セイヨウフウチョウソウ→クレオメ
セージ：オンブバッタ……216
カブラヤガ……242
カンザワハダニ……222
ナミハダニ……222
ゼラニウム / ペラルゴニウム：
オオミノガ……239
オンシツコナジラミ……228
ハスモンヨトウ……241
ヨトウガ……242
センダイハギ：カンザワハダニ……222
ナミハダニ……222
センニチコウ：オンブバッタ……216
シロオビノメイガ……240
ソテツ：チャバネアオカメムシ……232
ソヨゴ：ツノロウムシ……227
ルビーロウムシ……227

【た】

タチアオイ / ウスベニアオイ：
オオタバコガ……241
クロゲハナアザミウマ……219
マメコガネ……237, 265
ワタアブラムシ……223, 264
ダチュラ→チョウセンアサガオ類
ダリア：オオタバコガ……241
カンザワハダニ……222
クリバネアザミウマ……220
クロウリハムシ……234
チャノコカクモンハマキ……239
チャノホコリダニ……221
ナモグリバエ……243
マメコガネ……237
マメハモグリバエ……243
ヨトウガ……242
チャノキ：カンザワハダニ……222
チャドクガ……240
チャトゲコナジラミ……229
チャノヒメハダニ……221
チャノホコリダニ……221
チャービル：カブラヤガ……242, 266
チューリップ：
モモアカアブラムシ……223

(チューリップ)
ヨトウガ......................242
チョウセンアサガオ類
(ダチュラ)：
カンザワハダニ.............222
ナミハダニ..................222
ツツジ類：アオドウガネ........237
アカオビアザミウマ........220
オオミノガ..................239
クロトンアザミウマ........217
サトクダマキモドキ........216
チャノコカクモンハマキ..239
チャノヒメハダニ..........221
ツツジグンバイ.............230
ツツジコナカイガラムシ..226
ツツジコナジラミ..........229
ツノロウムシ................227
マメコガネ..................237
ルビーロウムシ.............227
ルリチュウレンジ..........244
ツバキ：アオドウガネ..........237
アオバネサルハムシ........233
オオミノガ..................239
クロトンアザミウマ........217
サトクダマキモドキ........216
チャドクガ..................240
チャトゲコナジラミ........229
チャノキイロアザミウマ..217
チャノコカクモンハマキ..239
ツノロウムシ................227
ハゼアブラムシ.............225
ルビーロウムシ.............227
ツルニチニチソウ（ビンカ）：
ユキヤナギアブラムシ.....224
ツワブキ：ナモグリバエ........243
ディフェンバキア：
クリバネアザミウマ........220
デージー：アワダチソウグンバイ
................................231
デルフィニウム：ナミハダニ..222
トウガラシ：ホオズキカメムシ
................................232
ドウダンツツジ：オオミノガ..239
トウワタ / フウセントウワタ：
キョウチクトウアブラムシ
................................225
ユキヤナギアブラムシ.....224
トキワガマズミ→ガマズミ
トキワマンサク / マンサク：
アカオビアザミウマ........220
ワタアブラムシ.............223
トベラ：イセリアカイガラムシ
................................226
ツノロウムシ................227
ハゼアブラムシ.............225
ミカンワタカイガラムシ..227
トルコギキョウ（ユーストマ）：
オンシツコナジラミ........228
タバココナジラミ..........228
クロゲハナアザミウマ.....219
ネギアザミウマ.............219
ネコブセンチュウ類........259
ヒラズハナアザミウマ.....218
マメハモグリバエ..........243
ミカンキイロアザミウマ..218
トレニア：マメハモグリバエ..243

【な】

ナシ・：ナシミドリオオアブラムシ
................................225
チャバネアオカメムシ.....232
ルリカミキリ................235
ナスタチウム→キンレンカ
ナツツバキ：アカオビアザミウマ
................................220
ナデシコ：オオタバコガ........241
カンザワハダニ.............222
クロウリハムシ.............234
ナミハダニ..................222
ハスモンヨトウ.............241
マメハモグリバエ..........243
ミカンキイロアザミウマ..218
モモアカアブラムシ........223
ヨトウガ......................242
ワタアブラムシ.............223
ナナカマド：
ナシミドリオオアブラムシ
................................225
ナバナ類→ハナナ
ナルコユリ→アマドコロ
ナンテン：イセリアカイガラムシ
................................226
オオミノガ..................239
ニシキギ：ツノロウムシ........227
ニレ類：クロトンアザミウマ..217
ニューギニアインパチエンス→
インパチエンス
ネムノキ：イセリアカイガラムシ
................................226
ノカンゾウ→ヘメロカリス

【は】

ハイビスカス：オオタバコガ..241
タバココナジラミ..........228
ミカンコナカイガラムシ..226
ワタアブラムシ.............223
ハギ類：イセリアカイガラムシ
................................226
バジル：オンブバッタ..........216
オンシツコナジラミ........228
カブラヤガ..................242
カンザワハダニ.............222
タバココナジラミ..........228
ナミハダニ..................222
ハナショウブ→イリス類
ハナナ（ナバナ類）：
カブラハバチ................245
セグロカブラハバチ........245
ダイコンアブラムシ........225
ナモグリバエ................243
ニホンカブラハバチ........245
モンシロチョウ.............238
ヨトウガ......................242

ハナミズキ：
　チャノコカクモンハマキ……239
ハナモモ：クビアカツヤカミキリ……236
　ナシグンバイ……230
　ルリカミキリ……235
バーベナ：クロゲハナアザミウマ……219
ハボタン：カブラハバチ……245
　カブラヤガ……242
　セグロカブラハバチ……245
　ダイコンアブラムシ……225
　ナモグリバエ……243
　ニホンカブラハバチ……245
　ハスモンヨトウ……241
　モモアカアブラムシ……223
　モンシロチョウ……238
　ヨトウガ……242
ハマオモト（ハマユウ）：
　クロトンアザミウマ……217
ハマギク：アワダチソウグンバイ……231
ハマナス：
　アカスジチュウレンジハバチ……244
　チュウレンジハバチ……244
ハマユウ→ハマオモト
バラ類：アオドウガネ……237
　アオバネサルハムシ……233
　アカスジチュウレンジハバチ……244
　イバラヒゲナガアブラムシ……224
　オオタバコガ……241
　カンザワハダニ……222
　クロウリハムシ……234
　クロゲハナアザミウマ……219
　クロトンアザミウマ……217
　サトクダマキモドキ……216
　チャノコカクモンハマキ……239
　チュウレンジハバチ……244
　ナシグンバイ……230
　ナミハダニ……222
　ヒラズハナアザミウマ……218
　マメコガネ……237
　ミカンキイロアザミウマ……218
　ユキヤナギアブラムシ……224
　ヨトウガ……242
　ルリカミキリ……235
　ワタアブラムシ……223
パンジー→スミレ類
ヒオウギ→イリス類
ビオラ→スミレ類
ヒサカキ：チャトゲコナジラミ……229
　チャノコカクモンハマキ……239
　ルビーロウムシ……227
ヒナゲシ：ナモグリバエ……243
ヒノキ類：クロトンアザミウマ……217
　チャバネアオカメムシ……232
ヒマラヤユキノシタ：
　クロトンアザミウマ……217
ヒマワリ：アオドウガネ……237
　アオバネサルハムシ……233
　アワダチソウグンバイ……231
　オオタバコガ……241
　オンブバッタ……216
　カンザワハダニ……222
　クロウリハムシ……234
　クロゲハナアザミウマ……219
　サトクダマキモドキ……216
　チャノコカクモンハマキ……239
　ナミハダニ……222
　ハスモンヨトウ……241
　ヒラズハナアザミウマ……218
　ブタクサハムシ……234
　ミカンキイロアザミウマ……218
　ヨトウガ……242
　ワタアブラムシ……223
ヒャクニチソウ→ジニア
ビヨウヤナギ：
　クロトンアザミウマ……217
ビワ：チャバネアオカメムシ……232
　ドクガ……277
　ナシミドリオオアブラムシ……225
　ルリカミキリ……235
ビンカ→ツルニチニチソウ
フウセントウワタ→トウワタ
フキ→ツワブキ
フクシア：オンシツコナジラミ……228
フジ：クロウリハムシ……234
　チャノコカクモンハマキ……239
ブタクサ→オオブタクサ
ブドウ：マメコガネ……237
ブバルディア：タバココナジラミ……228
　チャノキイロアザミウマ……217
　ナミハダニ……222
　ニワトコヒゲナガアブラムシ……225
　ネギアザミウマ……219
　モモアカアブラムシ……223
　ワタアブラムシ……223
フヨウ：オオタバコガ……241
　タバココナジラミ……228
　ナモグリバエ……243
　ミカンコナカイガラムシ……226
　ワタアブラムシ……223
プラタナス→スズカケノキ
フリージア：ネギアザミウマ……219
プリムラ/サクラソウ：
　カブラヤガ……242
　モモアカアブラムシ……223
　ヨトウガ……242
ブルーサルビア→サルビア
ブルーベリー：アオドウガネ……237
　アカオビアザミウマ……220
　オオミノガ……239
　サトクダマキモドキ……216
　ツノロウムシ……227

(ブルーベリー)
マメコガネ……237
ルビーロウムシ……227
ベゴニア類：
クロゲハナアザミウマ……219
ペチュニア：オオタバコガ……241
チャノホコリダニ……221
ハスモンヨトウ……241, 271
ヒラズハナアザミウマ……218
ミカンキイロアザミウマ……218
ヘデラ：チャノコカクモンハマキ……239
チャノヒメハダニ……221
ベニバナ：ネギアザミウマ……219, 272
ペパーミント→ミント類
ヘメロカリス：
キスゲフクレアブラムシ（ゴンズイノフクレアブラムシ）……225
ペラルゴニウム→ゼラニウム
ヘレボルス（クリスマスローズ）：
クリバネアザミウマ……220
ポインセチア：
オンシツコナジラミ……228
タバココナジラミ……228
ミカンコナカイガラムシ……226
ホウキギ（コキア）：
ワタアブラムシ……223
ホオズキ：オオタバコガ……241
ハスモンヨトウ……241
ホオズキカメムシ……232
ボケ：チャノコカクモンハマキ……239
ツノロウムシ……227
ナシグンバイ……230
ユキヤナギアブラムシ……224
ルリカミキリ……235
ワタアブラムシ……223
ボタン：イセリアカイガラムシ……226
ユキヤナギアブラムシ……224
ポトス：クリバネアザミウマ……220
ホトトギス：
チャノコカクモンハマキ……239
ワタアブラムシ……223
ポプラ：オオミノガ……239

【ま】
マサキ：ツノロウムシ……227
ナモグリバエ……243
マメ類：チャバネアオカメムシ……232
マユミ：ツノロウムシ……227
マリーゴールド：カブラヤガ……242
カンザワハダニ……222
チャノホコリダニ……221
トラフアザミウマ……220, 268
ナミハダニ……222
マメハモグリバエ……243
マンゴー：アカオビアザミウマ……220
マンサク / トキワマンサク：
アカオビアザミウマ……220
ワタアブラムシ……223
ミズキ類：クロトンアザミウマ……217
ミツバウツギ：
キスゲフクレアブラムシ（ゴンズイノフクレアブラムシ）……225
ミント類（ペパーミント）：
オンシツコナジラミ……228, 264
オンブバッタ……216
カブラヤガ……242
カンザワハダニ……222
タバココナジラミ……228
ナミハダニ……222
ヨトウガ……242
ムラサキハナナ→ハナナ
メタセコイア：
クロトンアザミウマ……217
メドーセージ：
イセリアカイガラムシ……226
モクセイ類：
イセリアカイガラムシ……226
オオミノガ……239
チャノコカクモンハマキ……239
モクレン：
チャノコカクモンハマキ……239
ツノロウムシ……227
ハゼアブラムシ……225
モチノキ類：
チャノコカクモンハマキ……239
ツノロウムシ……227
ルビーロウムシ……227
モッコク：イセリアカイガラムシ……226
ナシミドリオオアブラムシ……225
ルビーロウムシ……227
モミジバスズカケノキ→スズカケノキ
モミジバフウ：
アカオビアザミウマ……220
モモ：クビアカツヤカミキリ……236
モモアカアブラムシ……223

【や】
ヤグルマギク：ナモグリバエ……243
ヤツデ類：イセリアカイガラムシ……226
ナモグリバエ……243
ハゼアブラムシ……225
ミカンワタカイガラムシ……227
ヤナギ類：オオミノガ……239
クビアカツヤカミキリ……236
ゴマダラカミキリ……236
チャノコカクモンハマキ……239
ヤブカンゾウ→ヘメロカリス
ヤマブキ：サトクダマキモドキ……216
カンザワハダニ……222

ナミハダニ……………………222
ヤマモモ：アカオビアザミウマ
……………………………220
オオミノガ……………………239
クロトンアザミウマ………217
ユキヤナギ：
イセリアカイガラムシ……226
ツノロウムシ………………227
ユキヤナギアブラムシ……224
ユーストマ → トルコギキョウ
ユリ類：チャノコカクモンハマキ
……………………………239
モモアカアブラムシ………223
ヨトウガ………………………242
ワタアブラムシ……………223
ヨモギ：アオバネサルハムシ‥233
キクスイカミキリ…………235

【ら】

ランタナ：オンシツコナジラミ
……………………………228
オンブバッタ………………216
ラン類：クロゲハナアザミウマ
……………………………219
クロトンアザミウマ………217
チャノコカクモンハマキ‥239
チャノヒメハダニ…………221
ワタアブラムシ……………223
リシマキア：アオバネサルハムシ
……………………………233
リンドウ：タバココナジラミ‥228
ルドベキア：クロウリハムシ‥234
ブタクサハムシ……………234
ルピナス：カンザワハダニ……222
ナミハダニ……………………222
ルリタマアザミ：
アワダチソウグンバイ……231
レイシ：アカオビアザミウマ‥220
レザーファン：
クロトンアザミウマ. 217, 262
マメコガネ……………………237

【わ】

ワサビ：カブラハバチ…………245
セグロカブラハバチ………245
ニホンカブラハバチ………245
モンシロチョウ……………238

プラタナスグンバイ（寄主：スズカケノキ）

クロウリハムシ（寄主：ナデシコ）

〔2〕植物名の索引

第Ⅰ部～第Ⅲ部に掲載された、植物名・植物グループ名などと、その該当ページ番号を、五十音順に配列した。なお、草花は異名（流通名・グループ名等を含む）が多いが、異名からもできるだけ見出しの植物名を検索し得るようにした。また、寄主の項目や本文に掲載した植物名、ならびに植物グループ名の該当ページ番号は斜体で、写真のキャプションのみに掲載されているページ番号は立体で記し、両者にある場合は斜体で代表させた。

クワ............................ 221, 236
ケイトウ.. 221, 234, 240, 242, 243
ゲッケイジュ........................ 227
ケヤキ................................ 236
コキア / ホウキギ 223
コスモス............ 219, 221 - 223, 241, 242, 272
コナラ................................ 236
コブシ........................ 227, 239
コリウス...................... 216, 237
ゴンズイ............................ 225

【さ】

サカキ........................ 227, 229
サクラソウ→プリムラ
サクラ類.. 230, 232, 235, 236, 239
ザクロ................................ 236
サザンカ......................217, 225, 227, 237, 239, 240
サツマイモ.......................... 237
サルビア.. 221, 222, 228, 239, 261
サンゴジュ.................. 217, 224, 225, 233, 237, 239
シキミ........................ 227, 229
シクラメン.................. 218, 221, 222, 223, 239, 241
シソ科................................ 216
ジニア........................ 242, 243
シバ............................ 216, 237
シモツケ............................ 224
シャガ→イリス類
シャクヤク.................. 226, 239
シャリンバイ........ 223 - 225, 227
スイートピー......... 241, 243, 277
スイセン............................ 219
スギ............................ 217, 232
スズカケノキ.............. 231, 236
ストック.................... 223, 225, 238, 241 - 243, 245
スペアミント→ミント類
スベリヒユ.......................... 240
スミレ類....... 216, 221 - 223, 238, 263, 266, 268, 271
セイタカアワダチソウ.......... 231
セイヨウオダマキ→オダマキ
セイヨウフウチョウソウ →クレオメ
セージ................. 216, 222, 242
ゼラニウム...... 228, 239, 241, 242
センダイハギ...................... 222
センニチコウ.............. 216, 240
ソテツ................................ 232
ソヨゴ................................ 227

【た】

タチアオイ................. 219, 223, 237, 241, 264, 265
ダリア.......... 220 -222, 234, 237, 239, 241, 242, 243
チャノキ........ 221, 222, 229, 240
チャービル.................. 242, 266
チューリップ.............. 223, 242
チョウセンアサガオ類（ダチュラ） 222
ツツジ類............. 216, 217, 220, 221, 226, 227, 229, 230, 237, 239, 244
ツバキ..........216, 217, 225, 227, 229, 233, 237, 239, 240
ツルニチニチソウ................ 224
ツワブキ............................ 243
ディフェンバキア................ 220
デージー............................ 231
デルフィニウム.................. 222
トウガラシ.......................... 232
ドウダンツツジ.................. 239
トウワタ / フウセントウワタ 224, 225
トキワガマズミ.................. 233
トキワマンサク / マンサク 220, 223
トベラ...................... 225 - 227
トルコギキョウ 218, 219, 228, 243, 259
トレニア............................ 243

【な】

ナシ.................... 225, 232, 235
ナスタチウム→ キンレンカ
ナツツバキ.......................... 220
ナデシコ............ 218, 222 - 234, 241 - 243
ナナカマド.......................... 225
ナバナ類→ ハナナ
ナルコユリ→ アマドコロ
ナンテン.................... 226, 239
ニシキギ............................ 227
ニレ類............................ 217
ニューギニアインパチエンス →インパチエンス
ネムノキ............................ 226
ノカンゾウ→ ヘメロカリス

【は】

ハイビスカス... 223, 226, 228, 241
ハギ類................................ 226
バジル........... 216, 222, 228, 242
ハス.................................... 241
ハゼノキ............................ 225
ハナショウブ→イリス類
ハナナ（ナバナ類）........225, 238, 242, 243, 245
ハナミズキ 239
ハナモモ.............. 230, 235, 236
バーベナ............................ 219
ハボタン.................... 223, 225, 238, 241 - 243, 245
ハマオモト（ハマユウ）........ 217
ハマギク............................ 231
ハマナス............................ 244
ハマユウ→ハマオモト
バラ科................. 230, 235, 236
バラ類........ 216 - 219, 222 - 224,

(バラ類)
230, 233 - 235, 237, 239, 241, 242, 244
パンジー→スミレ類
ヒオウギ→イリス類
ビオラ→スミレ類
ヒサカキ……227, 229, 239
ヒナゲシ……243
ヒノキ類……217, 232
ヒマラヤユキノシタ……217
ヒマワリ……216, 218, 219, 222, 223, 231, 233, 234, 237, 239, 241, 242
ビヨウヤナギ……217
ビワ……225, 232, 235, 277
ビンカ→ツルニチニチソウ
フウセントウワタ→トウワタ
フキ→ツワブキ
フクシア……228
フジ……234, 239
ブタクサ……234
ブドウ……237
ブバルディア……217, 219, 222, 223, 225, 228
フヨウ……223, 226, 228, 241, 243
プラタナス→スズカケノキ
フリージア……219
プリムラ / サクラソウ……223, 242
ブルーサルビア→サルビア
ブルーベリー……216, 220, 227, 237, 239
ベゴニア類……219
ペチュニア……218, 221, 241, 271
ヘデラ……221, 239
ベニバナ……219, 272
ペパーミント→ミント類
ヘメロカリス（ヤブカンゾウ・ノカンゾウ）……225
ヘレボルス / クリスマスローズ……220
ポインセチア……226, 228
ホウキギ→コキア
ホオズキ……232, 241
ボケ……223, 224, 227, 230, 235, 239
ボタン……224, 226
ポトス……220
ホトトギス……223, 239
ポプラ……239

【ま】
マサキ……227, 243
マメ類……232
マユミ……227
マリーゴールド……220 - 222, 242, 243, 268
マンゴー……220
マンサク / トキワマンサク……220, 223
ミズキ類……217
ミツバウツギ……225
ミント類……216, 222, 228, 242, 264
ムクゲ……226, 228, 241
ムラサキハナナ→ハナナ
メタセコイア……217
メドーセージ……226
モクセイ類……226, 239
モクレン……225, 227, 239
モチノキ類……227, 239
モッコク……225 - 227
モミジバスズカケノキ……231
モミジバフウ……220
モモ……236

【や】
ヤグルマギク……243
ヤツデ類……225 - 227, 243
ヤナギ類……236, 239
ヤブカンゾウ→ヘメロカリス
ヤマブキ……216, 222
ヤマモモ……217, 220, 239
ユキヤナギ……224, 226, 227
ユーストマ→トルコギキョウ
ユリ類……223, 239, 242
ヨモギ……233, 235

【ら】
ランタナ……216, 228
ラン類……217, 219, 221, 223, 239
リシマキア……233
リンドウ……228
ルスカス……220, 225
ルドベキア……234
ルピナス……222
ルリタマアザミ……231
レイシ……220
レザーファン……217, 237, 262
レンギョウ……226

【わ】
ワサビ……238, 245

〔3〕害虫名の索引

第Ⅰ部、第Ⅲ部に掲載された、害虫の和名を五十音順に配列した。各個別項目における見出しの掲載ページ番号は斜体で、本文や写真のキャプションのみにある場合は立体で記した。

【あ】

アオドウガネ……… *237*, 265, 271
アオムシ……………………… *238*
アオバネサルハムシ *233*, 264, 271
アオバハゴロモ………………… 263
アカオビアザミウマ…………… *220*
アカスジチュウレンジハバチ.. *244*
アザミウマ類…………… *217 - 220*, 253, 262, 272, 273
アジサイハバチ………… *245*, 267
アブラムシ類…………… *223 - 225*, 248 - 251, 263, 269, 272
アフリカマイマイ……………… 261
アヤメツブノミハムシ…..264, 271
アワダチソウグンバイ ………………… *231*, 264, 272
アワノメイガ…………………… 273
アワヨトウ……………………… 254
イセリアカイガラムシ…. *226*, 273
イチゴセンチュウ……………… 260
イチジクキンワバ……………… 266
イナゴ類………………………… 216
イバラヒゲナガアブラムシ….. *224*
イモムシ………………………… 245
イラクサギンウワバ…………… 266
ウスカワマイマイ……………… 260
ウラグロシロノメイガ………… 255
ウリハムシモドキ……………… 254
ウワバ類………………………… 266
ウンカ類………………………… 263
エビガラスズメ………………… 266
オオタバコガ……… *214*, 265, 266
オオミノガ………………… *239*, 266
オカモノアラガイ……………… 260
オナジマイマイ………………… 260
オンシツコナジラミ ………… *228*, 263, 264, 272
オンブバッタ… *216*, 262, 271, 272

【か】

カイガラムシ類………… *226*, *227*, 263, 272, 273
果樹カメムシ類………………… 232
カタツムリ類……………… 271, 272
カブラハバチ……………… *245*, 272
カブラハバチ類…………… *245*, 267
カブラヤガ………………… *242*, 266
カミキリムシ類 ………… *235*, *236*, 264, 273
カメムシ類………… *232*, 263, 272
ガ類………………… *238 - 242*, 244
カンザワハダニ…… *222*, 261, 272
キスゲフクレアブラムシ（ゴンズイノフクレアブラムシ） ………………………… *225*
キクグンバイ……………… 264, 272
キクスイカミキリ… *235*, 264, 273
キクヒメタマバエ……………… 267
キクモンサビダニ……………… 273
キタネグサレセンチュウ……… 259
キタネコブセンチュウ………… 260
キジラミ類……………………… 263
キョウチクトウアブラムシ….. *225*
クシヒゲハバチ………………… 267
クビアカツヤカミキリ…. *236*, 264
クリバネアザミウマ…………… *220*
クロウリハムシ ………… *234*, 264, 265, 271
クロゲハナアザミウマ………… *219*
クロトンアザミウマ……. *217*, 262
クロバネキノコバエ類………… 267
クロモンキノメイガ…………… 266
グンバイムシ類 ………… *230*, *231*, 263, 272
コウモリガ（類）……………… 273
コオロギ………………………… 216
コガネムシ類……… *237*, 265, 271
コナカイガラムシ類……. 226, 263
コナジラミ類… *228*, *229*, 263, 272
コナダニ類……………………… 261
ゴマダラカミキリ… *236*, 264, 273
コミカンアブラムシ…………… 251

【さ】

サカキコナジラミ……………… *229*
サツマイモネコブセンチュウ ……………………… 259, 260
サトクダマキモドキ…………… *216*
サボテンシロカイガラムシ….. 273
サンゴジュハムシ……… *233*, 264
シストセンチュウ類…………… 259
シャクガ類……………………… 266
ショウリョウバッタ…………… 216
ショウリョウバッタモドキ….. 216
シロオビノメイガ… *240*, 266, 272
シロチョウ類…………………… 266
スジグロシロチョウ…………… 266
スズメガ類……………………… 266
セグロカブラハバチ…………… *245*
セミ類…………………………… 263
ゾウムシ類……………………… 264

【た】

ダイコンアブラムシ……. *225*, 251
タテハチョウ…………………… 238
ダニ類…………………… *221*, *222*
タバコガ類……………………… 266
タバココナジラミ………. *228*, 272

タマナヤガ……242
タマバエ類……267
チバクロバネキノコバエ……267
チャコウラナメクジ……260, 272
チャドクガ……238, *240*, 266
チャトゲコナジラミ……*229*
チャノキイロアザミウマ *217*, 262
チャノコカクモンハマキ
……*239*, 266, 272
チャノヒメハダニ……*221*
チャノホコリダニ…*221*, 261, 272
チャハマキ……266
チャミノガ……239, 266
チャバネアオカメムシ……*232*
チュウレンジハバチ *244*, 267, 272
チュウレンジハバチ類…*244*, 267
チョウ類 *238 - 242*, 244, 254, 255
ツツジグンバイ……*230*, 263
ツツジコナカイガラムシ *226*, 263
ツツジコナジラミ……*229*, 263
ツツジサビダニ……261
ツノロウムシ……*227*
ツマグロヒョウモン *238*, 268, 269
ドウガネブイブイ……265
ドクガ……277
ドクガ類……238, 266
トマトハモグリバエ……243, 272
トラフアザミウマ…*220*, 268, 269

【な】
ナシグンバイ……*230*
ナシミドリオオアブラムシ……*225*
ナスハモグリバエ……243
ナノクロムシ……245
ナミハダニ……*222*, 252, 272
ナメクジ……260, 271, 272
ナモグリバエ……*243*, 267, 272
肉食性カメムシ類……232
ニホンカブラハバチ……*245*
ニワトコヒゲナガアブラムシ…*225*
ネギアザミウマ
……*219*, 262, 272, 273
ネギハモグリバエ……272
ネキリムシ類……242
ネグサレセンチュウ類…259, 260
ネダニ類……261
ネコブセンチュウ類……259, 260
ノハラナメクジ……260

【は】
ハガレセンチュウ……260
ハコベハナバエ……267
ハスモンヨトウ……*241*, 266,
268, 269, 271
ハゼアブラムシ……*225*
ハセンチュウ類……260
ハダニ類……252, 269, 272
バッタ類……*216*, 271, 272
ハナバエ類……267
ハバチ類……*244*, *245*, 271, 272
ハマキガ類……266, 272
ハムシ類……*233*, 254, 264, 271
ハモグリガ類……265
ハモグリバエ類……*243*, 267, 272
斑点米カメムシ類……232
ヒゲナガクロハバチ……267
ヒメナガカメムシ……256
ヒョウタンゾウムシ類……264
ヒョウモンチョウ類……238
ヒラズハナアザミウマ
……*218*, 262, 273
フジコナカイガラムシ……273
フシダニ（サビダニ）類 261, 272
フジツボミタマバエ……267
ブタクサハムシ……*234*
プラタナスグンバイ……*231*, 264
ホオズキカメムシ……*232*
ホコリダニ類……261, 272
ホソガ類……265

【ま】
マエアカスカシノメイガ……254
マツノザイセンチュウ……260
マメコガネ……*237*, 265, 272
マメハモグリバエ
……*243*, 267, 271, 272
ミカンキイロアザミウマ
……*218*, 262, 273
ミカンコナカイガラムシ *226*, 263
ミカンハダニ……261, 272
ミカンワタカイガラムシ……*227*
ミノガ類……265
メイガ類……266, 273
モモアカアブラムシ *223*, 263, 272
モンシロチョウ *238*, 254, 255, 266

【や・ら・わ】
ヤガ類……266, 271
ヤマトフキバッタ……216
ヤマナメクジ……260
ユキヤナギアブラムシ
……*224*, 249, 263, 272
ヨコバイ類……263
ヨモギエダシャク……266
ヨトウガ……*242*, 266, 271, 277
ルビーロウムシ……*227*
ルリカミキリ……*235*
ルリチュウレンジ……*244*, 267
ロウムシ類……226
ワタアブラムシ
……*223*, 251, 263, 264, 272
ワタノメイガ……272

〔4〕天敵和名の索引

第Ⅱ部に記載した天敵の和名を、それぞれ五十音順に配列した。ページ番号の斜体は見出し項目を、立体は解説文と写真のキャプションに掲載されたページ番号を示す。また、各ページ上部の帯に記載した項目「(寄主となる害虫グループの天敵)」は太字で記した。

【あ】
アオムシサムライコマユバチ……*255*, 270
アカメガシワクダアザミウマ……*252*, *253*
アザミウマ類……*252*, *253*
アザミウマ類の天敵……*253*
アシナガバチ類……*254*
アブラバチ類……*251*
アブラムシ類の天敵……*248*-*251*
アリガタシマアザミウマ *252*, *253*
アリグモ……*256*
ウヅキコモリグモ……*256*
ウロコアシナガグモ……*256*

【か】
カオマダラクサカゲトウ……*250*
カブリダニ類……*252*, 270
カメムシ類……*254*, 270
キアシクロヒメテントウ……*252*
キアシナガバチ……*254*
ギフアブラバチ……*251*
ギンケハラボソコマユバチ……*255*
クサカゲロウ類……*250*, 270
クモ類……*256*, 270
クロヒラタアブ……*249*
クロヘリヒメテントウ……*248*
ケナガカブリダニ……*252*
コクロヒメテントウ……*248*
コナガサムライコマユバチ……*255*
コヒメハナカメムシ……*253*
コマユバチ類……*255*

【さ】
ササグモ……*256*
シマサシガメ……*254*
ショクガタマバエ……*251*
ジョロウグモ……*256*
シルベストリコバチ……229
シロヘリクチブトカメムシ……*254*
セグロアシナガバチ……*254*
その他の天敵……*256*

【た】
ダイコンアブラバチ……*251*
タイリクヒメハナカメムシ……*253*
ダニヒメテントウ類……*252*
タマバエ類……*251*, 267
ダンダラテントウ……*248*
チョウ・ガ類の天敵……*254*, *255*
テントウムシ類……*248*, 270
トックリバチ類……*254*

【な】
ナナホシテントウ……*248*, 270
ナミテントウ……*248*
ナミヒメハナカメムシ……*253*
ネコハエトリ……*256*

【は】
ハダニアザミウマ……*252*
ハダニクロヒメテントウ……*252*
ハダニタマバエ……*251*
ハダニ類の天敵……*252*
ハナグモ……*256*
ハムシ類の天敵……*254*
ヒメカメノコテントウ……*248*
ヒメハナカメムシ類……*253*, 263
ヒラタアブ類……*249*, 267
フタスジヒラタアブ……*249*
フタホシヒラタアブ……*249*
ホソヒラタアブ……*249*

【ま】
ミカドトックリバチ……*254*
ミヤコカブリダニ……*252*

【や】
ヤマトクサカゲロウ……*250*
ヨツボシクサカゲロウ……*250*, 270
ルビーアカヤドリコバチ ……227

【わ】
ワカバグモ……*256*

ナナホシテントウ老齢幼虫

ショクガタマバエ幼虫（ワタアブラムシを捕食）

植物医科学叢書 No. 6
花木・観賞緑化樹木の病害虫診断図鑑
定価：19800 円 (税込)

植物医科学叢書 No. 7
花壇・緑地草本植物の病害虫診断図鑑
定価：19800 円 (税込)

植物医科学叢書　No. 9

診断ハンドブック 緑地・花壇の病害虫

2025 年 1 月 22 日 初版発行

編　　著　堀江博道　竹内浩二　近岡一郎　橋本光司
発 行 者　島田和夫
発行元　一般財団法人 農林産業研究所
発売元　株式会社大誠社
〒 162-0813
東京都新宿区東五軒町 5-6
電話 03-5225-9627
印 刷 所　株式会社誠晃印刷

ISBN978-4-86518-249-1